国家自然科学基金面上项目（50975246）
河南省科技攻关计划项目（212102210330）

双定子叶片式液压泵与马达
设计·分析·实验·仿真·实例

SHUANGDINGZI YEPIANSHI YEYABENG YU MADA
SHEJI FENXI SHIYAN FANGZHEN SHILI

刘巧燕　闻德生　著

化学工业出版社
·北京·

内容简介

本书详细介绍了双定子叶片式液压泵与马达的原理、结构以及符号规定，并提出了力偶型双定子液压马达的新构型。此外，还对双定子叶片液压泵与马达的运动学特性、动力学特性、输出特性等进行了详细的分析，设计且试制了双定子叶片式液压泵与马达典型样机，并进行了一系列实验研究。

本书可为从事液压元件和系统研究、设计制造、使用维修等人员提供技术支持，也可供大中专院校机械类专业的师生教学使用和参考，更可作为液压专业的研究生教材。

图书在版编目（CIP）数据

双定子叶片式液压泵与马达：设计·分析·实验·仿真·实例／刘巧燕，闻德生著. -- 北京：化学工业出版社，2024. 11. -- ISBN 978-7-122-35981-0

Ⅰ. TH31; TH137. 51

中国国家版本馆 CIP 数据核字第 20240F7R09 号

责任编辑：黄　滢　　　　装帧设计：王晓宇

责任校对：边　涛

出版发行：化学工业出版社

（北京市东城区青年湖南街 13 号　邮政编码 100011）

印　　装：北京天宇星印刷厂

787mm×1092mm　1/16　印张 13　字数 218 千字

2024 年 11 月北京第 1 版第 1 次印刷

购书咨询：010-64518888　　　　售后服务：010-64518899

网　　址：http://www.cip.com.cn

凡购买本书，如有缺损质量问题，本社销售中心负责调换。

定　　价：128.00 元

Preface 前言

液压技术具有功率密度大、易于调速与控制等特点，广泛应用于工程机械、农业机械、矿山机械等领域。但是目前为止，国内各种行业中所应用的液压传动系统均由单泵（一个壳体内一个转子对应一个定子形成的一个泵）和单马达（一个壳体内一个转子对应一个定子形成的一个马达）组成，这种传动系统在实际应用中往往存在着这样那样的不足。因此，开发新型的液压元件是解决实际需求的方法之一。

轴转动等宽曲线双定子泵（马达）是国家自然科学基金项目，首次提出了由两个转子对应一个定子或两个定子对应一个转子，在一个壳体内形成多个相互独立的多泵（马达）的结构原理，并研发了单滚柱型、双滚柱型、双滚柱连杆型、滑块型等多种结构形式的双定子泵（马达）。根据曲线形状不同又研究发明了单作用、双作用、三作用、多作用等不同形式的双定子多泵（马达）。本书以双定子叶片式液压泵与马达为研究对象，对其结构原理、参数化设计、运动学特性、动力学特性、输出特性等分别进行了详细的阐述。

书中全部章节均为自主知识产权的研究内容，其中第 1 章由闻德生著，第 2 章～第 8 章由刘巧燕著。本书可为从事液压元件和系统研究及设计制造、使用维修等人员提供技术支持，也可供大中院校机械专业的师生教学使用和参考，更可作为液压专业研究生教材，对于提高我国液压基础件的研究水平具有重要的实用价值和指导意义。

此书成形的过程中，得到了国家自然科学基金委员会、河南省科学技术厅和黄淮学院的大力支持，在此一并表示感谢。

由于水平所限，书中不足之处在所难免，欢迎广大读者批评指正。

著　者

目录

Contents

第5章

双定子叶片马达的动力学特性

079

第6章

双定子叶片泵及马达的输出特性

103

第1章 双定子叶片式液压泵与马达概述

1.1 双定子叶片式液压泵与马达的结构原理

1.2 双定子叶片式液压泵与马达的叶片形式

1.3 多泵多速马达的职能符号

近年来，液压传动的应用越来越广泛，液压设备和元件的发展也越来越迅速。液压泵与液压马达作为液压系统的核心元件，对液压泵及马达的压力、噪声、效率、寿命、抗冲击性、自冷却、控制方式等各方面的要求也越来越高。双定子叶片式液压泵与马达是基于国际专利技术的新型液压元件，是在液压泵与马达原理和结构上的新突破。

1.1 双定子叶片式液压泵与马达的结构原理

双定子叶片式液压泵与马达是一种新型液压元件，形成了一个壳体内存在一个转子对应两个定子的结构，可以组成多个相互独立的单泵（马达），各单泵（马达）可以分别单独工作、联合工作，双定子叶片式液压马达还可实现差动工作。对于双定子叶片式液压泵来说，实现了多个相互独立的流量、压力输出，对于双定子叶片式液压马达来说，实现了多个相互独立的转速、转矩输出。如图 1-1 所示为双定子叶片式液压泵与马达的典型结构原理简图。

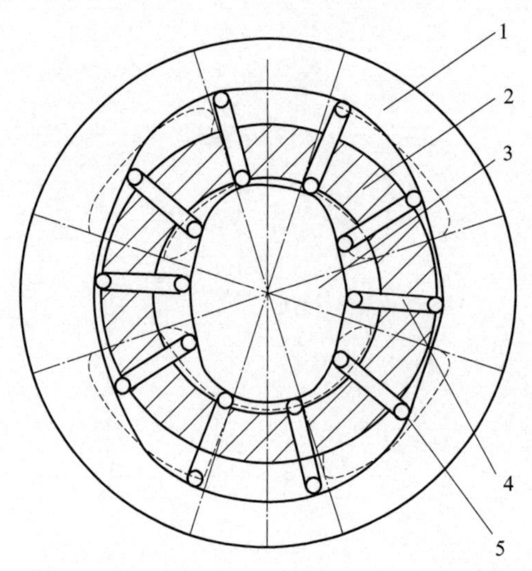

图 1-1　双定子叶片式液压泵与马达的典型结构原理简图

1—外定子；2—转子；3—内定子；4—连杆；5—滚柱

1.2

双定子叶片式液压泵与马达的叶片形式

目前双定子叶片式液压泵与马达的叶片结构有单滚柱型、双滚柱型、滑块型和双滚柱连杆型等多种形式。如图 1-2(a) 所示为滑块型叶片结构形式，该结构虽然可以实现较大排量的输出、提高比功率，但是滑块端部磨损后无法实现径向间隙的磨损补偿，且对定子曲线磨损较严重。

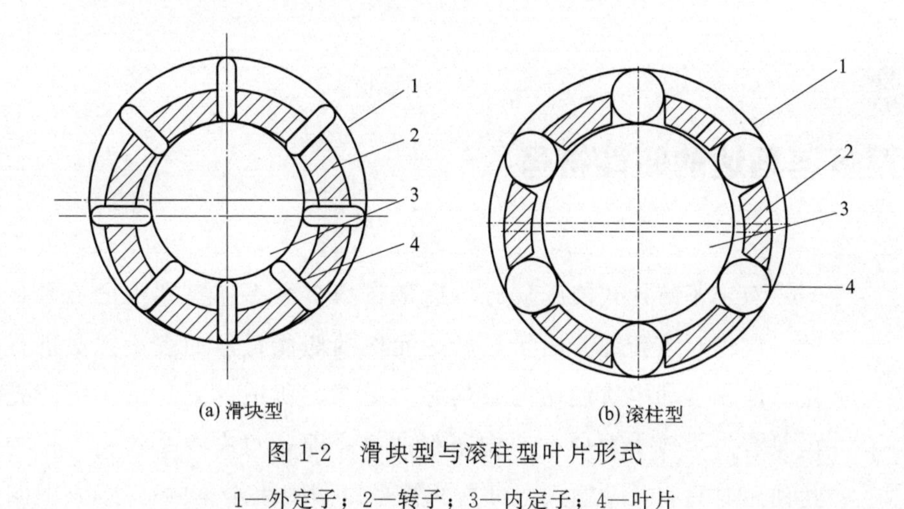

图 1-2　滑块型与滚柱型叶片形式

1—外定子；2—转子；3—内定子；4—叶片

如图 1-2(b) 所示为滚柱型叶片结构形式，该结构与滚子轴承类似，将叶片尖端与定子曲线之间的滑动变为滚动，在一定程度上减少了摩擦损失。但其滚柱的直径直接限制了马达的排量，影响马达的比功率，并且滚柱磨损后也不能够实现径向间隙的补偿。

如图 1-3 所示为双滚柱连杆型的叶片结构形式，叶片尖端相对于定子曲面是滚动的，从而将传统叶片的尖端与定子间易磨损的矛盾转化为滚柱与连杆槽间的磨损。由于滚柱的磨损是整个圆柱面的磨损，比线接触的磨损更具有耐磨性，所以滚柱对磨损较不敏感。因此，双滚柱连杆型的叶片结构形式是目前双定子叶片式液压泵与马达常用的叶片结构。

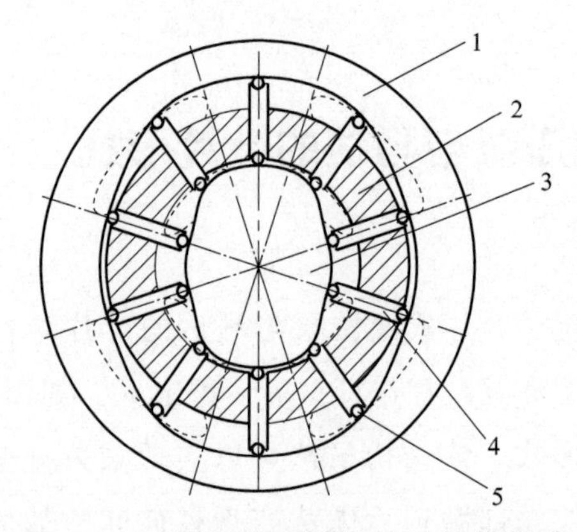

图 1-3 双滚柱连杆型的叶片结构形式

1—外定子；2—转子；3—内定子；4—连杆；5—滚柱

1.3
多泵多速马达的职能符号

双定子叶片式液压泵与马达是新型多泵多速马达中的一种，因此，应先对该新型液压泵与马达元件的职能符号的表示方法进行规定。液压传动中所使用的泵均称为单泵，所谓单泵是指在一个壳体内只有一个转子对应一个定子形成一个泵，只有一个输出。作为马达使用时只有一个输入，过去的符号以圆圈表示泵（马达），圆圈内加三角表示液体的流动方向，三角尖向外时为泵，向内时为马达。同时还分为单向、双向和定量、变量。为了能表示出该新型液压泵与马达的特性，并参照上面的规定，对多泵多速马达的职能符号做如下 5 条规定。

规定 1：由于多泵和多马达中存在多个内泵（马达）和外泵（马达），且是在一个壳体内实现的，同是一个转子（定子）同为一个轴传动，故采用同轴符号。

规定 2：外泵采用与单泵（马达）相同的圆圈的符号，而内泵采用双圆圈的办法来区分。

规定 3：一个泵体内有几个内、外泵（马达），就在内、外的圆圈内加几个三角。

规定 4：双向的参照单泵（马达）的表示方法，圆圈内加双向三角。

规定 5：变量时两个变量的箭头同样采用同轴连接方法加以区分。

例如单作用双向双定子变量泵可表示为图 1-4(a)，如图 1-4(b)所示为双作用双向定量马达的表示方法。

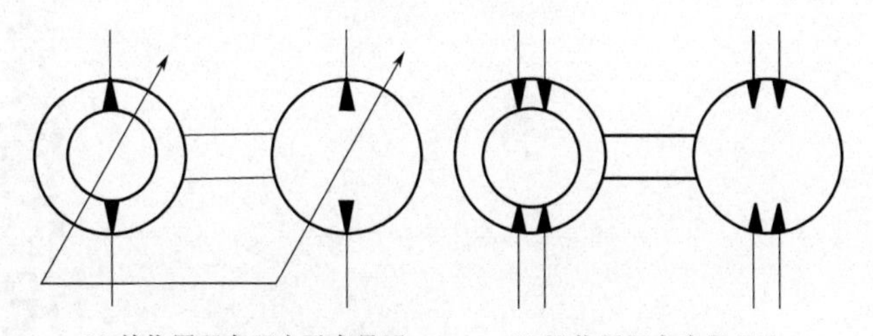

(a) 单作用双向双定子变量泵　　(b) 双作用双向定量马达

图 1-4　多泵多速马达职能符号举例

第2章

双定子叶片马达的参数化及相似设计准则

2.1 双定子叶片马达的结构原理及主要设计参数

2.2 外马达与内马达的排量比

2.3 转子宽度

2.4 流动阻力对转子宽度的影响

2.5 叶片数及叶片结构参数

2.6 滚柱与定子间的接触应力

2.7 双定子叶片马达系列相似设计准则

参数化设计是将模型中的定量信息变量化，使之成为任意调整的参数。对于变量化参数赋予不同数值，就可得到不同大小和形状的零件模型。参数化设计可以大大提高模型的生成和修改的速度，在产品的系列设计方面具有较高的应用价值。

双定子叶片液压马达的研制都要经历初步设计、绘图、试制、实验和改进设计等步骤，研制周期较长。当新型双定子叶片液压马达定型以后，又希望以此马达为基础从而进行系列化的扩展，以满足不同排量规格的要求。如果在双定子叶片马达的系列化扩展中采用相似设计准则，就可以进行相同系列产品间的性能换算，可以从双定子叶片马达的模型马达的性能来推算实际双定子叶片马达的性能，从而大大缩短研究周期并节省经费。

2.1 双定子叶片马达的结构原理及主要设计参数

2.1.1 结构原理

双定子叶片液压马达的典型结构原理如图 2-1 所示。

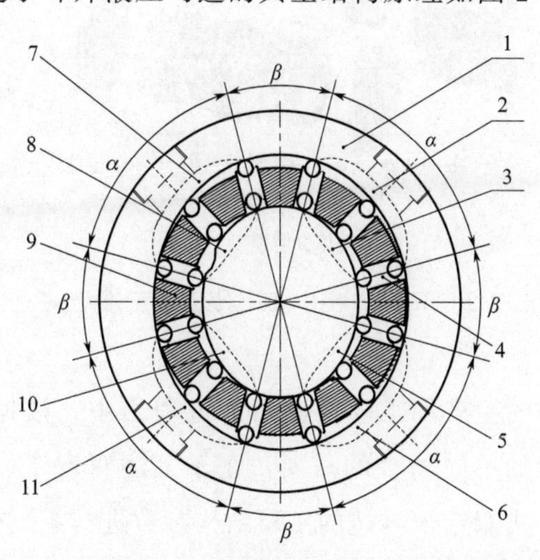

图 2-1　双定子叶片液压马达的典型结构原理

1—外定子；2，6，7，11—外马达油口；3，5，8，10—内马达油口；4—滚柱连杆组；9—转子

α—定子曲线幅角；β—两相邻滚柱连杆组夹角

如图 2-2 所示为双定子叶片液压马达的三维结构（为了显示清晰，叶片中的连杆仅画出一个，滚柱只画出两个），双定子叶片液压马达的配流方式不同于现有叶片马达，从图 2-2 中可以看出，外马达采用的是壳体配流的方式，内马达采用的是轴配流的方式。

图 2-2　双定子叶片液压马达的三维结构

在实际的生产加工以及应用的过程当中，根据马达不同输出所具体应用到的不同场合的需要，基于上述双定子叶片马达的典型结构，对叶片式双定子马达的主要结构参数进行系列化的研究。

2.1.2　主要设计参数

力偶型双定子叶片液压马达的各关键结构参数及其含义见

表 2-1，表中部分结构参数示意如图 2-3 所示。

表 2-1　力偶型双定子叶片液压马达的各关键结构参数及其含义

结构参数	参数含义	结构参数	参数含义
R_w	外定子大圆弧半径	R	转子外圆半径
r_w	外定子小圆弧半径	r	转子内圆半径
R_n	内定子大圆弧半径	s	叶片厚
r_n	内定子小圆弧半径	B	转子宽度
z	叶片数	β	相邻叶片间夹角，$2\pi/z$

注：本书出现相同字母时，其含义均与本表相同。

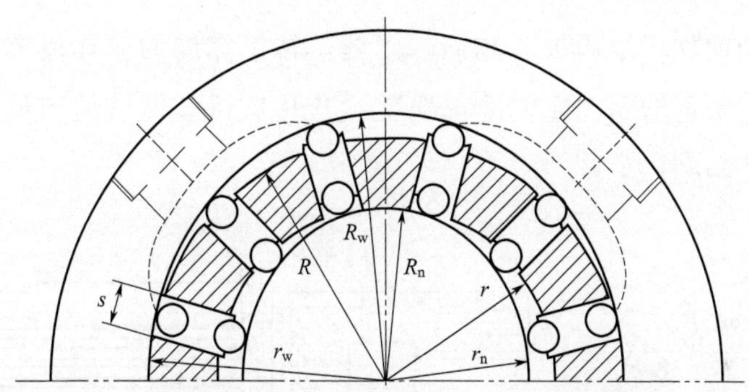

图 2-3　力偶型双定子叶片液压马达的部分结构参数示意

2.2
外马达与内马达的排量比

因为力偶型双定子叶片马达在一个壳体内有内、外马达之分，所以外马达与内马达的排量之间存在一个比例系数 C。

由内、外马达的理论排量公式可得

$$C=\frac{V_w}{V_n}=\frac{NB(R_w-r_w)[(R_w+r_w)\pi-zs]}{NB(R_n-r_n)[(R_n+r_n)\pi-zs]}=\frac{(R_w-r_w)[(R_w+r_w)\pi-zs]}{(R_n-r_n)[(R_n+r_n)\pi-zs]} \tag{2-1}$$

式中　V_w——外马达排量；

V_n——内马达排量；

N——双定子叶片马达作用数。

式(2-1)中其余字母含义见表2-1。

根据式(2-1)可以得出一个关于内、外定子大小圆弧半径、叶片数以及叶片厚的关系表达式。

$$f(R_w, r_w, R_n, r_n, z, s) = 常数 \tag{2-2}$$

2.3 转子宽度

如图2-4所示，可以看出，力偶型双定子叶片马达的转子与内、外定子以及叶片配合进行工作的部分属于悬臂梁结构，与传统叶片马达的转子结构大不相同。因此，转子宽度的设计值范围必须使得转子根部的强度能够满足要求，并且使得悬臂结构的形变位移量尽可能达到最小。

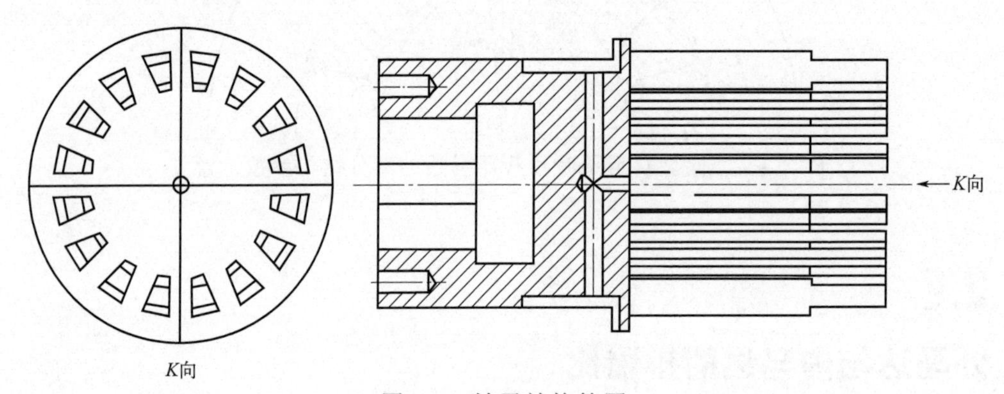

图2-4 转子结构简图

转子结构由诸多扇形块组成，为了分析方便，将转子的扇形结构简化为梯形结构，如图2-5所示。

由图2-5可以得出各个参数的表达式，如下所示。

$$\begin{cases} a = R\beta - s \\ b = r\beta - s \\ h = R - r \\ \beta = \dfrac{2\pi}{z} \end{cases} \tag{2-3}$$

由分析可知，转子扇形块的受力状况主要有转子的内、外圆弧

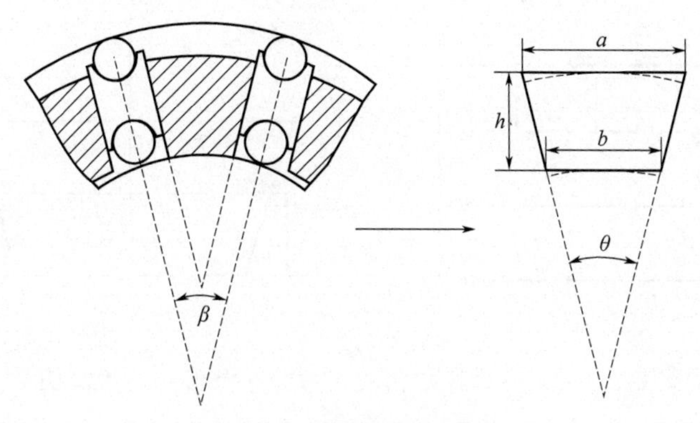

图 2-5 转子结构的简化

β—两叶片间夹角；a—梯形结构上底边长；b—梯形结构下底边长；

h—梯形结构的高度；θ—梯形结构两腰的夹角

面所受到的油液压力以及叶片在旋转过程中对转子所施加的力。而叶片在旋转过程中对转子所施加的力对转子强度的影响较小，在此忽略不计。如图 2-6 所示为转子简化结构的几种不同受力方式。

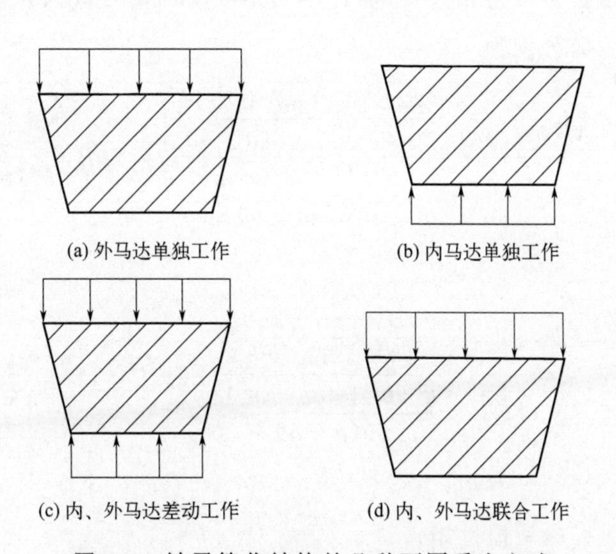

(a) 外马达单独工作　(b) 内马达单独工作

(c) 内、外马达差动工作　(d) 内、外马达联合工作

图 2-6 转子简化结构的几种不同受力方式

从图 2-6 中分析可知，对于转子简化结构的梯形块来说，当外马达单独工作与内、外马达联合工作时（即只有当转子外圆弧受到高压油液的作用时），其根部所受到的应力最大，因此仅对马达在这两种工作方式下的转子简化结构进行强度分析，如图 2-7 所示为转子梯形块结构的应力分布及形心位置简图。

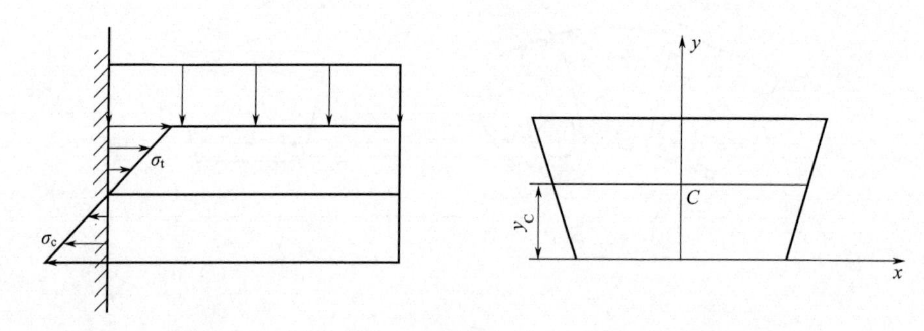

图 2-7 转子梯形块结构的应力分布及形心位置简图

由图 2-7 可知，在转子梯形块根部（即危险截面）的中性轴两侧，一侧作用为拉应力 σ_t，一侧作用为压应力 σ_c。此外，根据梯形的特殊结构可知，如图 2-7 所示的梯形块的形心坐标为（0，y_C），即 $\left[0, \dfrac{(b+2a)h}{3(a+b)}\right]$。

由材料力学相关知识可知，危险截面处的最大拉应力与最大压应力的值分别为

$$\sigma_{tmax}=\frac{M(h-y_C)}{I_z}=\frac{\dfrac{paB^2}{2}\left[h-\dfrac{(b+2a)h}{3(a+b)}\right]}{\dfrac{h^3(b^2+4ab-a^2)}{36(a+b)}}=6pB^2\frac{a(a+2b)}{h^2(b^2+4ab-a^2)} \tag{2-4}$$

$$\sigma_{cmax}=\frac{My_C}{I_z}=\frac{\dfrac{paB^2}{2}\times\dfrac{(b+2a)h}{3(a+b)}}{\dfrac{h^3(b^2+4ab-a^2)}{36(a+b)}}=6pB^2\frac{a(b+2a)}{h^2(b^2+4ab-a^2)} \tag{2-5}$$

式中 M——弯矩；

I_z——惯性矩；

p——油液压力。

对比最大拉应力与最大压应力可知：$\sigma_{cmax}>\sigma_{tmax}$。

力偶型双定子叶片液压马达的转子材料为 40Cr，则根据材料力学相关知识可知，采用最大切应力理论，即第三强度理论来进行校核计算。

相应的主应力表达式如下。

$$\begin{cases}\sigma_1=\dfrac{\sigma}{2}+\sqrt{\left(\dfrac{\sigma}{2}\right)^2+\tau^2}\\ \sigma_3=\dfrac{\sigma}{2}-\sqrt{\left(\dfrac{\sigma}{2}\right)^2+\tau^2}\end{cases} \tag{2-6}$$

则由第三强度理论可知

$$\sigma_s=\sigma_1-\sigma_3=2\sqrt{\left(\frac{\sigma}{2}\right)^2+\tau^2} \tag{2-7}$$

对于转子简化结构的梯形块来说，在转子根部的危险截面处的最上与最下位置其所受到的应力最大，但此处的弯曲切应力却为 $\tau=0$。因此，采用正应力 σ 进行梯形块强度校核中的相当应力为 $\sigma_r=\sigma_1-\sigma_3=\sigma$，结合前面的分析可知最大压应力 σ_{cmax} 即为正应力 σ。

相应的强度理论公式可表示为

$$\sigma_s=6pB^2\frac{a(b+2a)}{h^2(b^2+4ab-a^2)}<[\sigma_s] \tag{2-8}$$

将 a、b、h 相应的公式代入式(2-8)，则可得出一个包含转子结构的主要结构参数的表达式。

$$f(B,R,r,s,z)<[\sigma_s] \tag{2-9}$$

结合马达转子的主要参数满足的强度理论公式与相关软件，得出转子外径与内径之比 α 分别取 1.2、1.4、1.6 三种情况时转子宽度随相邻叶片间夹角以及转子内径的关系曲线，如图 2-8～图 2-10 所示。当转子内径与转子外径的值确定之后，转子的宽度必须在满足转子强度要求的范围之内进行设计取值。

从图 2-8 中可以看出，转子宽度随比值 α 的增大而增大，且随着两相邻叶片夹角的增大，转子宽度也在逐渐增大。当 $\beta<2\pi/9$ 时，转子宽度随相邻叶片夹角增加的变化率较大，$\beta>2\pi/9$ 时，转子宽度的变化不大，基本保持不变。

从图 2-9 中可以知道，随着转子内径尺寸的增大，转子宽度也在逐渐增大，且随着转子外径与内径之比的减小而增大。

由图 2-10 可以得出，当转子内径小于 26mm 时，转子外径与内径的比值为 1.4 时转子宽度值最大，比值为 1.6 时次之，比值为 1.2 时最小；当转子内径大于等于 26mm 且小于等于 28mm 时，转子外径与内径的比值为 1.4 时转子宽度值最大，比值为 1.2 时次之，比值

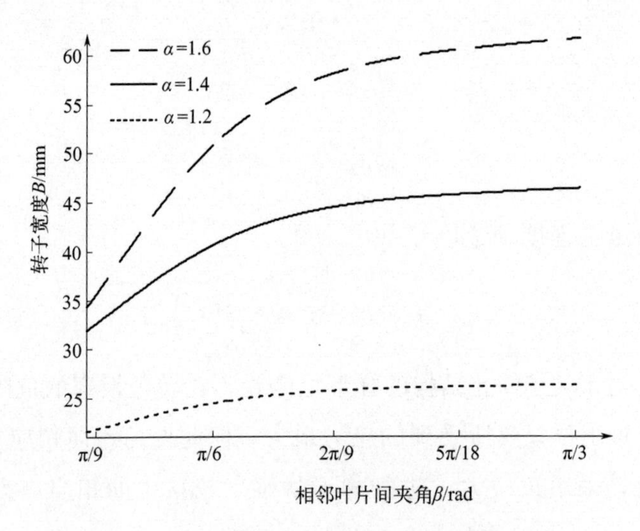

图 2-8　转子宽度与相邻叶片间夹角的关系

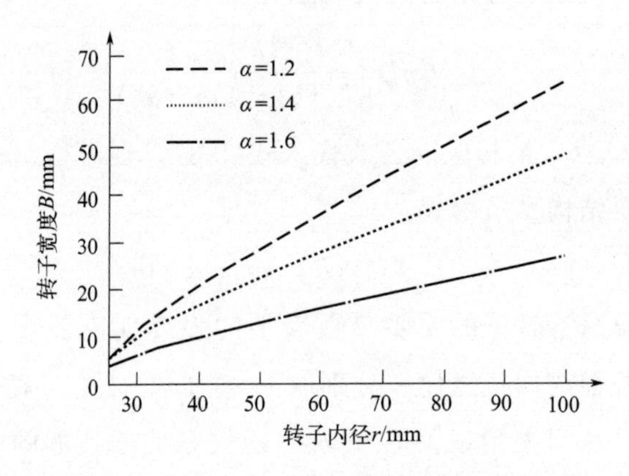

图 2-9　转子宽度与转子内径的变化关系

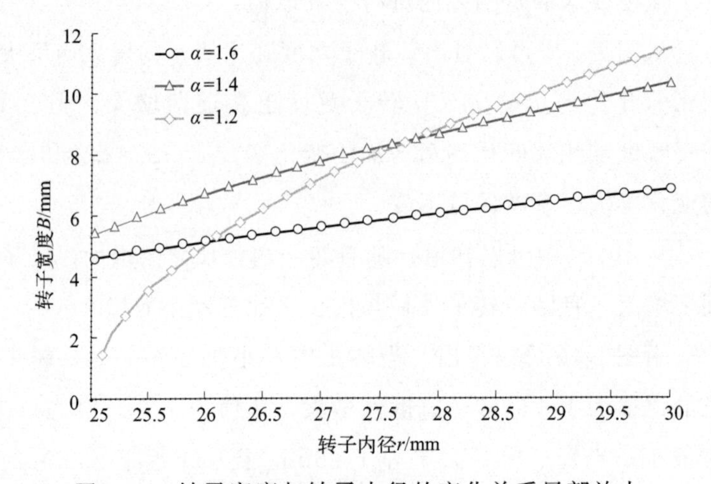

图 2-10　转子宽度与转子内径的变化关系局部放大

为 1.6 时最小；当转子内径大于 28mm 时，转子外径与内径的比值越小，转子的宽度值越大。

2.4 流动阻力对转子宽度的影响

在进行双定子叶片液压马达的系列设计时，当确定了马达的内、外定子直径以及转子尺寸之后，选取不同的转子宽度 B 便可得到一组输出排量规格不相同的双定子叶片液压马达。随着 B 的增大，虽然马达流量以及容积效率会相应地有所增大，但是会使得马达的过流速度增大，从而导致流动阻力增大。

由于双定子叶片液压马达的结构是在一个壳体内形成了内、外两种不同排量输出的马达，显然可知内马达的各项结构尺寸相对外马达来说较小，因此，内马达的流动阻力状况相对外马达来说较严峻。所以需要对双定子叶片液压马达的内马达的流道情况进行研究。

根据流量守恒可得

$$A_n v=\frac{V_n n}{60} \tag{2-10}$$

式中　A_n——双定子叶片液压马达中内定子的流道横截面面积，m^2；

v——内定子流道中油液的流速，在进行马达结构的设计时其值应小于许用流速 $[v]$；

n——双定子叶片液压马达的转速，r/min；

V_n——内马达的理论排量，$V_n=NB(R_n-r_n)[(R_n+r_n)\pi-zs]$。

式(2-10) 可改写为：$v=\frac{V_n n}{60A_n}=\frac{V_n n}{15\pi d_n^2}$，且必须满足 $v<[v]$。

其中，d_n 为内定子流道的直径。由分析可知，如果内定子流道直径的最小值能够满足条件限制，那么其他尺寸的流道直径便也能够满足流道中油液流速的要求。力偶型双定子叶片液压马达的内定子流道分布如图 2-11 所示。

查阅液压工程手册可知，现有叶片马达的最小排量为 2.5mL/r，

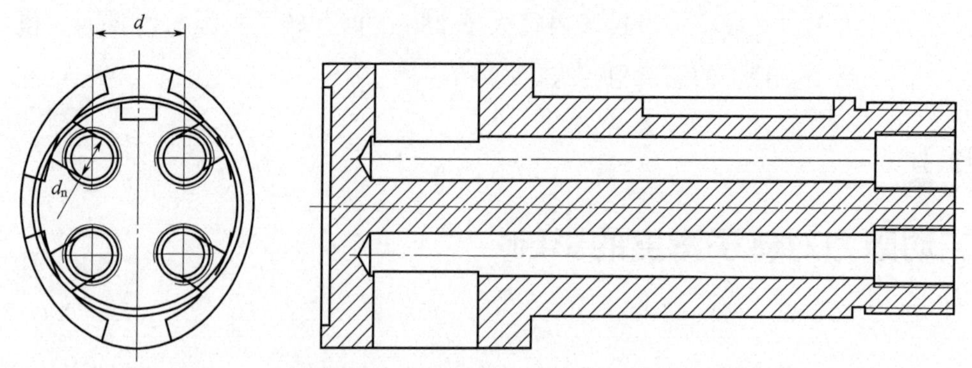

图 2-11 力偶型双定子叶片液压马达的内定子流道分布

d—内定子流道间距；d_n—内定子流道的直径

根据其相关设计参数可粗略计算出其油口直径的最小值为 10mm，将其代入式(2-10)，可得出一个包含内定子结构的主要结构参数的表达式。

$$f(B,R_n,r_n,z,s)<[v] \tag{2-11}$$

2.5 叶片数及叶片结构参数

2.5.1 叶片数

对于双定子叶片马达来说，转子结构不同于传统叶片马达，环形筒状转子结构被叶片槽分成了数个扇形条。因此，当叶片数目过大时，不仅影响马达的排量，而且会影响转子的强度，使加工工作量增加。

双定子叶片马达的叶片数也必须满足转子强度的公式。结合以上对转子强度的有关分析，可以得出不同转子外径与内径之比 α 及不同叶片数 z 下的转子内径 r 的约值（具体数值还需参考设计手册），如表 2-2 所示。

表 2-2 不同叶片数 z 下的转子内径 r

z	r/mm		
	$\alpha=1.2$	$\alpha=1.4$	$\alpha=1.6$
6	31.2	33	34.8

续表

z	r/mm		
	α=1.2	α=1.4	α=1.6
8	31.8	33.8	35.8
10	32.6	34.7	36.9
12	33.5	35.8	38.2
14	34.5	37	39.7
16	35.7	38.5	41.3
18	37	40	43
20	38.5	41.6	44.9
22	40.2	43.5	46.9
24	42	45.4	49
26	43.9	47.5	51.3
28	45.9	49.7	53.7
30	48	52	56.2
32	50.2	54.3	58.7
34	52.5	56.7	61.3

利用 MATLAB 软件中的 curve fitting 工具对上述数据进行曲线拟合，可得出如图 2-12 所示的叶片数随转子内径变化的关系曲线。

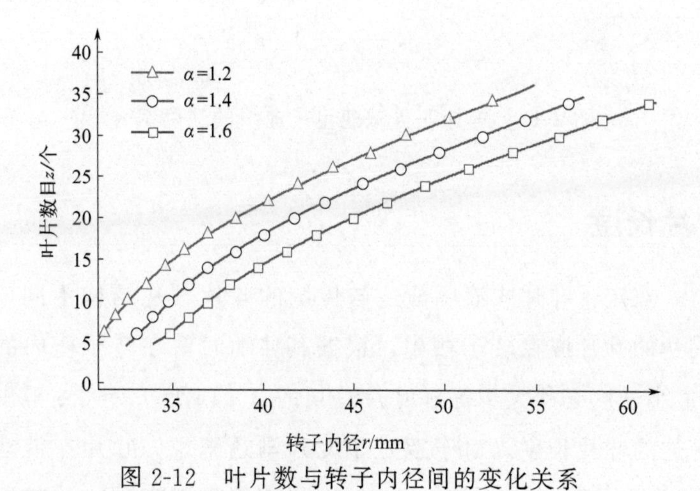

图 2-12　叶片数与转子内径间的变化关系

从图 2-12 中可以看出，随着转子外径与内径之比 α 的增大，叶片数目 z 逐渐减少；随着转子内径的增大，叶片数 z 逐渐增大，并且在转子内径 $r\leqslant 40$mm 左右时，叶片数目的变化率比转子内径

$r>40$mm 左右时稍大。

此外，叶片数目的确定还需要满足力偶型双定子叶片马达的输出转矩和转速的均匀性的要求，即使得 $\sum_{j=1}^{k} v_j$（k 为处在定子曲线范围内的叶片数；v_j 为叶片的径向速度）的值为常数时最佳。

以作用数为 N 的双定子叶片马达为例，当定子曲线选用等加速等减速曲线时，其不同的速度组合如图 2-13 所示。当过渡曲线的幅角 α_0 是两相邻叶片间隔角 β 的偶数倍时，$\sum_{j=1}^{k} v_j$ 的值保持为常数，即满足式(2-12）的要求。

$$\frac{\alpha_0}{\beta}=k=2n(n=1,2,3\cdots) \tag{2-12}$$

将定子曲线对应的幅角 α_0 的公式代入式(2-12）可得

$$z=2N(2n+1)(n=1,2,3\cdots) \tag{2-13}$$

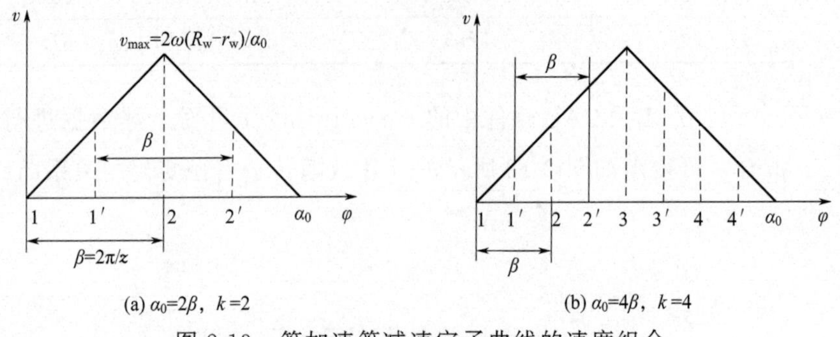

图 2-13 等加速等减速定子曲线的速度组合

2.5.2 叶片长度

双定子叶片式液压马达与传统的叶片马达结构不同，传统叶片马达的叶片嵌在转子槽中，根据其伸缩时留在转子槽内的长度要求（最小长度必须大于等于叶片总长的 2/3）便可以大致得出传统叶片马达的叶片长度。对于双定子叶片马达来说，叶片在带动转子运转的过程中其顶端必须与内、外定子相接触以实现马达的密封，从而使得马达能够正常工作。因此，双定子叶片马达的叶片长度须满足如下关系。

$$l=R_w-R_n=r_w-r_n \tag{2-14}$$

可以得出一个包含外定子大、小圆弧与内定子大、小圆弧半径的表达式，如下所示。

$$f(R_w, r_w, R_n, r_n)=\text{常数} \tag{2-15}$$

2.5.3 叶片厚度

在转子槽的制造工艺条件和强度允许的条件下叶片厚度应尽可能薄，且叶片厚度应同时满足刚度和抗弯强度的要求（马达在最大压力下工作时）。下面对叶片能够满足条件要求的最小厚度进行分析。

双定子叶片马达在工作的过程中，叶片会受到诸多力的作用，如内、外定子对叶片的作用力、转子对叶片的作用力、惯性力以及液体的静压作用力。而在双定子马达不同的工作方式(外马达单独工作、内马达单独工作、内外马达联合工作、内外马达差动工作）下，叶片所受作用力的方式也不尽相同。

叶片在双定子马达的吸油区受到高压油液的作用，这个作用力使得叶片发生剪力弯曲，此时叶片横截面上的内力除弯矩外还有剪力，弯矩是横截面上与正应力相关的内力，剪力是与切应力相关的内力。因此，为了保证叶片的刚度与抗弯强度，叶片所受的最大正应力与最大切应力均应控制在许用应力范围之内。

(1) 最大切应力的计算

当叶片在工作过程中伸出长度越长时其所受到的剪切力越大，为保证叶片在转子槽中的灵活运动，叶片伸缩时悬伸于转子槽外的最大长度为叶片总长的1/3，因此由材料力学相关知识可知叶片的最大切应力应满足如下公式。

$$\tau=\frac{pl}{4s_1}\leqslant[\tau] \tag{2-16}$$

式中　s_1——最大切应力下的叶片厚度。

由式(2-16) 可推导出

$$s_1\geqslant\frac{pl}{4[\tau]} \tag{2-17}$$

(2) 最大正应力的计算

根据材料力学知识可知，对于横截面形状为矩形的叶片来说，

其最大弯曲正应力的值为

$$\sigma=\frac{M_{\max}}{W}=\frac{pBl^2/18}{Bs_2^2/6}=\frac{pl^2}{3s_2^2}\leqslant[\sigma] \tag{2-18}$$

式中 s_2——最大正应力下的叶片厚度。

由式(2-18) 可推导出

$$s_2\geqslant l\sqrt{\frac{p}{3[\sigma]}} \tag{2-19}$$

由分析可知：$l\sqrt{\frac{p}{3[\sigma]}}>\frac{pl}{4[\tau]}$，因此叶片厚度 s 应满足如下条件。

$$s\geqslant l\sqrt{\frac{p}{3[\sigma]}} \tag{2-20}$$

将叶片长度 l 的公式代入式(2-20) 可以得出一个包含外定子与内定子外径（或外定子与内定子内径）和叶片厚度的表达式。

$$f(R_w,R_n,s)\leqslant[\sigma]\text{或}f(r_w,r_n,s)\leqslant[\sigma] \tag{2-21}$$

在叶片的厚度满足刚度和抗弯强度的前提下，根据公式可以得出如图 2-14 所示的叶片厚度与内、外定子外径的关系。分析图 2-14 可知：叶片厚度与外定子外径之间的变化关系成正比，与内定子外径之间的变化关系成反比，并且随着叶片强度的增大，叶片厚度随内、外定子外径的变化率也越大。

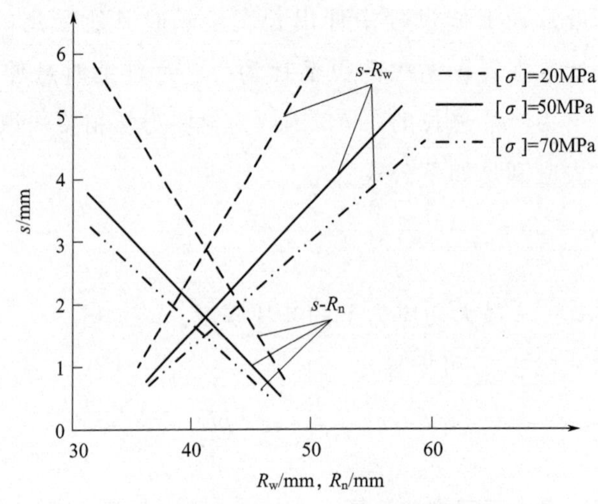

图 2-14 叶片厚度与内、外定子外径的关系

2.5.4 特殊结构的叶片

双定子叶片马达的叶片结构有滚柱型、双滚柱型、滑块型以及双滚柱滑块型，综合各叶片结构的优缺点之后，现有双定子叶片马达常采用的叶片结构为双滚柱滑块型结构，如图 2-15 所示。

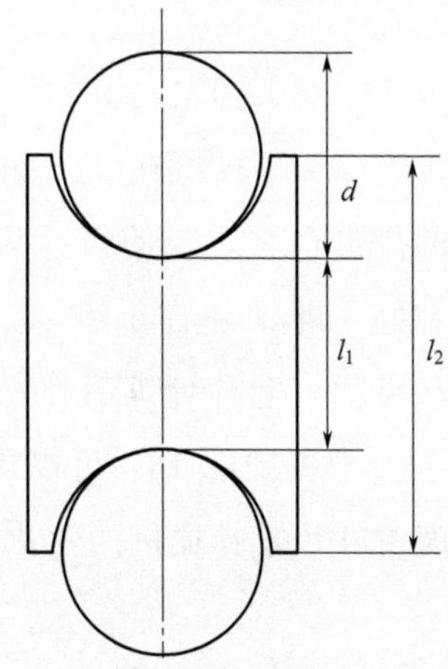

图 2-15　双滚柱滑块型叶片各结构参数

d—滚柱直径；l_1—滑块两端凹槽的间距；l_2—滑块长度

对于原有叶片马达的整体叶片结构来说，叶片伸缩时为了保证能够在转子槽中灵活运动，其留在转子槽内的最小长度应大于等于叶片总长的 2/3，也即叶片悬伸于转子槽外的最大长度应为叶片总长的 1/3。但是，双滚柱滑块型叶片结构包含了两个滚柱与一个滑块的组合，与以往整体式叶片结构有所不同。因此，叶片悬伸于转子槽外的最大长度占叶片总长度的倍数 x 也会有所不同，x 应小于 1/3，下面对此进行分析。

对于双滚柱滑块型叶片结构来说，为了保证滚柱磨损后能够实现叶片的径向间隙补偿，滚柱的直径略小于滑块凹槽直径，如图 2-15 所示，滑块长度 l_2 为

$$l_2 = l_1 + 2kd \tag{2-22}$$

式中　k——比例系数，$k \leqslant 1/2$ 且接近 1/2。

则双滚柱滑块型叶片的总长 l 以及叶片悬伸于转子槽外最大长度时滑块留在转子槽内的长度 l_3 分别为

$$l=l_1+2d \tag{2-23}$$

$$l_3=(1-x)l-2(1-k)d \tag{2-24}$$

为使叶片在转子槽内灵活运动，滑块在转子槽内的长度与叶片悬伸于转子槽外的长度之间应满足如下关系。

$$l_3 \geqslant 2xl \tag{2-25}$$

将式(2-23) 与式(2-24) 代入式(2-25)，可得

$$l_1 \geqslant d\left[\frac{2(1-k)}{1-3x}-2\right] \tag{2-26}$$

分析式(2-26) 可知，l_1 的最小值与 x 的变化值成正比例关系，为使相同尺寸下马达的排量最大，应使得叶片悬伸于转子槽外的所占叶片总长的比例越大越好，即 x 应在小于 1/3 范围内越大越好（为了使叶片在转子槽内运动灵活，叶片伸缩时留在转子槽内的最小长度应不小于叶片总长的 2/3)。根据式(2-16) 可以得出滑块槽间距与滚柱直径之比随叶片外伸长度占叶片总长比例的变化关系，如图 2-16 所示。

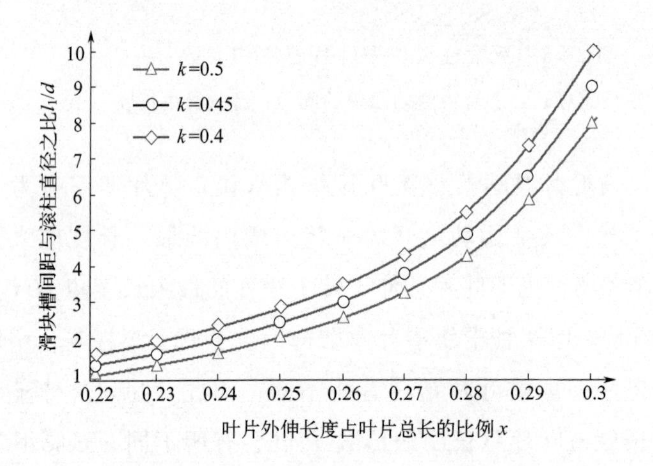

图 2-16 l_1/d 与 x 的关系

分析图 2-16 可知，当比例系数 k 逐渐增大时，叶片的两个滑块槽间距与滚柱直径的比值是逐渐减小的，随着叶片悬伸于转子槽外的长度的增加，叶片的两个滑块槽间距与滚柱直径的比值也是逐渐增大的，且该比值的变化率也是逐渐增大的。

此外，叶片总长 $l=l_1+2d$ 又满足式(2-27) 的要求。

$$l=l_1+2d=R_w-R_n=r_w-r_n \tag{2-27}$$

由以上各式可得

$$\frac{l_1}{d}=\frac{(R_w-R_n)-2d}{d}=\frac{R_w-R_n}{d}-2\leqslant\frac{(R_w-R_n)_{max}}{d_{min}}-2 \quad (2\text{-}28)$$

查阅液压工程手册，以现有叶片马达相关技术参数为基础，推导出 l_1/d 可大致取为 $l_1/d\leqslant3$，结合图 2-15 所示可知，对于采用双滚柱滑块结构叶片的双定子叶片液压马达来说，叶片外伸于转子槽外的长度应不大于叶片总长的 1/4。

2.6 滚柱与定子间的接触应力

双定子叶片液压马达在四种不同工作方式下滚柱与内、外定子间的接触应力各不相同，通过对比分析可知：当外马达单独工作时，处于大、小圆弧过渡区的外马达中的高压油液对叶片的作用力最大，从而将滚柱压向内定子，此时滚柱与定子之间的接触应力达到最大。因此可得滚柱与处于大、小圆弧过渡区的内定子间的接触应力分别为

$$\sigma_{H1}=0.418\sqrt{\frac{FE}{B}\times\frac{R_n+r_1}{R_nr_1}} \quad (2\text{-}29)$$

$$\sigma_{H2}=0.418\sqrt{\frac{FE}{B}\times\frac{r_n+r_1}{r_nr_1}} \quad (2\text{-}30)$$

式中　r_1——滚柱半径，mm；

E——材料的弹性模量，Pa；

F——高压油液作用在叶片上的力，N。

由于 $R_n>r_n$，分析上述两个公式可知：$\sigma_{H1}<\sigma_{H2}$。因此，滚柱与内定子之间的最大接触应力为

$$\sigma_{Hmax}=\sigma_{H2}=0.418\sqrt{\frac{FE}{B}\times\frac{r_n+r_1}{r_nr_1}} \quad (2\text{-}31)$$

在双定子叶片液压马达的设计过程中，滚柱与定子间的最大接触应力应满足式(2-32) 的要求。

$$\sigma_{Hmax}\leqslant[\sigma_H] \quad (2\text{-}32)$$

式中 $[\sigma_H]$——材料的许用接触应力。

将 F 的表达式代入公式，可以得出一个包含内定子小圆弧半径与滚柱半径的表达式，如下所示。

$$f(r_n, r_1) \leqslant [\sigma_H] \tag{2-33}$$

根据式(2-33)可以得出，在满足材料许用接触应力条件下的不同接触应力值时，滚柱半径与内定子小圆弧半径之间的变化关系如图2-17所示。由图2-17可知，随着内定子半径的增大，滚柱的半径也在逐渐地增大，并且当内定子小圆弧半径一定时，滚柱半径越大，它们之间的接触应力值越大。因此，为使得滚柱与定子之间的接触应力较小，滚柱的结构尺寸应在满足条件要求的情况下越小越好。

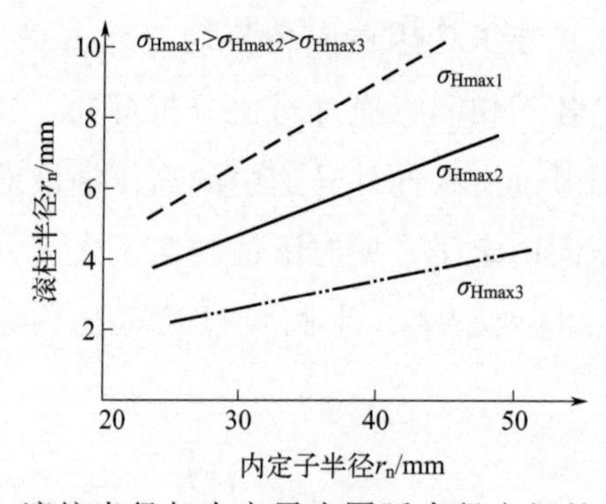

图 2-17 滚柱半径与内定子小圆弧半径之间的变化关系

综合以上分析可将影响双定子叶片液压马达的主要结构参数的关系表达式进行汇总，如下所示。

$$\begin{cases} f(R_w, r_w, R_n, r_n, z, s) = \text{常数} \\ f(B, R, r, s, z) < [\sigma_s] \\ f(B, R_n, r_n, z, s) < [v] \\ f(R_w, r_w, R_n, r_n) = c \\ f(R_w, R_n, s) \leqslant [\sigma] \\ f(r_w, r_n, s) \leqslant [\sigma] \\ f(r_n, r_1) \leqslant [\sigma_H] \\ f(R, r_w) = \text{常数} \\ f(B, r_w) = \text{常数} \end{cases} \tag{2-34}$$

2.7 双定子叶片马达系列相似设计准则

对于双定子液压马达的设计研究来说，影响其性能的因素有很多，并且往往难以精确地进行计算。因此，运用流体力学的相似原理建立包含无量纲参数的数学模型，结合实验得出的无量纲特性曲线，便可以很方便地得出双定子叶片液压马达的各项损失系数，从而分析出各种损失所占的比重，对双定子叶片液压马达进行有针对性的改进措施。

2.7.1 马达的相似判据

对于液压马达来说，流体动力相似的准则除了应满足几何相似与运动相似之外，还需要满足下列的相似准则。

弗劳德准则（又称重力相似准则）。

$$Fr=\frac{v^2}{gL}=\text{常数} \tag{2-35}$$

式中　v——过流部分的特征速度；

g——重力加速度；

L——过流部分的特征长度。

雷诺准则（又称黏性力相似准则）。

$$Re=\frac{vL}{\upsilon}=\text{常数} \tag{2-36}$$

式中　υ——流体的运动黏度。

斯特卢哈准则（又称时变加速度惯性力相似准则）。

$$Sb=\frac{L}{vt}=\text{常数} \tag{2-37}$$

欧拉准则（又称压力相似准则）。

$$Eu=\frac{p}{\rho v^2}=\text{常数} \tag{2-38}$$

式中　p——压力；

ρ——流体的密度。

考虑到关于液压马达中的流动具有如下的特点：

① 在液压马达中的液体流动，重力所占的比重较小，可忽略；

② 液压马达中的流动均属于非定常流动；

③ 液压马达中的流动基本上均属于小雷诺数的层流运动，因而黏性力的影响较大；

④ 液压马达流动中的黏性力和压力远大于位变惯性力。

因此，对于液压马达的流体动力相似来说，主要应该满足的准则为斯特卢哈准则和拉格朗日准则（也即雷诺准则与欧拉准则的乘积）。

拉格朗日准则如下所示。

$$La=\frac{pL}{\mu v}=\text{常数} \tag{2-39}$$

式中 μ——流体的动力黏度。

根据液压马达的排量 V、流量 Q、转速 n、特征流速 v 以及特征长度 L 之间的关系，可以得出如下关系式。

$$\begin{cases} V\propto L^{3} \\ t\propto \dfrac{1}{n} \\ v\propto \dfrac{Q}{L^{2}}\propto \dfrac{Q}{V^{\frac{2}{3}}} \end{cases} \tag{2-40}$$

将上述表达式代入斯特卢哈准则可以得出

$$\overline{Q}=\frac{Q}{Vn}=\text{常数} \tag{2-41}$$

式中，$\overline{Q}$ 可称为无量纲流量，是液压马达相似判据的之一。若两个液压马达流体动力相似，则它们的无量纲流量必须相等。

此外，又有 $v\propto \dfrac{Q}{V^{\frac{2}{3}}}\propto \dfrac{Vn}{V^{\frac{2}{3}}}\propto V^{\frac{1}{3}}n$，将此关系式代入拉格朗日准则[式(2-39)]，则可得出

$$\overline{p}=\frac{p}{\mu n}=\text{常数} \tag{2-42}$$

式中，$\overline{p}$ 可称为无量纲压力，也是液压马达相似判据。

由以上的分析可知，对于几何相似的若干个液压马达，如果它们的无量纲流量和无量纲压力的值均相等，则这些几何相似的液压

马达也是流体动力相似的。如果对于同一液压马达的不同工况下的无量纲流量和无量纲压力的值也分别相等，则液压马达的这些不同的工况也是流体动力相似的。

根据上述两个液压马达的相似判据还可以推导出另一个派生的相似判据。

$$\overline{T}=\frac{T}{\mu nV}=\text{常数} \tag{2-43}$$

式中，$\overline{T}$ 可称为无量纲转矩。

2.7.2 相似判据与双定子叶片马达的关系

(1) 容积效率 $\boldsymbol{\eta}_v$ 与无量纲流量 $\overline{Q}$ 的关系

根据双定子叶片液压马达的容积效率公式可得

$$\eta_v=\frac{Q_T}{Q}=\frac{Vn}{Q}=\frac{1}{\overline{Q}} \tag{2-44}$$

由式(2-44) 可知，双定子叶片式液压马达的容积效率 η_v 与无量纲流量 $\overline{Q}$ 的倒数相等。当若干个双定子叶片式液压马达动力学相似时，它们的容积效率也必相等。

(2) 容积效率 $\boldsymbol{\eta}_v$ 与无量纲压力 $\overline{p}$ 的关系

众所周知，容积效率表示的是液压马达抵抗泄漏的能力。对于双定子叶片液压马达来说，其泄漏的主要形式包括压差泄漏和剪切泄漏两个部分。

压差泄漏流量 ΔQ_1 可以表示为

$$\Delta Q_1\propto\frac{h^3p}{\mu}\propto\frac{Vp}{\mu}=C_{s1}\frac{Vp}{\mu} \tag{2-45}$$

式中　h——泄漏面的间隙高度；

C_{s1}——压差泄漏系数。

剪切泄漏流量 ΔQ_2 可以表示为

$$\Delta Q_2\propto hbv\propto L^3n\propto Vn=C_{s2}Vn \tag{2-46}$$

式中　b——泄漏面的宽度；

C_{s2}——剪切泄漏系数。

综上可得，双定子叶片液压马达总的泄漏量为

$$\Delta Q=\Delta Q_1+\Delta Q_2=C_{s1}\frac{Vp}{\mu}+C_{s2}Vn \tag{2-47}$$

将式(2-47)代入液压马达的容积效率公式可得

$$\eta_v=\frac{Q_T}{Q}=\frac{Q_T}{Q_T+\Delta Q}=\frac{1}{1+\dfrac{\Delta Q}{Q_T}}=\frac{1}{1+\dfrac{C_{s1}\dfrac{Vp}{\mu}+C_{s2}Vn}{Vn}}$$

$$=\frac{1}{1+C_{s1}\dfrac{p}{\mu n}+C_{s2}}=\frac{1}{1+C_{s1}\overline{p}+C_{s2}} \tag{2-48}$$

(3) 机械效率 η_m 与无量纲压力 $\overline{p}$ 的关系

液压马达的机械损失为主要发生在马达内相对滑动部分的油膜处的黏性摩擦损失和主要发生在轴承与半干摩擦状态的某些滑动面之间的机械损失，主要体现在三个方面：剪切流动摩擦转矩损失 ΔT_1、机械摩擦转矩损失 ΔT_2 以及压差流动摩擦转矩损失 ΔT_3，分别表示如下。

$$\begin{cases}\Delta T_1=C_{d1}\mu nV\\ \Delta T_2=C_{d2}pV\\ \Delta T_3=C_{d3}pV\end{cases} \tag{2-49}$$

式中 C_{d1}——液体摩擦转矩损失系数，为有关几何长度的比值，对于几何相似的液压马达，则 C_{d1} 相等；

C_{d2}——固体摩擦转矩损失系数，与摩擦系数有关，当两个液压马达几何相似并且材料相同时，则它们的 C_{d2} 相等；

C_{d3}——压差流动摩擦转矩损失系数。

液压马达总的机械损失为

$$\Delta T=\Delta T_1+\Delta T_2+\Delta T_3 \tag{2-50}$$

将式(2-50)代入液压马达的机械效率公式可得

$$\eta_m=\frac{T}{T_{th}}=\frac{T_{th}-\Delta T}{T_{th}}=1-\frac{C_{d1}}{\overline{p}}-C_{d2}-C_{d3} \tag{2-51}$$

(4) 液压马达的总效率 η 与无量纲压力 $\overline{p}$ 的关系

由液压马达的总效率公式，并结合上述相关公式则可以得出液压马达的总效率为

$$\eta=\eta_v\eta_m=\frac{1-\dfrac{C_{d1}}{\overline{p}}-C_{d2}-C_{d3}}{\dfrac{1}{1+C_{s1}\overline{p}+C_{s2}}} \tag{2-52}$$

由以上分析可知，对于流体动力相似的液压马达来说，它们的容积效率、机械效率以及总效率均分别相同，并且 η_v、η_m 以及 η 均与无量纲压力 $\overline{p}$ 有关。

(5) 无因次流量 $\overline{Q}$ 与无因次压力 $\overline{p}$ 的关系

根据式(2-44) 与式(2-52)，可以得出液压马达的 $\overline{Q}$-$\overline{p}$ 关系式为

$$\overline{Q}=1+C_{s1}\overline{p}+C_{s2} \tag{2-53}$$

(6) 无量纲转矩 $\overline{T}$ 与无量纲压力 $\overline{p}$ 的关系

由公式可知

$$\overline{T}=\frac{T}{\mu nV}=\frac{T_{th}\eta_m}{\mu nV}=(1-C_{d2}-C_{d3})\overline{p}-C_{d1} \tag{2-54}$$

由式(2-54) 可知，液压马达的无量纲转矩 $\overline{T}$ 与无量纲压力 $\overline{p}$ 成正比例关系。

2.7.3 双定子叶片马达相似设计准则的应用

根据公式，可以得出液压马达的无量纲 $\overline{Q}$-$\overline{p}$ 和 $\overline{T}$-$\overline{p}$ 关系曲线，如图 2-18 所示。

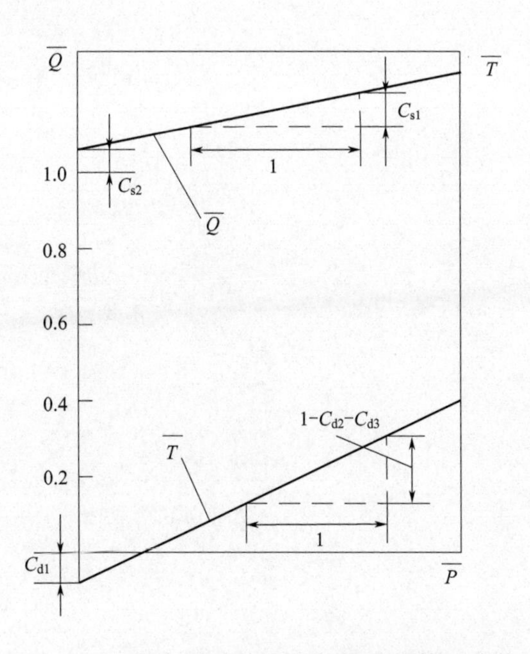

图 2-18　双定子叶片马达的无量纲特性曲线

由图 2-18 可知，液压马达的无量纲流量与无量纲转矩均随着无

量纲压力的增大而增大，并且从曲线中可以很明显地看出各损失系数的定量关系。

根据流体力学的相似设计准则，应用比较简单的实验方法便可根据实验数据绘制出双定子叶片式液压马达的通用特性曲线，其不仅能够表达出同一双定子叶片式液压马达在不同工况下的性能，而且能显示出这一系列几何相似的双定子叶片式液压马达的性能。

第3章

力偶型双定子叶片马达

3.1 力偶型液压马达的定义与分类

3.2 力偶型双定子叶片马达的结构特点

3.3 力偶型奇数作用双定子马达

3.4 力偶型偶数作用双定子马达

3.5 力偶型双定子叶片马达的浮动侧板

力偶型双定子叶片液压马达是指液压马达的转子所受径向力的合力为零，合力矩不为零，从而形成一个力偶驱动转子转动，使液压马达输出转速和转矩。

3.1 力偶型液压马达的定义与分类

力偶型液压马达属于通用液压基础元件的范畴，具体定义为：液压马达工作时，在垂直于转子轴向方向的任意平面内，转子受到的合力为零，但合力矩不为零，形成力偶，此力偶使液压马达产生转矩和转速，这种径向力平衡的液压马达称为力偶型液压马达。

根据不同的作用形式，力偶型液压马达可以分为力偶原理液压马达、力偶系原理液压马达和类力偶原理液压马达三种不同的类型，但其作用效果均相同，因此可将它们统称力偶型液压马达。

3.1.1 力偶原理液压马达

力偶——大小相等、方向相反，但作用线不在同一直线上的一对力。力偶能使物体产生纯转动效应，从而消除液压马达中存在的径向不平衡力，现有的双作用叶片马达是力偶原理液压马达的典型结构。

3.1.2 力偶系原理液压马达

力偶系——作用在同一平面内的多个力偶组成的力偶的集合。力偶系使物体产生的纯转动效应与力偶的作用相似，同样可以消除液压马达中存在的径向不平衡力，现有的多作用内曲线径向柱塞式液压马达与四作用液压马达都是力偶系液压马达的典型结构，四作用液压马达的受力示意如图 3-1。四作用双定子叶片液压马达受力示意如图 3-2 所示。

3.1.3 类力偶原理液压马达

类力偶——两个以上奇数个大小相等、沿等径圆周方向均布的

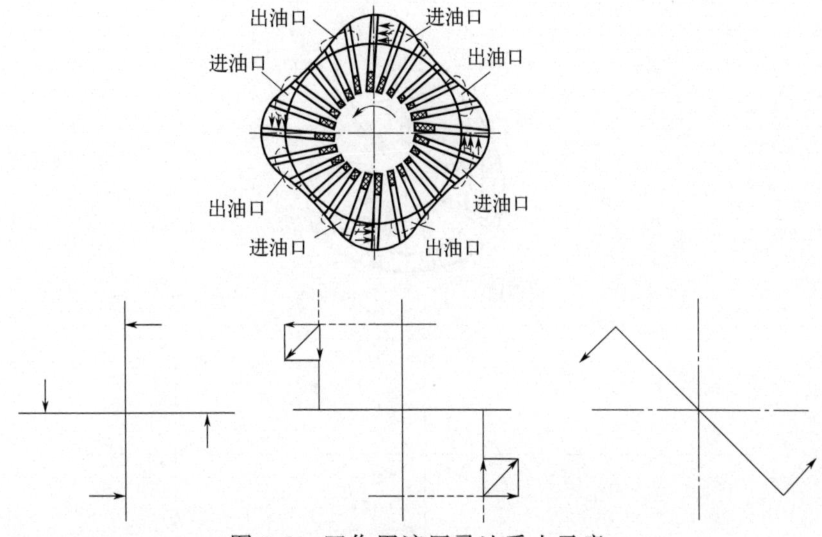

图 3-1　四作用液压马达受力示意

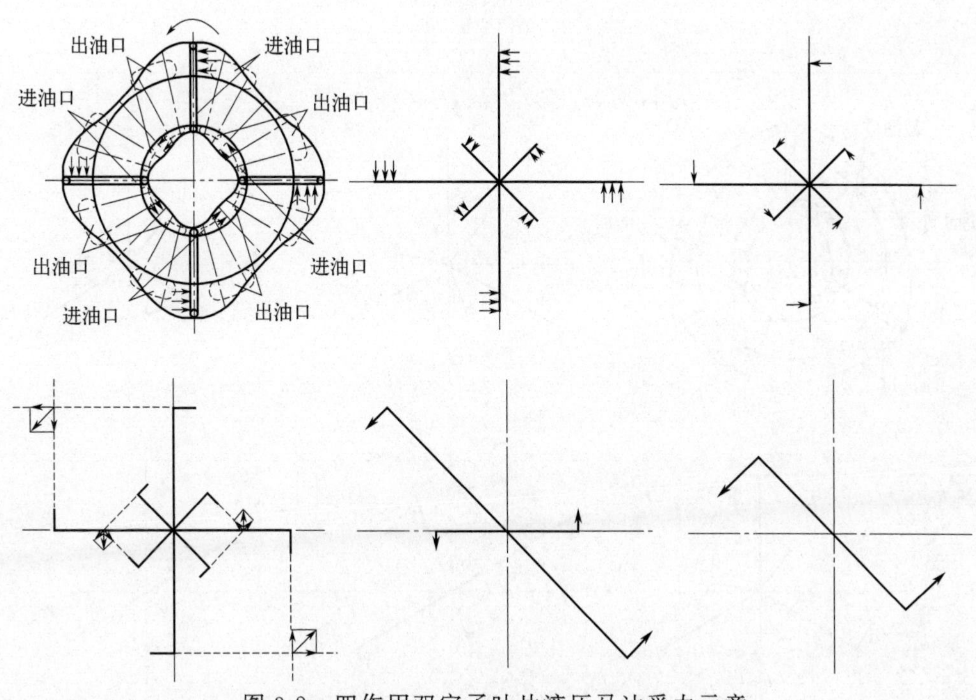

图 3-2　四作用双定子叶片液压马达受力示意

一组力的集合。类力偶虽然不属于力偶和力偶系的概念，但是类力偶对刚体产生的综合作用效果是合力为零、合力矩不为零，与力偶和力偶系的作用效果相同，同样可以消除马达转子中存在的径向不平衡力。双定子三作用叶片马达便是类力偶原理液压马达的典型结构，其受力示意如图 3-3 和图 3-4 所示。

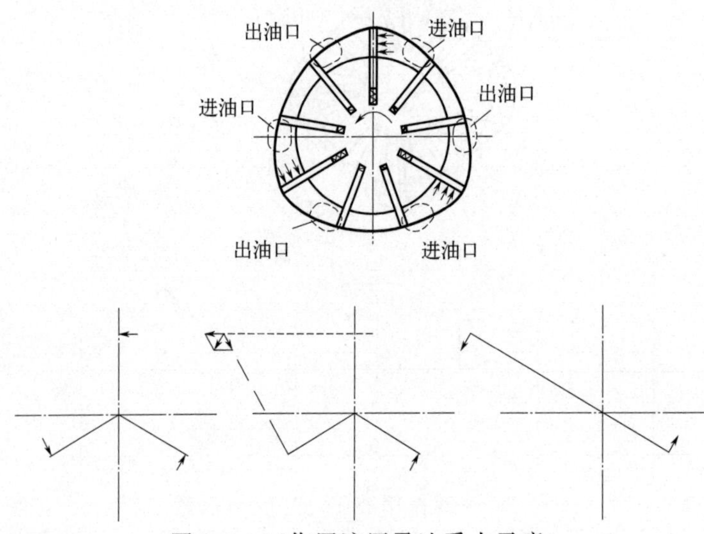

图 3-3　三作用液压马达受力示意

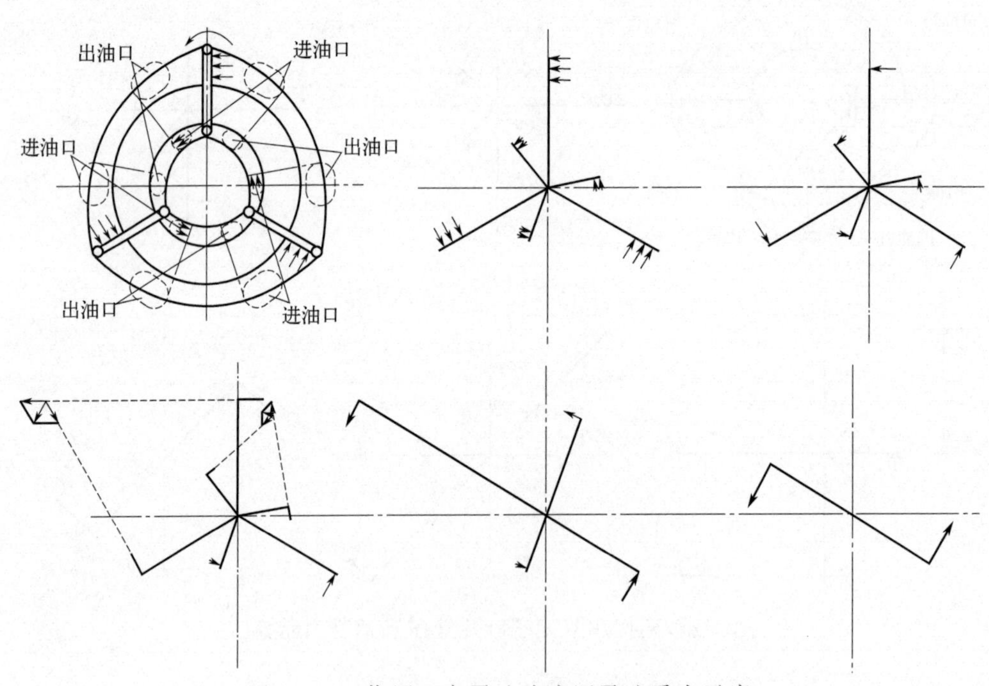

图 3-4　三作用双定子叶片液压马达受力示意

力偶型双定子液压马达是将力偶原理应用到双定子液压马达上的一种新构型，双定子多速马达由一个转子对应两个定子，在一个壳体内存在多个相互独立的多马达的结构原理。双定子叶片液压马达相比于传统的单定子叶片马达来说，马达的外定子环的内表面和内定子环的外表面为相似的等距曲面，因此不需要压紧机构或回程弹簧。有叶片不脱空、比功率大、可多级调速和多级调转矩、实现差动等优点。

叶片式力偶型双定子叶片液压马达中的力偶是由高压区的高压油液作用在多个叶片上产生的，所以探讨力偶与叶片数的关系是提高力偶理论作用效果的关键内容。同时，叶片数量是叶片马达设计过程中一个很重要的参数，它的数值选择合适与否直接影响到叶片马达性能的好坏。下面分别对上述三种类型的力偶型液压马达不同叶片数量情况下的转子径向受力状况进行分析。

3.2 力偶型双定子叶片马达的结构特点

以四作用力偶液压马达为例阐述力偶型双定子叶片马达的工作原理，如图 3-5 所示。在一个壳体 5 内设计有一个转子 2 和两个定子，分别为外定子环 1 和内定子环 3。由外定子环 1、转子 2、滚柱 7、连杆 6 及两边侧板组成的密闭容积，当向进油口 B 通入高压油液

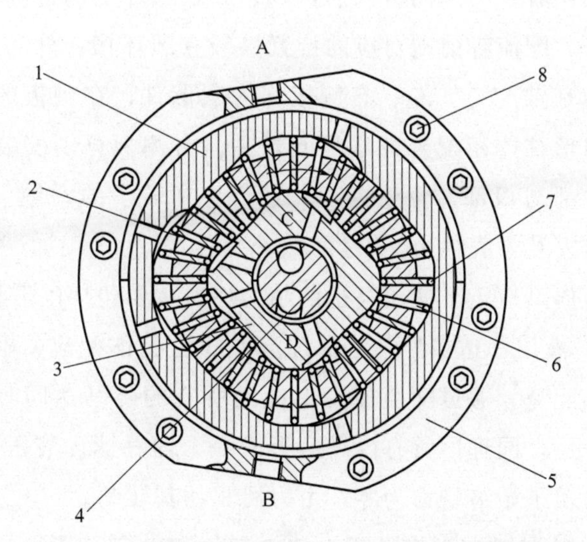

图 3-5　四作用力偶型双定子叶片马达原理简图

1—外定子环；2—转子；3—内定子环；4—配流轴；5—壳体；6—连杆；7—滚柱；8—连接螺栓；A，B—外马达油口；C，D—内马达油口

时，通过壳体5内的通道和配流窗口进入封闭容积内，位于压油腔与吸油腔分界处的滚柱连杆组的一侧作用于高压油，另一侧作用于低压油，由于滚柱连杆组伸出的长度不同，伸出面积不同，这个压力差使得滚柱连杆组带动转子2顺时针旋转，形成外马达。同理，由内定子环3、转子2、滚柱7、连杆6及两边侧板组成的密闭容积，向进油口C通入高压油液时，通过配流轴上的通道进入密闭容积内，由于压力差使得转子2顺时针旋转，形成内马达。

液压马达的输出转矩与液压马达的排量和液压马达进、出口之间的压力差成正比，转速则取决于输入液压马达的流量和排量。当向进油口B、C同时通入高压油液时，内、外马达同时工作，此时力偶型双定子液压马达输出最大转矩和最低转速。当向油口B、D同时通入高压油液时，力偶型双定子液压马达此时差动工作，输出另一种转矩和转速。

力偶型双定子液压马达主要包括：转子、内定子环、外定子环、滚柱连杆组、壳体、配流轴、左右端盖。外定子环通过定位销钉安装于壳体中，壳体与外定子环接触的面上有环形槽。内定子环的前部的外表面与外定子环的内表面的轮廓线为等宽的相似完全封闭的光滑曲线。外定子环和内定子环都开有配流窗口，为了使得所有的内马达或者外马达同时供油，内、外定子环上的进油口和出油口前、后错开，配流轴前端对应的位置也开有圆环槽。外马达是壳体配流，内马达是轴配流。左、右侧板都为圆形件，在侧板的圆周开有与转子槽扇形柱体相配合的扇形孔，左、右侧板分别安装于转子扇形柱体的底部与根部，位于内、外定子环和转子的两侧。左、右端盖通过螺钉安装于壳体上。

力偶型双定子液压马达的结构特点主要包括以下几个方面。

① 液压马达在外马达的配流方式为壳体配流，内马达的配流方式为轴配流。通过配流使得形成的所有的外马达同时进出油成为一个外马达，同理，所有内马达形成一个内马达。液压马达在工作时，马达的转子始终受力为零，由力偶驱动其转动。

② 滚柱7与外定子环1的内表面和内定子环的外表面为滚动摩擦，液压马达的摩擦副之间都有润滑油，增大了液压马达的机械效率和使用寿命。

③ 液压马达的外定子环 1 的内表面和内定子环的外表面为等宽曲面，因此不需要压紧机构或回程弹簧。

④ 为减小液压马达的径向泄漏，连杆 6 上的半圆槽的直径略大于滚柱 7 的直径，滚柱磨损后可以自动补偿，设计两边的浮动轴套，减小液压马达的轴向泄漏。

3.3 力偶型奇数作用双定子马达

叶片式马达转子受到的径向力由直接作用在转子圆周上的液压力和作用在封油区叶片上的液压力两部分组成。除了单作用叶片式马达外，处于封油区的叶片均是在大、小圆弧区段的叶片，叶片两侧均受到相同压力油液的作用，而此时叶片所受液压力的方向均沿转子切向方向。因此，对于 N（$N>1$）作用的叶片马达，转子所受径向力只有直接作用在转子圆周上的液压力。

3.3.1 作用周期内叶片数相同的双定子马达

如图 3-6 所示，转子在旋转的过程中，由相邻两个滚柱连杆组与转子、定子、两侧配流装置所组成的密闭容腔的数目也是不断变化的，并且与每个作用周期内的连杆组数也有密切的关系。

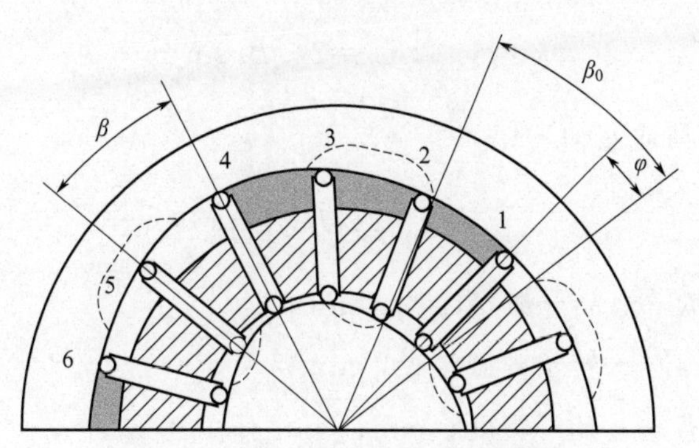

图 3-6　转子径向受力分析简图

β_0—配油窗口的夹角；β—两相邻滚柱连杆组夹角；

φ—叶片 1 与油口夹角；1～6—叶片

(1) 每个作用周期内的叶片数相同且为奇数

由分析可知每个作用周期内由相邻两滚柱连杆组所围成的高压密闭腔的数量（个）为

$$M_1=\begin{cases}\dfrac{z_1-1}{2} & 0\leqslant\varphi\leqslant\beta_0-\beta\\ \dfrac{z_1+1}{2} & \beta_0-\beta\leqslant\varphi\leqslant\beta_0-\beta/2\\ \dfrac{z_1-1}{2} & \beta_0-\beta/2\leqslant\varphi\leqslant\beta\end{cases}\tag{3-1}$$

式中　β_0——配油窗口的夹角；

β——两相邻滚柱连杆组夹角；

z_1——一个作用周期内的滚柱连杆组数。

在不考虑滚柱连杆组的厚度的情况下，单个高压密闭容腔所受到的高压油的作用，从而对转子产生的径向液压力如下所示。

外马达单独工作

$$F_{r1}=2p_1BR\sin\frac{\beta}{2}\tag{3-2}$$

内马达单独工作

$$F_{r2}=2p_1Br\sin\frac{\beta}{2}\tag{3-3}$$

内、外马达联合工作

$$\begin{cases}F_{r1}=2p_1BR\sin\dfrac{\beta}{2}\\ F_{r2}=2p_1Br\sin\dfrac{\beta}{2}\end{cases}\tag{3-4}$$

内、外马达差动工作

$$F_r=2p_1B(R-r)\sin\frac{\beta}{2}\tag{3-5}$$

式中　R——转子外圆半径，mm；

r——转子内圆半径，mm；

B——转子宽度，mm；

p_1——高压油腔油液压力，MPa。

因此，在一个作用周期内就有 M_1 个这样的径向液压力指向转子圆心，而这 M_1 个径向液压力又可以合成为一个指向转子圆心的合

力，且此合力与坐标起始线的夹角为

$$\theta=\frac{M_1}{2}\beta+\varphi \tag{3-6}$$

（2）每个作用周期内的叶片数相同且为偶数

由分析可知，当每个作用周期内的滚柱连杆组数目是偶数时，不管 φ 怎样变化，由相邻两滚柱连杆组所围成的高压密闭腔的数量均为 $M_2=z_1/2$。此时，单个高压密闭容腔受到高压油的作用，从而对转子产生的径向液压力与奇数时相同；每个作用周期内的 M_2 个径向液压力也可以合成为一个指向转子圆心的径向合力，且与坐标的起始线的夹角为 $\frac{M_2}{2}\beta+\varphi$。

由以上分析可知，当每个作用周期内的滚柱连杆组数相同，即滚柱连杆组数与液压马达的作用数之比为整数时，对于 N（此时 N 为奇数）作用的双定子叶片液压马达来说，N 个作用周期内就有 N 个大小相等的径向液压合力沿转子外圆周表面或内圆周表面均匀分布且均指向转子圆心或背离转子圆心。外马达单独工作时，转子外圆周所受到的 N 个径向液压力的合力为零；内马达单独工作时，转子内圆周所受到的 N 个径向液压力的合力也为零；内、外马达联合工作时，转子外圆周受到指向转子圆心的径向液压力的作用，转子内圆周受到背离转子圆心的径向液压力，每个作用周期内指向转子圆心的径向液压力合力与背离转子圆心的径向液压力合力作用点的夹角为 $\frac{z_1}{2}\beta$，但转子整体所受到的径向液压力仍为零；内、外马达差动工作时，转子外圆受到 N 个指向转子圆心的径向液压力的作用，转子内圆周同样也受到 N 个背离转子圆心的径向液压力，此时，每个作用周期内指向转子圆心与背离转子圆心的两个径向液压力的作用点夹角为零，因此可以得出转子整体所受到的径向液压力的合力也为零。

以三作用双定子叶片液压马达为例进行分析，其原理简图如图 3-7 所示，滚柱连杆组 1 已脱离吸油腔，滚柱连杆组 2 已进入压油区，此时，滚柱连杆组 1 和 6、转子外表面、外定子内表面以及配流装置一起组成了吸油区与压油区。以如图 3-7 所示滚柱连杆组 1 位置为坐标起始线，令滚柱连杆组 1 与起始线的夹角为 φ。滚柱连杆组 1、滚柱连杆组 6 和滚柱连杆组 11 在如图 3-7 所示位置时均处于压油口的边缘，且随着转子逆时针方向的旋转，它们也都具有相同的运动规律。

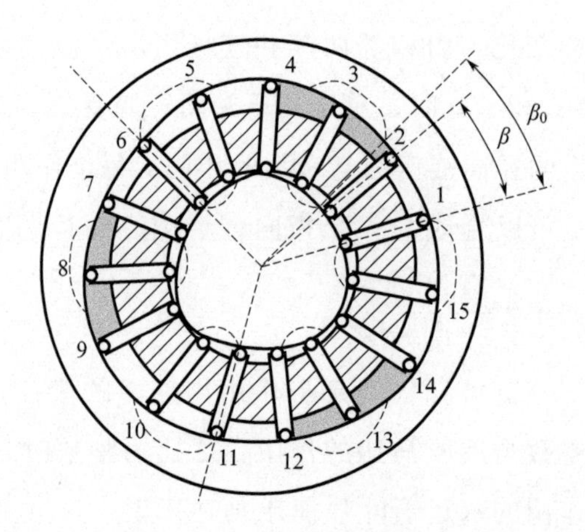

图 3-7 三作用双定子叶片液压马达原理简图

1～15—滚柱连杆组

经过分析可知，三作用双定子叶片液压马达在四种不同工况下转子所受径向液压力示意如图 3-8 所示，其中粗箭头表示每个作用周期内转子所受径向液压力的合力。

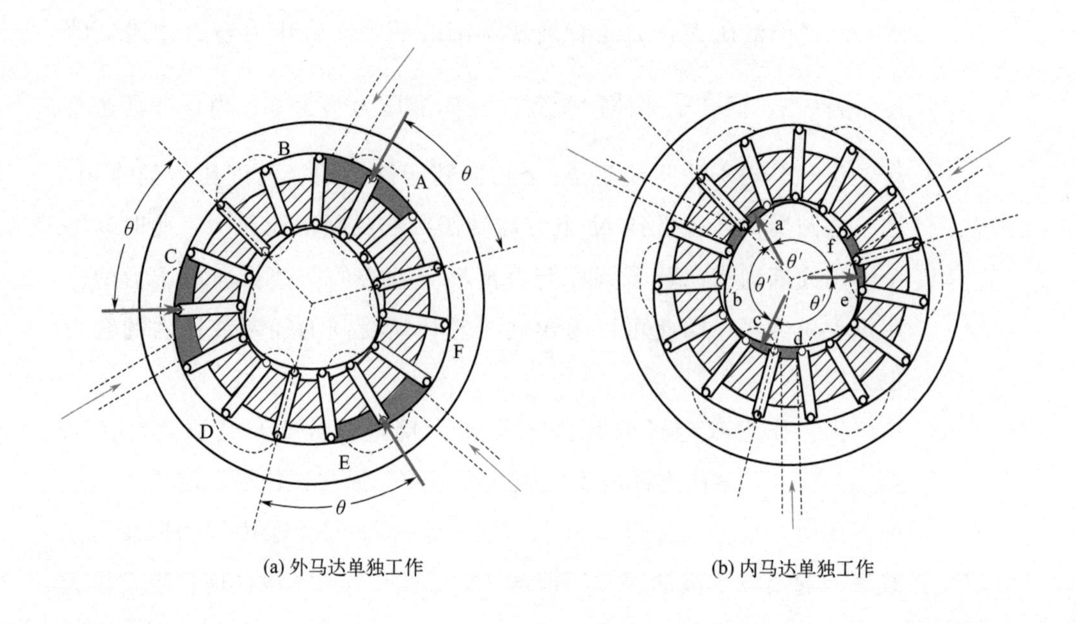

(a) 外马达单独工作

(b) 内马达单独工作

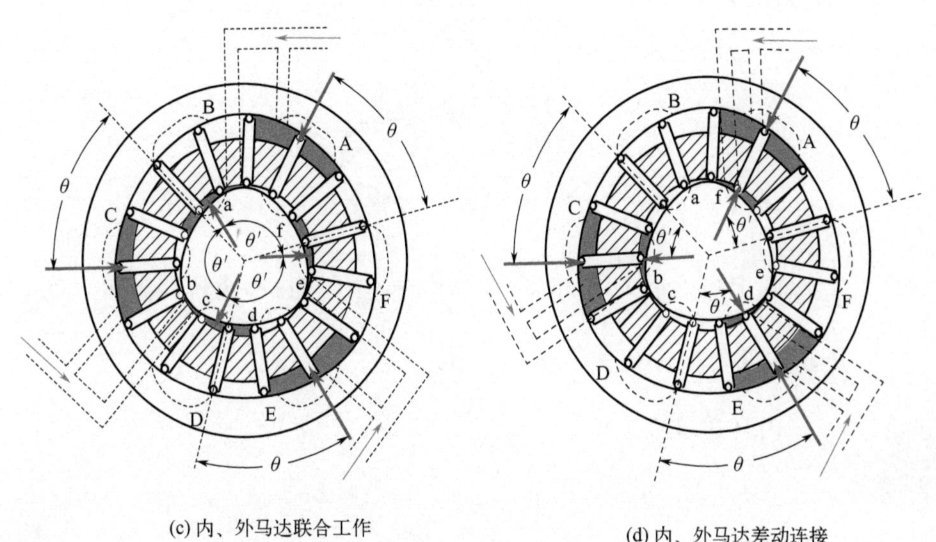

图 3-8　三作用双定子叶片液压马达在四种不同工况下转子所受径向液压力示意

A，C，E—外马达进油口；B，D，F—外马达出油口；

a，c，e—内马达进油口；b，d，f—内马达出油口；θ—外马达每个作用周期所受径向合力与坐标起始线的夹角；θ'—内马达每个作用周期所受径向合力与坐标起始线的夹角

综上分析可知，当奇数作用的双定子叶片液压马达每个作用周期内的叶片数相同时，马达在四种不同的工作方式下转子在工作的过程中均受到平衡径向液压力的作用。

3.3.2　作用周期内叶片数不相同的双定子马达

与每个作用周期内滚柱连杆组数目相同时的分析类似，首先分析每个作用周期内高压油腔的数量。以三作用双定子叶片液压马达为例，由分析可知，当三个作用周期中的一个作用周期内的滚柱连杆组数为 z_1（令 z_1 为奇数，z_1 为偶数时的情况与奇数时相同）时，三个作用周期内的滚柱连杆组数有以下四种情况。

① 两个作用周期内的滚柱连杆组数各为 z_1，另一个作用周期内的滚柱连杆组数为 z_1-1。

由分析可知，在此条件下，一个作用周期内的高压油腔的数量为$\dfrac{z_1+1}{2}$，两个作用周期内的高压油腔的数量为$\dfrac{z_1-1}{2}$。此时每个作用周期内的高压密闭容腔受到高压油的作用，从而对转子产生的径

向液压力如下所示。

外马达单独工作

$$\begin{cases} F_{1外}=F_{2外}=\dfrac{z_1-1}{2}F_{r1} \\ F_{3外}=\dfrac{z_1+1}{2}F_{r1} \end{cases} \tag{3-7}$$

式中，$F_{1外}$与$F_{2外}$的夹角为$\theta_1=z_1\beta$；$F_{1外}$与$F_{3外}$的夹角、$F_{2外}$与$F_{3外}$的夹角均为$\theta_2=\dfrac{3}{4}(z_1+1)\beta$。

内马达单独工作

$$\begin{cases} F_{1内}=F_{2内}=\dfrac{z_1-1}{2}F_{r2} \\ F_{3内}=\dfrac{z_1+1}{2}F_{r2} \end{cases} \tag{3-8}$$

式中，$F_{1内}$与$F_{2内}$的夹角为$\theta_1'=z_1\beta$；$F_{1内}$与$F_{3内}$的夹角、$F_{2内}$与$F_{3内}$的夹角均为$\theta_2'=\dfrac{3}{4}(z_1+1)\beta$。

内、外马达联合工作

$$\begin{cases} F_{1外}=F_{2外}=\dfrac{z_1-1}{2}F_{r1} \\ F_{3外}=\dfrac{z_1+1}{2}F_{r1} \\ F_{1内}=F_{2内}=\dfrac{z_1-1}{2}F_{r2} \\ F_{3内}=\dfrac{z_1+1}{2}F_{r2} \end{cases} \tag{3-9}$$

式中，$F_{1外}$与$F_{2外}$的夹角为$\theta_1=z_1\beta$；$F_{1外}$与$F_{3外}$、$F_{2外}$与$F_{3外}$的夹角均为$\theta_2=\dfrac{3}{4}(z_1+1)\beta$。$F_{1内}$与$F_{2内}$的夹角为$\theta_1'=z_1\beta$；$F_{1内}$与$F_{3内}$、$F_{2内}$与$F_{3内}$的夹角均为$\theta_2'=\dfrac{3}{4}(z_1+1)\beta$。$F_{1外}$与$F_{1内}$、$F_{2外}$与$F_{2内}$、$F_{3外}$与$F_{3内}$之间的夹角均为$\dfrac{3z_1-1}{2}\beta$。

内、外马达差动工作

$$\begin{cases}F_1=F_2=\dfrac{z_1-1}{2}F_r=\dfrac{z_1-1}{2}\times 2p_1B(R-r)\sin\dfrac{\beta}{2}\\F_3=\dfrac{z_1+1}{2}F_r=\dfrac{z_1+1}{2}\times 2p_1B(R-r)\sin\dfrac{\beta}{2}\end{cases}\tag{3-10}$$

式中，$F_{1外}$与$F_{2外}$的夹角为$\theta_1=z_1\beta$；$F_{1外}$与$F_{3外}$、$F_{2外}$与$F_{3外}$的夹角均为$\theta_2=\dfrac{3}{4}(z_1+1)\beta$。$F_{1内}$与$F_{2内}$的夹角为$\theta_1'=z_1\beta$；$F_{1内}$与$F_{3内}$、$F_{2内}$与$F_{3内}$的夹角均为$\theta_2'=\dfrac{3}{4}(z_1+1)\beta$。$F_{1外}$与$F_{1内}$、$F_{2外}$与$F_{2内}$、$F_{3外}$与$F_{3内}$之间的夹角均为零。

以z_1取 5 为例，三作用双定子叶片液压马达在四种不同工况下转子所受径向液压力示意如图 3-9 所示。将双定子叶片液压马达外马达单独工作时的受力情况进行如下分析。

由分析可知，$F_{合外}=2F_{1外}\cos\dfrac{\theta_1}{2}=2\times\dfrac{z_1-1}{2}F_{r1}\cos\dfrac{\theta_1}{2}$，$F_{合外}\neq F_{3外}$，其中$F_{合外}$为$F_{1外}$与$F_{2外}$的合力。因此在外马达单独工作的情况下转子所受径向液压力的合力不为零，即转子径向受力不平衡，不能称为力偶型液压马达。对于内马达单独工作、内外马达联合工作与内外马达差动工作的情况与此类似，也可得出其转子在各种工况下所受径向液压力的合力不为零，因此均不能称为力偶原理液压马达。

② 两个作用周期内的滚柱连杆组数各为z_1，另一个作用周期内的滚柱连杆组数为z_1+1。

在此种情况下，由分析可知，两个作用周期内的高压油腔的数量为$\dfrac{z_1+1}{2}$，一个作用周期内的高压油腔的数量为$\dfrac{z_1-1}{2}$。此时每个作用周期内的高压密闭容腔受到高压油的作用，从而对转子产生的径向液压力如下所示。

外马达单独工作：

$$\begin{cases}F_{1外}=F_{2外}=\dfrac{z_1+1}{2}F_{r1}\\F_{3外}=\dfrac{z_1-1}{2}F_{r1}\end{cases}\tag{3-11}$$

式中，$F_{1外}$与$F_{2外}$的夹角为$\theta_1=z_1\beta$；$F_{1外}$与$F_{3外}$的夹角、$F_{2外}$与

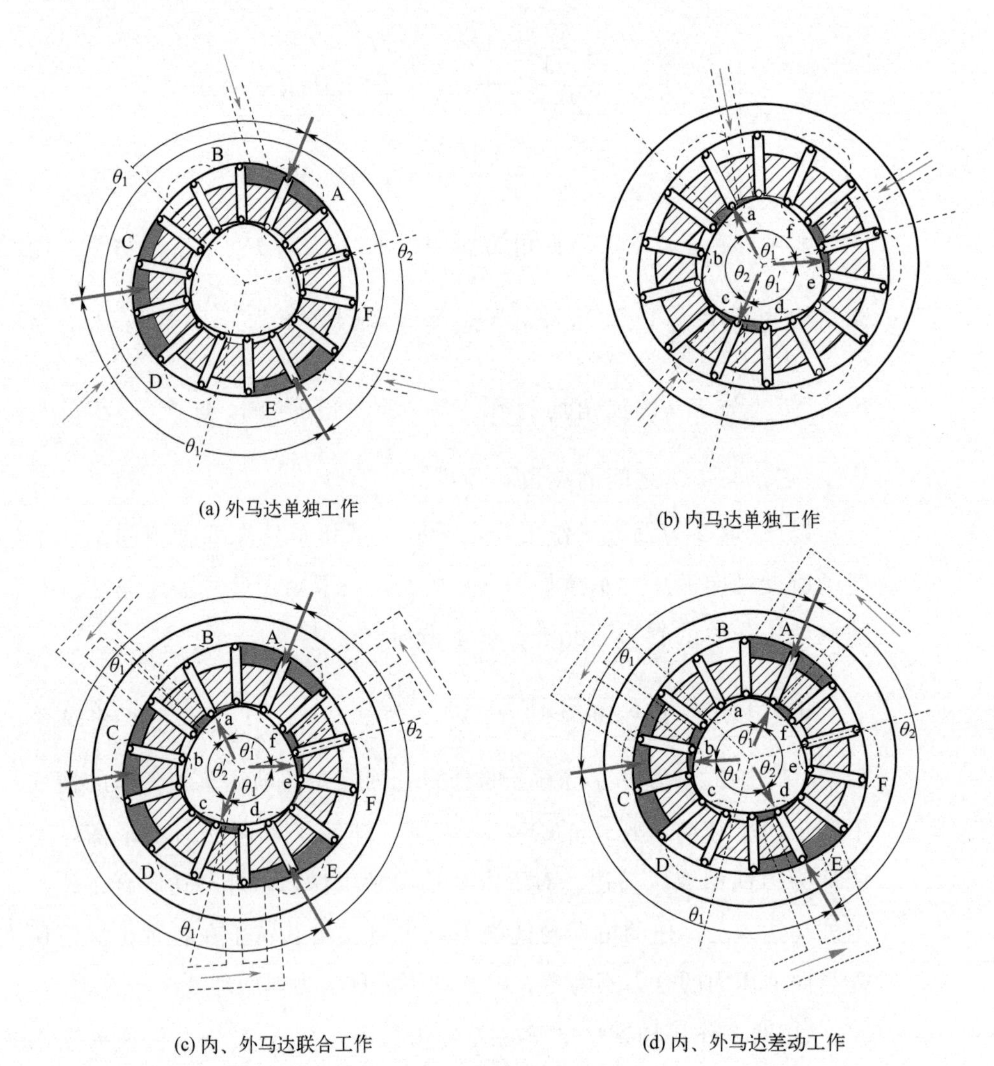

(a) 外马达单独工作　(b) 内马达单独工作

(c) 内、外马达联合工作　(d) 内、外马达差动工作

图 3-9　第一种情况下 z_1 取 5 时三作用双定子叶片液压马达在四种不同工况下转子所受径向液压力示意

A，C，E—外马达进油口；B，D，F—外马达出油口；a，c，e—内马达进油口；b，d，f—内马达出油口

$F_{3外}$ 的夹角均为 $\theta_2=\dfrac{2z_1+1}{2}\beta$。

内马达单独工作

$$\begin{cases} F_{1内}=F_{2内}=\dfrac{z_1+1}{2}F_{r2} \\ F_{3内}=\dfrac{z_1-1}{2}F_{r2} \end{cases} \tag{3-12}$$

式中，$F_{1外}$与$F_{2外}$的夹角为$\theta_1'=z_1\beta$；$F_{1外}$与$F_{3外}$的夹角、$F_{2外}$与$F_{3外}$的夹角均为$\theta_2'=\frac{2z_1+1}{2}\beta$。

内、外马达联合工作

$$\begin{cases} F_{1外}=F_{2外}=\frac{z_1+1}{2}F_{r1} \\ F_{3外}=\frac{z_1-1}{2}F_{r1} \\ F_{1内}=F_{2内}=\frac{z_1+1}{2}F_{r2} \\ F_{3内}=\frac{z_1-1}{2}F_{r2} \end{cases} \tag{3-13}$$

式中，$F_{1外}$与$F_{2外}$的夹角为$\theta_1=z_1\beta$；$F_{1外}$与$F_{3外}$、$F_{2外}$与$F_{3外}$的夹角均为$\theta_2=\frac{2z_1+1}{2}\beta$。$F_{1内}$与$F_{2内}$的夹角为$\theta_1'=z_1\beta$；$F_{1内}$与$F_{3内}$、$F_{2内}$与$F_{3内}$的夹角均为$\theta_2'=\frac{2z_1+1}{2}\beta$。$F_{1外}$与$F_{1内}$、$F_{2外}$与$F_{2内}$、$F_{3外}$与$F_{3内}$之间的夹角均为$\frac{3z_1+1}{2}\beta$。

内、外马达差动工作

$$\begin{cases} F_1=F_2=\frac{z_1+1}{2}F_r \\ F_3=\frac{z_1-1}{2}F_r \end{cases} \tag{3-14}$$

式中，$F_{1外}$与$F_{2外}$的夹角为$\theta_1=z_1\beta$；$F_{1外}$与$F_{3外}$、$F_{2外}$与$F_{3外}$的夹角均为$\theta_2=\frac{2z_1+1}{2}\beta$。$F_{1内}$与$F_{2内}$的夹角为$\theta_1'=z_1\beta$；$F_{1内}$与$F_{3内}$、$F_{2内}$与$F_{3内}$的夹角均为$\theta_2'=\frac{2z_1+1}{2}\beta$。$F_{1外}$与$F_{1内}$、$F_{2外}$与$F_{2内}$、$F_{3外}$与$F_{3内}$之间的夹角均为零。

同样以z_1取 5 为例，则三作用双定子叶片液压马达在四种不同工况下转子所受径向液压力示意如图 3-10 所示。

由分析可知，$F_{合外}=2F_{1外}\cos\frac{\theta_1}{2}=2\times\frac{z_1+1}{2}F_{r1}\cos\frac{\theta_1}{2}\neq\frac{z_1-1}{2}F_{r1}=F_{3外}$，其中$F_{合外}$为$F_{1外}$与$F_{2外}$的合力。因此在外马达单独工作

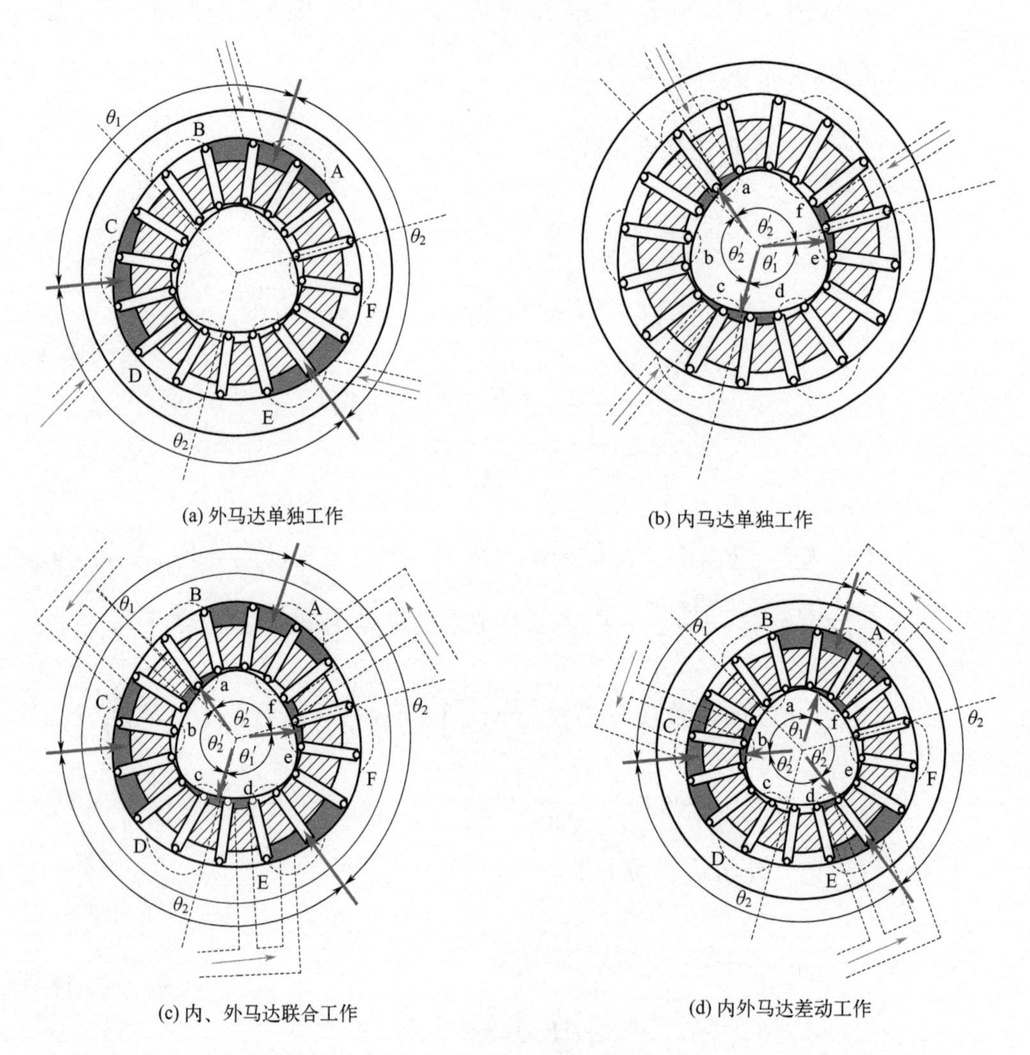

图 3-10　第二种情况下 z_1 取 5 时三作用双定子叶片液压马达在四种不同工况下转子所受径向液压力示意

A，C，E—外马达进油口；B，D，F—外马达出油口；

a，c，e—内马达进油口；b，d，f—内马达出油口

的情况下转子所受径向液压力的合力不为零，即转子径向受力不平衡，不能称为力偶液压马达。对于内马达单独工作、内外马达联合工作与内外马达差动工作的情况与此类似，也可得出其转子在各种工况下所受径向液压力的合力不为零，因此均不能称为力偶原理液压马达。

③ 一个作用周期内的滚柱连杆组数各为 z_1，另外两个作用周期

内的滚柱连杆组数各为 z_1-1。

如图 3-11 所示，以外马达的其中一个压油口的边界为起始位置，滚柱连杆组与起始线的夹角为 φ，两相邻滚柱连杆组的夹角为 β，配油窗口的夹角为 β_0。当 φ 的取值不同时，高压油腔的数目也各不相同，具体如下。

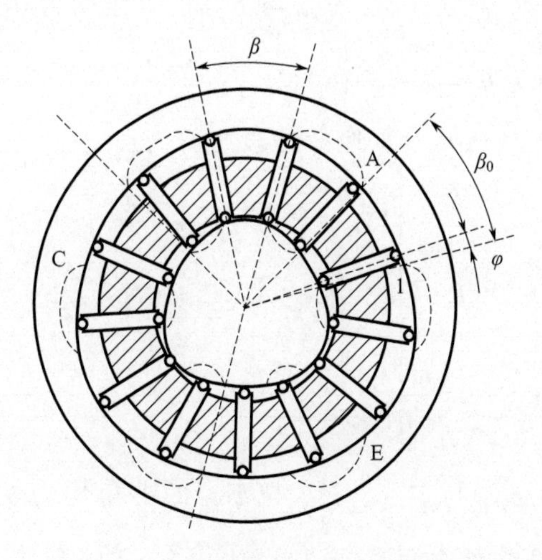

图 3-11　高压油腔数目分析示意

A，C，E—外马达进油口

a. 当 $0\leqslant\varphi\leqslant\beta-\beta_0$ 时。由分析可知，外马达的三个作用周期内的高压油腔的数量均为$\dfrac{z_1-1}{2}$；内马达在单独工作与内外马达联合工作时有两个作用周期内的高压油腔的数量为$\dfrac{z_1-1}{2}$，一个作用周期内的高压油腔的数量为$\dfrac{z_1+1}{2}$；内外马达差动工作时三个作用周期内的高压油腔的数量均为$\dfrac{z_1-1}{2}$。此时每个作用周期内的高压密闭容腔受到高压油的作用从而对转子产生的径向液压力如下所示。

外马达单独工作

$$F_{1外}=F_{2外}=F_{3外}=\frac{z_1-1}{2}F_{r1} \tag{3-15}$$

式中，$F_{1外}$ 与 $F_{2外}$、$F_{2外}$ 与 $F_{3外}$ 的夹角均为 $\theta_1=(z_1-1)\beta$；$F_{1外}$ 与 $F_{3外}$ 的夹角为 $\theta_2=z_1\beta$。

内马达单独工作

$$\begin{cases} F_{1内}=F_{2内}=\dfrac{z_1-1}{2}F_{r2} \\ F_{3内}=\dfrac{z_1+1}{2}F_{r2} \end{cases} \tag{3-16}$$

式中，$F_{1内}$与$F_{3内}$、$F_{2内}$与$F_{3内}$的夹角均为$\theta_1'=\dfrac{2z_1-1}{2}\beta$；$F_{2内}$与$F_{1内}$的夹角为$\theta_2'=(z_1-1)\beta$。

内、外马达联合工作

$$\begin{cases} F_{1外}=F_{2外}=F_{3外}=\dfrac{z_1-1}{2}F_{r1} \\ F_{1内}=F_{2内}=\dfrac{z_1-1}{2}F_{r2} \\ F_{3内}=\dfrac{z_1+1}{2}F_{r2} \end{cases} \tag{3-17}$$

式中，$F_{1外}$与$F_{2外}$、$F_{2外}$与$F_{3外}$的夹角均为$\theta_1=(z_1-1)\beta$；$F_{1外}$与$F_{3外}$的夹角为$\theta_2=z_1\beta$。$F_{1内}$与$F_{3内}$、$F_{2内}$与$F_{3内}$的夹角均为$\theta_1'=\dfrac{2z_1-1}{2}\beta$；$F_{2内}$与$F_{1内}$的夹角为$\theta_2'=(z_1-1)\beta$。$F_{1外}$与$F_{1内}$、$F_{2外}$与$F_{2内}$的夹角均为$\dfrac{z_1-1}{2}\beta$，$F_{3外}$与$F_{3内}$的夹角为$\dfrac{z_1}{2}\beta$。

内、外马达差动工作

$$\begin{cases} F_{1外}=F_{2外}=F_{3外}=\dfrac{z_1-1}{2}F_{r1} \\ F_{1内}=F_{2内}=F_{3内}=\dfrac{z_1-1}{2}F_{r2} \end{cases} \tag{3-18}$$

式中，$F_{1外}$与$F_{2外}$、$F_{2外}$与$F_{3外}$的夹角均为$\theta_1=(z_1-1)\beta$，$F_{1外}$与$F_{3外}$的夹角为$\theta_2=z_1\beta$。$F_{1内}$与$F_{2内}$、$F_{2内}$与$F_{3内}$的夹角均为$\theta_1'=(z_1-1)\beta$，$F_{1内}$与$F_{3内}$的夹角为$\theta_2'=z_1\beta$。$F_{1外}$与$F_{1内}$、$F_{2外}$与$F_{2内}$、$F_{3外}$与$F_{3内}$的夹角均为零。

b. 当$\beta-\beta_0\leqslant\varphi\leqslant\beta_0-\dfrac{\beta}{2}$时。由分析可知，外马达的两个作用周期的高压油腔的数量为$\dfrac{z_1-1}{2}$，一个作用周期内的高压油腔的数量为

$\frac{z_1+1}{2}$；内马达在单独工作与内、外马达联合工作时的三个作用周期的高压油腔的数量均为$\frac{z_1-1}{2}$；内、外马达差动工作时两个作用周期的高压油腔的数量为$\frac{z_1-1}{2}$，一个作用周期内的高压油腔的数量为$\frac{z_1+1}{2}$。此时每个作用周期内的高压密闭容腔受到高压油的作用从而对转子产生的径向液压力如下。

外马达单独工作

$$\begin{cases} F_{1外}=F_{2外}=\frac{z_1-1}{2}F_{r1} \\ F_{3外}=\frac{z_1+1}{2}F_{r1} \end{cases} \tag{3-19}$$

式中，$F_{1外}$与$F_{2外}$的夹角为$\theta_1=(z_1-1)\beta$，$F_{1外}$与$F_{3外}$的夹角、$F_{2外}$与$F_{3外}$的夹角为$\theta_2=\frac{2z_1-1}{2}\beta$。

内马达单独工作

$$F_{1内}=F_{2内}=F_{3内}=\frac{z_1-1}{2}F_{r2} \tag{3-20}$$

式中，$F_{1内}$与$F_{2内}$的夹角、$F_{1内}$与$F_{3内}$的夹角为$\theta'_1=(z_1-1)\beta$，$F_{2内}$与$F_{3内}$的夹角为$\theta'_2=z_1\beta$。

内、外马达联合工作

$$\begin{cases} F_{1外}=F_{2外}=\frac{z_1-1}{2}F_{r1} \\ F_{3外}=\frac{z_1+1}{2}F_{r1} \\ F_{1内}=F_{2内}=F_{3内}=\frac{z_1-1}{2}F_{r2} \end{cases} \tag{3-21}$$

式中，$F_{1外}$与$F_{2外}$的夹角为$\theta_1=(z_1-1)\beta$，$F_{1外}$与$F_{3外}$、$F_{2外}$与$F_{3外}$的夹角为$\theta_2=\frac{2z_1-1}{2}\beta$。$F_{1内}$与$F_{2内}$、$F_{1内}$与$F_{3内}$的夹角为$\theta'_1=(z_1-1)\beta$，$F_{2内}$与$F_{3内}$的夹角为$\theta'_2=z_1\beta$。$F_{1外}$与$F_{1内}$、$F_{2外}$与$F_{2内}$的夹角均为$\frac{z_1-1}{2}\beta$，$F_{3外}$与$F_{3内}$的夹角为$\frac{z_1}{2}\beta$。

内、外马达差动工作

$$\begin{cases} F_{1外}=F_{2外}=\dfrac{z_1-1}{2}F_{r1} \\ F_{3外}=\dfrac{z_1+1}{2}F_{r1} \\ F_{1内}=F_{2内}=\dfrac{z_1-1}{2}F_{r2} \\ F_{3内}=\dfrac{z_1+1}{2}F_{r2} \end{cases} \tag{3-22}$$

式中，$F_{1外}$与$F_{2外}$的夹角为$\theta_1=(z_1-1)\beta$，$F_{1外}$与$F_{3外}$、$F_{2外}$与$F_{3外}$的夹角为$\theta_2=\dfrac{2z_1-1}{2}\beta$。$F_{1内}$与$F_{2内}$的夹角为$\theta'_1=(z_1-1)\beta$，$F_{1内}$与$F_{3内}$、$F_{2内}$与$F_{3内}$的夹角为$\theta'_2=\dfrac{2z_1-1}{2}\beta$。$F_{1外}$与$F_{1内}$、$F_{2外}$与$F_{2内}$、$F_{3外}$与$F_{3内}$的夹角均为零。

c. 当$\beta_0-\dfrac{\beta}{2}\leqslant\varphi\leqslant\beta$时。由分析可知，外马达的三个作用周期内的高压油腔的数量均为$\dfrac{z_1-1}{2}$；内马达在单独工作与内外马达联合工作时有两个作用周期内的高压油腔的数量为$\dfrac{z_1-1}{2}$，一个作用周期内的高压油腔的数量为$\dfrac{z_1+1}{2}$；内外马达差动工作时三个作用周期内的高压油腔的数量均为$\dfrac{z_1-1}{2}$。此时与$0\leqslant\varphi\leqslant\beta-\beta_0$情况下相同，故不再赘述。

以z_1取5为例，则当$0\leqslant\varphi\leqslant\beta-\beta_0$时，三作用双定子叶片液压马达在四种不同工况下转子所受径向液压力示意如图3-12所示。

由分析可知，$F_{合外}=2F_{1外}\cos\dfrac{\theta_2}{2}=2\times\dfrac{z_1-1}{2}F_{r1}\cos\dfrac{\theta_2}{2}\neq\dfrac{z_1-1}{2}F_{r1}=F_{2外}$，其中$F_{合外}$为$F_{1外}$与$F_{2外}$的合力。因此在外马达单独工作的情况下转子所受径向液压力的合力不为零，即转子径向受力不平衡，不能称为力偶液压马达。对于φ的不同取值范围下的内马达单独工作、内外马达联合工作与内外马达差动工作的情况与此类似，也可得出其转子在各种工况下所受径向液压力的合力不为零，因此均不能称为力偶原理液压马达。

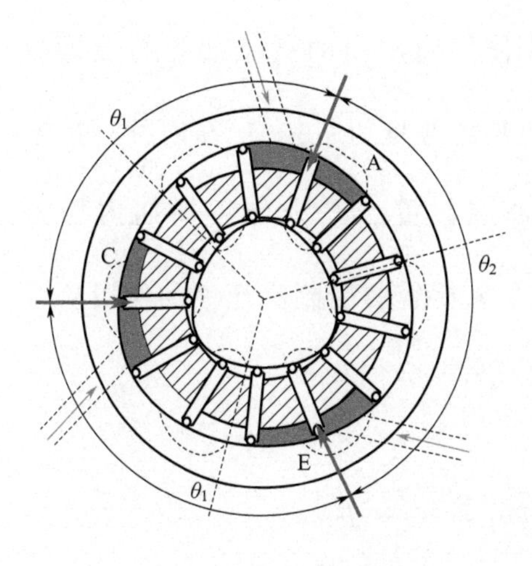

(a) 外马达单独工作

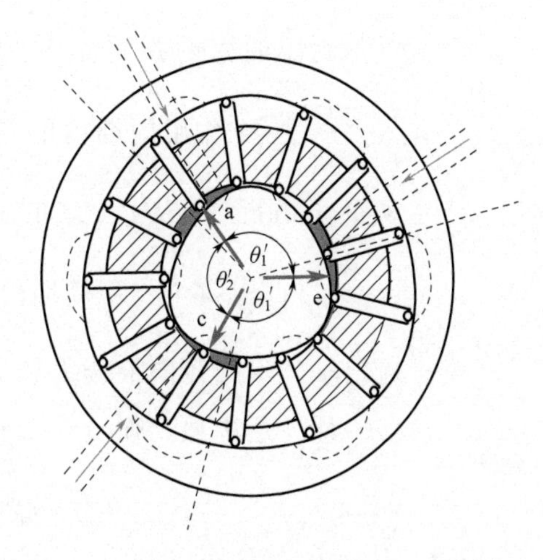

(b) 内马达单独工作

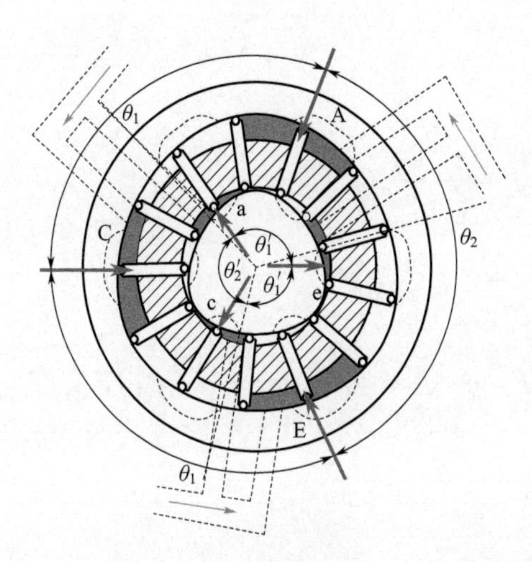

(c) 内、外马达联合工作

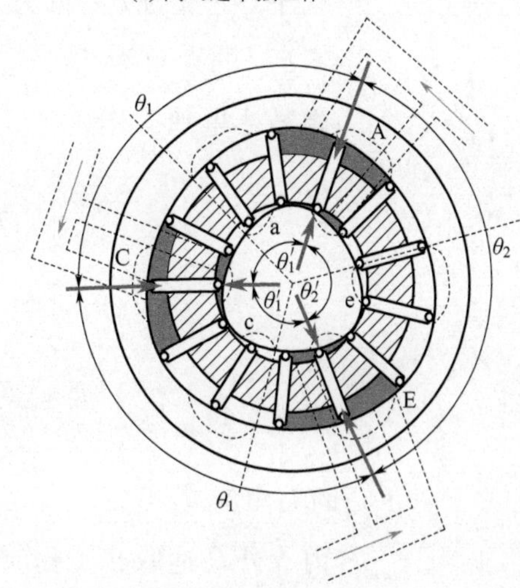

(d) 内、外马达差动工作

图 3-12　第三种情况下（以 $0 \leqslant \varphi \leqslant \beta-\beta_0$ 为例）z_1 取 5 时三作用双定子叶片液压马达在四种不同工况下转子所受径向液压力示意

A，C，E—外马达进油口；B，D，F—外马达出油口；

a，c，e—内马达进油口；b，d，f—内马达出油口；

θ_1，θ_2—转子外圈所受径向液压力之间的夹角；

θ'_1，θ'_2—转子内圈所受径向液压力之间的夹角

④ 一个作用周期内的滚柱连杆组数为 z_1，另外两个作用周期内的滚柱连杆组数各为 z_1+1。

在此种情况下，由分析可知，外马达的三个作用周期的高压油腔的数量均为$\dfrac{z_1+1}{2}$，内马达在单独工作与内、外马达联合工作情况

下的高压油腔的数量情况为两个作用周期内的高压油腔的数量为$\frac{z_1+1}{2}$，一个作用周期内的高压油腔的数量为$\frac{z_1-1}{2}$；在内外马达差动工作情况下，内马达的高压油腔数量在三个作用周期内均为$\frac{z_1+1}{2}$。此时每个作用周期内的高压密闭容腔受到高压油的作用从而对转子产生的径向液压力如下所示。

外马达单独工作

$$F_{1外}=F_{2外}=F_{3外}=\frac{z_1+1}{2}F_{r1} \tag{3-23}$$

式中，$F_{1外}$与$F_{2外}$的夹角、$F_{1外}$与$F_{3外}$的夹角均为$\theta_1=(z_1+1)\beta$，$F_{2外}$与$F_{3外}$的夹角为$\theta_2=z_1\beta$。

内马达单独工作

$$\begin{cases} F_{1外}=F_{2外}=\frac{z_1+1}{2}F_{r1} \\ F_{3外}=\frac{z_1-1}{2}F_{r1} \end{cases} \tag{3-24}$$

式中，$F_{1内}$与$F_{3内}$、$F_{2内}$与$F_{3内}$的夹角为$\theta'_1=\frac{2z_1+1}{2}\beta$，$F_{1内}$与$F_{2内}$的夹角为$\theta'_2=(z_1+1)\beta$。

内、外马达联合工作时

$$\begin{cases} F_{1外}=F_{2外}=F_{3外}=\frac{z_1+1}{2}F_{r1} \\ F_{1内}=F_{2内}=\frac{z_1+1}{2}F_{r1} \\ F_{3内}=\frac{z_1-1}{2}F_{r1} \end{cases} \tag{3-25}$$

式中，$F_{1外}$与$F_{2外}$、$F_{1外}$与$F_{3外}$的夹角均为$\theta_1=(z_1+1)\beta$，$F_{2外}$与$F_{3外}$的夹角为$\theta_2=z_1\beta$。$F_{1内}$与$F_{3内}$、$F_{2内}$与$F_{3内}$的夹角为$\theta'_1=\frac{2z_1+1}{2}\beta$，$F_{1内}$与$F_{2内}$的夹角为$\theta'_2=(z_1+1)\beta$。$F_{1外}$与$F_{1内}$、$F_{2外}$与$F_{2内}$的夹角均为$\frac{z_1+1}{2}\beta$，$F_{3外}$与$F_{3内}$的夹角为$\frac{z_1}{2}\beta$。

内、外马达差动工作

$$\begin{cases} F_{1外}=F_{2外}=F_{3外}=\dfrac{z_1+1}{2}F_{r1} \\ F_{1内}=F_{2内}=F_{3内}=\dfrac{z_1+1}{2}F_{r1} \end{cases} \tag{3-26}$$

式中，$F_{1外}$ 与 $F_{2外}$、$F_{1外}$ 与 $F_{3外}$ 的夹角均为 $\theta_1=(z_1+1)\beta$，$F_{2外}$ 与 $F_{3外}$ 的夹角为 $\theta_2=z_1\beta$。$F_{1内}$ 与 $F_{2内}$、$F_{1内}$ 与 $F_{3内}$ 的夹角均为$\theta_1'=(z_1+1)\beta$，$F_{2内}$ 与 $F_{3内}$ 的夹角为 $\theta_2'=z_1\beta$。$F_{1外}$ 与 $F_{1内}$、$F_{2外}$ 与 $F_{2内}$、$F_{3外}$ 与 $F_{3内}$ 的夹角均为零。

以 z_1 取 5 为例，则三作用双定子叶片液压马达在四种不同工况下转子所受径向液压力示意如图 3-13 所示。

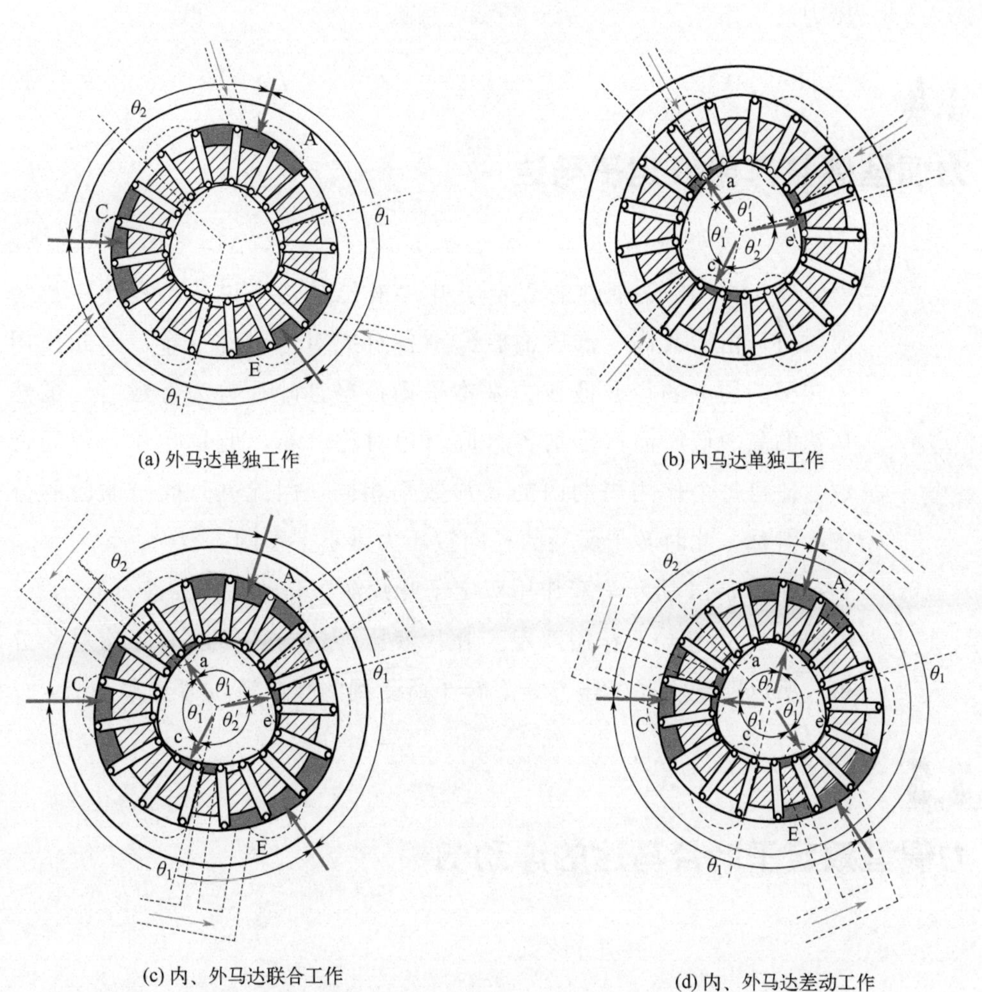

(a) 外马达单独工作　(b) 内马达单独工作

(c) 内、外马达联合工作　(d) 内、外马达差动工作

图 3-13　第四种情况下 $z_1=5$ 时三作用双定子叶片液压马达在四种不同工况下转子所受径向液压力示意

由分析可知，$F_{合外}=2F_{2外}\cos\dfrac{\theta_2}{2}=2\times\dfrac{z_1+1}{2}F_{r1}\cos\dfrac{\theta_2}{2}\neq\dfrac{z_1+1}{2}$ $F_{r1}=F_{1外}$，其中 $F_{合外}$ 为 $F_{3外}$ 与 $F_{2外}$ 的合力。因此在外马达单独工作的情况下转子所受径向液压力的合力不为零，即转子径向受力不平衡，不能称为力偶液压马达。对于 φ 的不同取值范围下的内马达单独工作、内外马达联合工作与内外马达差动工作的情况与此类似，也可得出其转子在各种工况下所受径向液压力的合力不为零，因此均不能称为力偶原理液压马达。

综上所述，当马达每个作用周期内的叶片数不相同时，马达在四种不同的工作方式下，转子在工作的过程中均受到不平衡径向液压力的作用。

3.4 力偶型偶数作用双定子马达

对于作用数为偶数的双定子叶片液压马达来说，当其叶片数为偶数时，由于其高、低压油腔分别各自成对地对称分布，因此作用于转子圆周上的径向液压力基本平衡；当其叶片数为奇数时，虽然马达的高、低压油口分别各自成对地对称分布，但是叶片总数为奇数，使得每个作用周期内的叶片数不相同，因此高、低压油腔的分布不对称，此时转子所受的径向液压力是不平衡的。

如图 3-14 所示为双作用双定子叶片液压马达高压油液分布示意。由图 3-14 可知，双作用双定子叶片液压马达的各高压油腔均对称分布，所以四种不同工作方式下转子所受到的径向液压力基本平衡。

3.5 力偶型双定子叶片马达的浮动侧板

3.5.1 定子端面与浮动侧板的分析

为使得液压马达能工作，必须满足液压马达有密封的吸油腔或

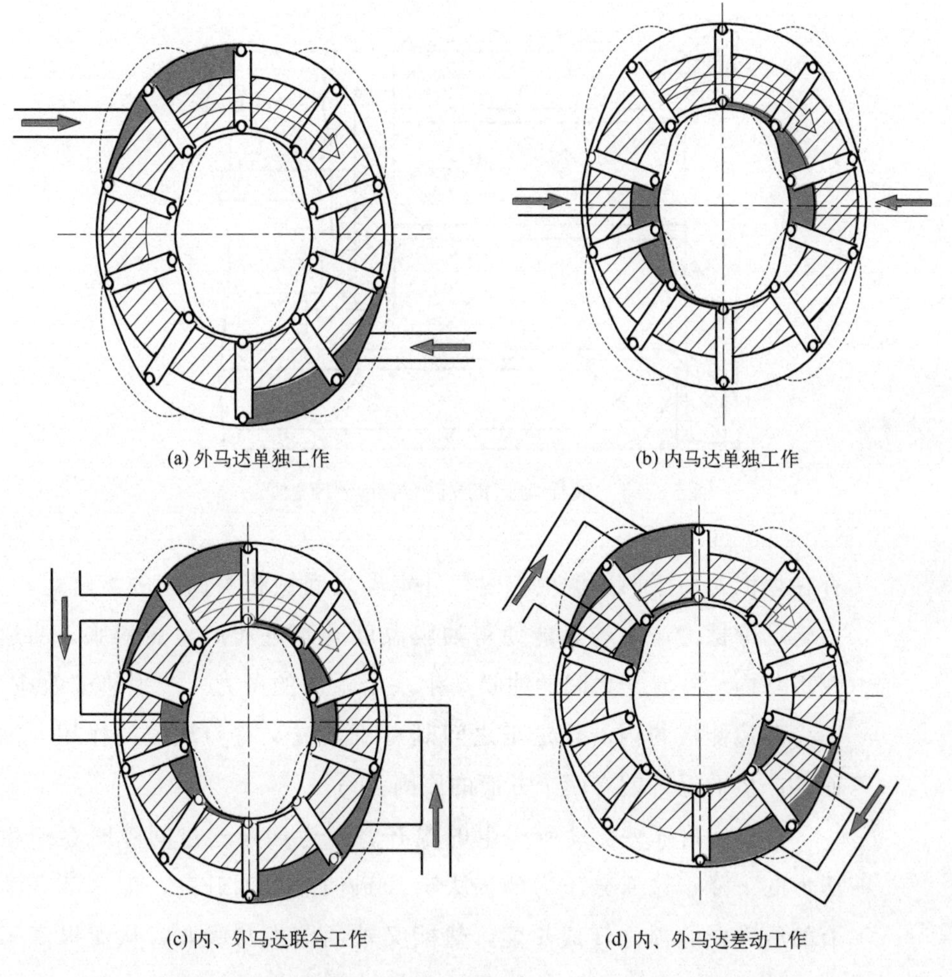

(a) 外马达单独工作　　(b) 内马达单独工作

(c) 内、外马达联合工作　　(d) 内、外马达差动工作

图 3-14 双作用双定子叶片液压马达高压油液分布示意

者压油腔，由外定子的内表面或者内定子的外表面和转子、两边的侧板形成密闭的容积。

另外，为提高双定子马达的容积效率，必须减小轴向间隙的泄漏。轴向泄漏占的比重最大，约为总泄漏量的 75%，是制约双定子马达应用于高压场合的主要原因。如果为了减少泄漏量，就要求两边侧板紧紧地贴在定子两端。但是若减少轴向间隙，两边侧板会与定子两端摩擦力增加。

如图 3-15 所示，当液压马达旋转时，侧板与定子两端表面油液摩擦力很大，甚至会引起烧盘现象。力偶型双定子液压马达摩擦副之间，即两边侧板与内、外定子和配流轴之间的摩擦副即使有油膜

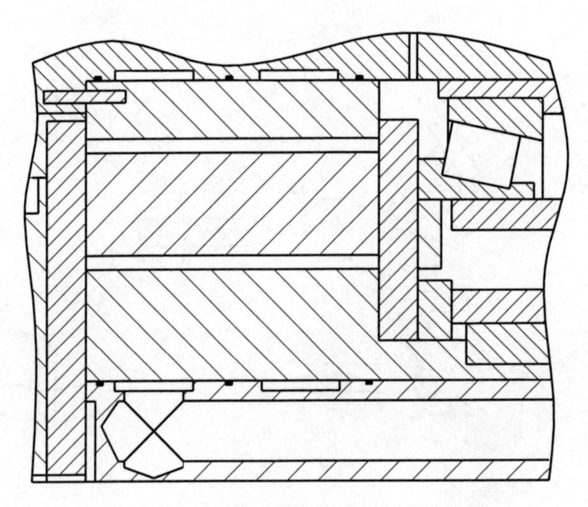

图 3-15 液压马达的侧板与定子接触面

存在，但是由于两边侧板与内、外定子之间做相对高速的旋转运动，由转动摩擦力产生的热能使得油膜温度升高进而产生热膨胀，两边侧板与内、外定子之间的油膜产生一个附加的压力，产生热楔效应。因为两边侧板与内、外定子之间既有压差流又有剪切流的作用，因而其产生的温升就有两个方面的原因。

首先考虑压差流动所产生的温升。因为油液通过间隙时会产生压力的下降，这部分压力的损失会导致油液温度升高，即这部分油液的压力能的损失转成热能，热能又被油液本身吸收，从而提高了油液的温度。假设这些热能只使得油液实现温升，即看成是一个绝热的过程，通过间隙的流量为 q_p，则由能量守恒原理，机械能的损失与热能的增加相互平衡可得到，由于压差流产生的温升 ΔT 的表达式如下。

$$\Delta T=\frac{\Delta p}{\rho c} \tag{3-27}$$

式中 Δp——压差；

c——比热容，kJ/(kg·K)，50℃下液压油的比热容 $c=1.979$kJ/(kg·K)；

ρ——密度，kg/m^3，液压油的平均密度 $\rho=880$kg/m^3。

从式(3-27) 可以看出，压差流的温升只与流过间隙的压力的差和油液的特性有关。

油液两边侧板和定子之间的摩擦是压差流和剪切流联合作用，力偶型双定子液压马达的吸油区域，有压差流和剪切流都存在的情况，这时候的温升不能简单地看作是纯压差流动情况下的温升和纯剪切流动情况下的温升的简单的叠加。当多作用力偶液压马达运转时，两边侧板与内、外定子之间的压差流和剪切流互相正交。设两边侧板与内、外定子间的间隙为 h，油的黏度为 μ，两边侧板相对内、外定子的转动的角速度为 ω。如图 3-16 所示，阴影部分可以看作平行平板间隙。

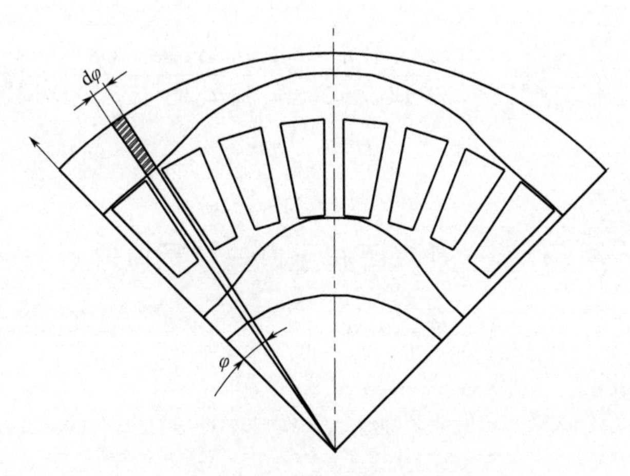

图 3-16 侧板与定子端面的间隙中的油液

φ—油液与起始线的夹角

如图 3-17 所示，在 $\mathrm{d}L$ 方向上发生剪切流动，在压差的作用下，有沿着 $\mathrm{d}b$ 方向的压差流动，在多作用力偶液压马达运转过程中，吸油腔区域的压差流动和剪切流动相互正交，假设压力和温度对油液的黏度 μ 不会产生影响。

从第 2 章的图 2-1 中可知，一个定子曲线的周期所对应的圆心角为 α，则在高压油液区域的圆心角为$\frac{\alpha}{2}$，可知图 3-17 中 $\mathrm{d}L$、$\mathrm{d}b$ 的表达式可以表示如下。

$$\mathrm{d}L=\rho(\varphi)\mathrm{d}\varphi \tag{3-28}$$

$$\mathrm{d}b=R_3-\rho(\varphi) \tag{3-29}$$

式中 R_3——侧板的半径，mm。

则外定子与两边侧板间的压差流量 q_{p1} 和剪切流量 q_{c1} 可以表示如下。

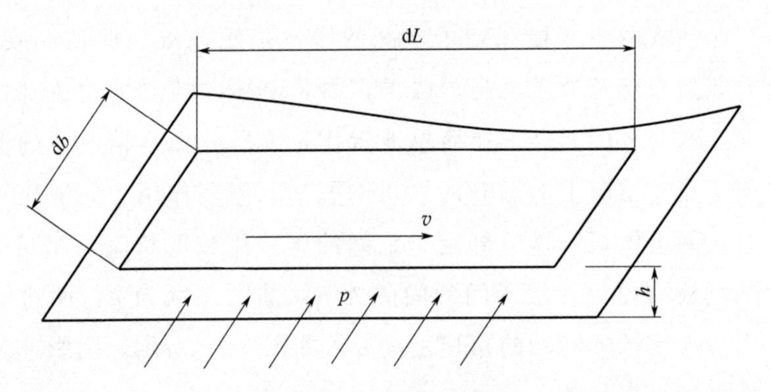

图 3-17 油液分析模型

$$q_{p1}=\int_0^{\frac{\alpha}{2}}\frac{\Delta p\,\mathrm{d}Lh^3}{12\mu\,\mathrm{d}b}=\int_0^{\frac{\alpha}{2}}\frac{\Delta p h^3\rho_1(\varphi)}{12\mu[R_3-\rho_1(\varphi)]}\mathrm{d}\varphi \tag{3-30}$$

$$q_{c1}=\frac{hv\,\mathrm{d}b}{2}=\frac{h\omega}{4}[R_3^2-\rho_1^2(\varphi)] \tag{3-31}$$

式中 $\rho_1(\varphi)$ ——外定子在 $\frac{\alpha}{2}$ 内的定子曲线上一点到圆心的矢径，mm。

$$\rho(\varphi)=\begin{cases} r_w & 0\leqslant\varphi\leqslant\beta/2 \\ r_w+(R_w-r_w)[-20(\varphi\alpha)^7+70(\varphi\alpha)^6-84(\varphi\alpha)^5+35(\varphi\alpha)^4] & \beta/2\leqslant\varphi\leqslant\alpha-\beta/2 \\ R_w & \alpha-\beta/2\leqslant\varphi\leqslant\alpha/2 \end{cases} \tag{3-32}$$

由式(3-31) 得出，剪切流的最大流量 q_{c1max} 可以表示如下。

$$q_{c1max}=\frac{h\omega}{4}(R_3^2-r_w^2) \tag{3-33}$$

则压差流动和剪切流动合成的流量 q_1 可表示如下。

$$q_1=\sqrt{q_{p1}^2+q_{c1max}^2} \tag{3-34}$$

在力偶型双定子液压马达的高压区，油液的压差流和剪切流互为正交，剪切应力产生的摩擦力阻止两边侧板的运动，压差流产生的切应力对两边侧板的运动没有影响。根据能量守恒原理，泄漏功率损失与摩擦功率损失 N_{f1} 的和等于油液流体所增加的热功率。

$$\Delta pq_1+N_{f1}=\rho cq_1\Delta T \tag{3-35}$$

$$N_{f1}=\frac{\mu v^2\,\mathrm{d}b\,\mathrm{d}L}{h}=\int_0^{\frac{\alpha}{2}}\frac{\mu\omega^2}{4h}\rho_1(\varphi)[R_3^3-R_3\rho_1^2(\varphi)+R_3^2\rho_1(\varphi)-\rho_1^3(\varphi)]\mathrm{d}\varphi \tag{3-36}$$

联合式(3-35) 和式(3-36)，由压差流和剪切流共同作用下的油液的温升 ΔT_1 为

$$\Delta T_1=\frac{\Delta p}{\rho c}\left(1+\frac{N_{f1}}{\Delta p q_1}\right) \tag{3-37}$$

由式(3-37) 可得，式(3-37) 中第一项为压差流作用下的温升，第二项为剪切流作用下的温升。

同理，两边侧板与内定子在吸油区域，油液的温升 ΔT_2 为

$$\Delta T_2=\frac{\Delta p}{\rho c}\left(1+\frac{N_{f2}}{\Delta p q_2}\right) \tag{3-38}$$

式中，N_{f2} 为摩擦功率损失，其表达式为

$$N_{f2}=\int_0^{\frac{\alpha}{2}}\frac{\mu\omega^2}{4h}\rho_2(\varphi)[\rho_2^3(\varphi)+R_4\rho_2^2(\varphi)-R_4^2\rho_2(\varphi)-R_4^3]\mathrm{d}\varphi \tag{3-39}$$

$$q_{p2}=\int_0^{\frac{\alpha}{2}}\frac{\Delta p h^3\mathrm{d}L}{12\mu\mathrm{d}b}=\int_0^{\frac{\alpha}{2}}\frac{\Delta p h^3\rho_2(\varphi)}{12\mu[\rho_2(\varphi)-R_4]}\mathrm{d}\varphi \tag{3-40}$$

$$q_{c2\max}=\frac{h\omega}{4}(R_n^2-R_4^2) \tag{3-41}$$

$$q_2=\sqrt{q_{p2}^2+q_{c2\max}^2} \tag{3-42}$$

式中　$\rho_2(\varphi)$——内定子在$\frac{\alpha}{2}$内的定子曲线上一点到圆心的矢径，mm；

R_4——配流轴的半径，mm。

力偶型双定子液压马达的排油区，油液和油箱与出口相连，流过间隙的压降 $\Delta p=0$，只有纯剪切流动的温升。假设忽略散热的影响，即因为摩擦引起的机械能的损失全部转换成热能，全部造成油液的损失。液体剪切流动所产生的摩擦热导致温度升高，使得油液膨胀而产生附加的压力场，这样就形成了热楔流动。因此，在排油区域油液的流动实际上是剪切流和热楔流的综合。

同时近似地假设油液的温升，没有使得油液的黏度和密度发生变化，即可以认为摩擦副之间的油膜的黏度和摩擦副外油液的黏度是一样的。因此，剪切流的摩擦功率损失和摩擦副之间油液的热功率增量为

$$\mathrm{d}\Delta E_1=\frac{b\mu v^2\mathrm{d}L}{h} \tag{3-43}$$

$$d\Delta E_2 = \rho c \Delta T dq \tag{3-44}$$

根据能量守恒原理，其排油区域两边侧板与内、外定子相互转动产生的温升的最大值为 ΔT_1、ΔT_2。

$$d\Delta T = \frac{2\mu v^2 dL}{h^2 \rho c} \tag{3-45}$$

对式(3-45）积分，则 ΔT_1、ΔT_2 为

$$\Delta T_1 = \int_0^{\frac{\alpha}{2}} \frac{\mu R_3^2 - \mu \rho_1^2(\varphi)}{h^2 \rho c} d\varphi \tag{3-46}$$

$$\Delta T_2 = \int_0^{\frac{\alpha}{2}} \frac{\mu \rho_2^2(\varphi) - \mu R_4^2}{h^2 \rho c} d\varphi \tag{3-47}$$

通过上述分析，由于液压马达的高压油液区域的油液受到压差流和剪切流的共同作用，而液压马达的出油口即低压油液区域的油液只受到剪切流的作用，因此马达进油口处的油液的温升高于出油口处的油液。

3.5.2 浮动侧板的应用

通过前面章节分析可以知道，侧板与内、外定子端面的间隙的距离不能确定，间隙过大，导致液压马达的容积效率过低，泄漏量增大，如果间隙很小，就会影响液压马达的机械效率，破坏侧板与内、外定子端面油膜的形成，造成过度磨损和发热，这样就会导致烧盘，或者磨损后间隙过大，无法补偿间隙距离，依然会增加泄漏。

(1) 浮动侧板的材料

由于应用浮动侧板的环境要求浮动侧板的强度、硬度必须比较高，还要具有良好的塑性、韧性和耐磨性，并且可以承受较高冲击性，以及有一定的抵抗热疲劳的能力。因此，对于浮动侧板的材料，选取合金钢 5CrNiMo。合金钢 5CrNiMo 不仅具有很高的强度、韧性、耐磨性以及良好的淬透性，而且这种材料在常温时和温度为 500～600℃时的力学性能几乎不发生变化。经过高频淬火后再回火，其表面的硬度、耐磨性能进一步加强。由此可以看出，合金钢 5CrNiMo 可以达到浮动侧板的使用要求。

(2) 浮动侧板的轴向间隙补偿原理

如图 3-18 所示为液压马达的浮动侧板。由于液压马达需要正反

转，因此在多作用力偶液压马达的内、外定子两侧都设计有浮动侧板。

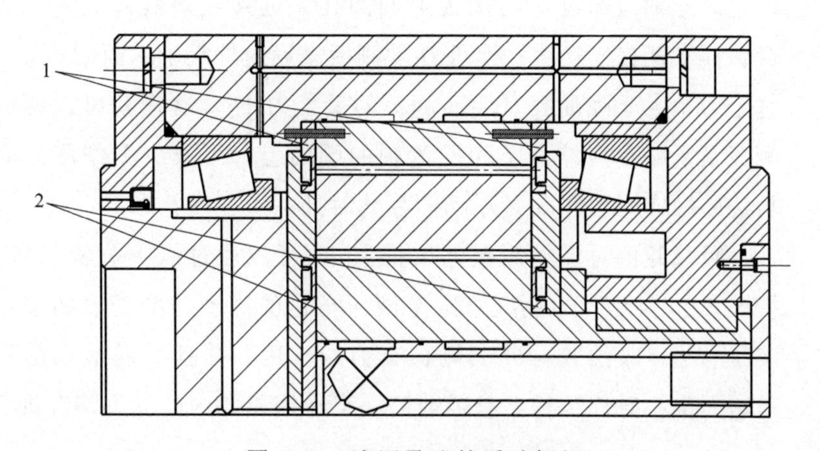

图 3-18　液压马达的浮动侧板

1—外液压马达的浮动侧板；2—内液压马达的浮动侧板

外马达的浮动侧板如图 3-19 所示。为保证液压马达的浮动侧板不随转子一起转动，因此将浮动侧板设计成为轴套式，浮动侧板的背面，即与侧板接触的面有背压室 b，高压腔的压力油经过浮动侧板上的通过通孔 a 与背压室相通，进油口的高压油液通过通孔 a 进入背压室。在背压室里面高压油液的作用下，浮动侧板紧紧贴在外定子的端面上。无论是浮动侧板或者定子端面磨损后，浮动侧板在背压室压力油的作用下都向定子端面方向移动，这样可自动补偿液压马达的轴向间隙，可以避免由于液压马达径向间隙增大而增加泄漏增加，从而导致容积效率下降。内液压马达的浮动侧板与外液压马达的结构相似。

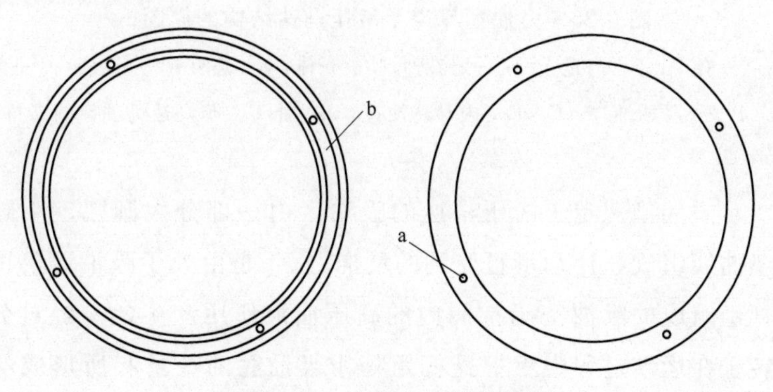

图 3-19　外马达的浮动侧板

(3) 浮动侧板的结构分析

高压油液通过浮动侧板上的圆孔 a 进到浮动侧板的背压室，就会在浮动侧板上产生一个使浮动侧板靠近内外定子端面的压紧力 F_t，这个力稍大于吸油腔对浮动侧板的反推力 F_f，这样就可以使得浮动侧板紧紧贴在内外定子和配流轴的端面上，可减少多作用力偶液压马达的轴向间隙泄漏，浮动侧板此时处在过平衡状态。

吸油腔侧对浮动侧板的反推力 F_f 可以通过以下分析可以得到。如图 3-20 所示为力偶型双定子液压马达的简图。由于力偶型双定子液压马达在吸油腔对浮动侧板有力的作用，并且力偶型双定子液压马达为中心对称结构，只需研究一个作用周期内的受力情况即可。

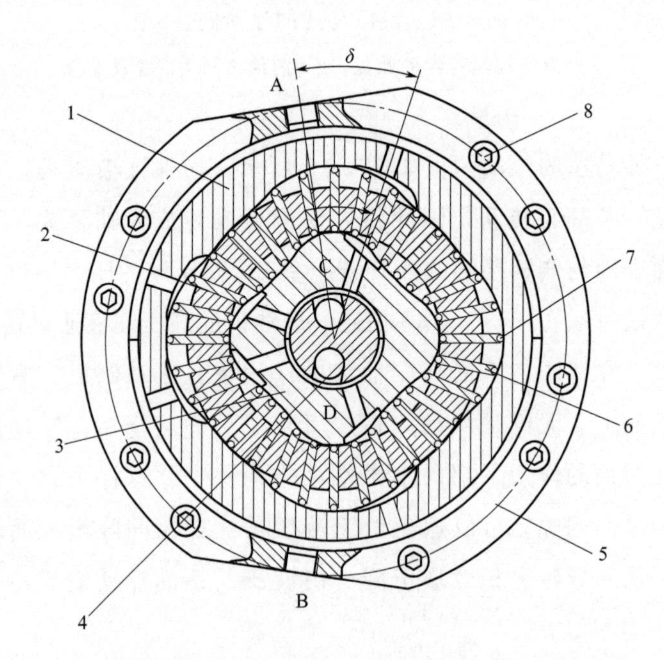

图 3-20　力偶型双定子液压马达结构的简图

1—外定子；2—转子；3—内定子；4—配流轴；5—壳体；6—连杆；7—滚柱；8—连接螺栓；A，B—外马达油口；C，D—内马达油口；δ—油口 A 与马达进油口的夹角

力偶型双定子液压马达的吸油区由一部分大圆弧、小圆弧和过渡曲线组成。浮动侧板受到的反推力 F_f 是由处于吸油腔的由滚柱连杆组组成的吸油密闭空间内的高压油液作用产生的。经过分析，当转子在运转过程中滚柱连杆组处于吸油腔的数量和所形成的空间的数量不同时，那么产生的反推力 F_f 的大小和作用点都不相同。

在极坐标系下，以滚柱连杆组刚刚脱离上一个压油口时所处的位置为$\varphi=0$。滚柱连杆组的夹角为β，吸压油口的夹角为β_0，当滚柱连杆组的数量为偶数，即滚柱连杆组的数量为6或者8的时候，力偶型双定子液压马达的转矩和转速的波动性良好，运转平稳。此时，过渡曲线的范围角$\alpha=n\beta(n=2、3)$，则大小圆弧所对应的圆心角为β。

通过分析可得，反推力F_f的大小与在吸油腔行程的变化容积的横截面积有关。当滚柱连杆组数量为偶数时，处于高压油液区域的容积不变，其面积可以通过三部分求得，分别是：过渡曲线与转子外圆之间的面积，大小圆弧段和转子外圆之间的面积，滚柱连杆组所占的面积，这个反推力F_f是变化的。

外定子过渡曲线与转子外圆的面积为A_1，内定子过渡曲线与转子内圆的面积为A_2。因此，所围成的面积A_1、A_2可以表示如下。

$$\begin{aligned}A_1&=\int_0^{\alpha}\frac{1}{2}[\rho_1^2(\varphi)-R_3^2]\mathrm{d}\varphi\\&=\frac{1}{2}\int_0^{\alpha}\left\{r_w+(R_w-r_w)\left[-20\left(\frac{\varphi}{\theta}\right)^7+70\left(\frac{\varphi}{\theta}\right)^6-\right.\right.\\&\left.\left.84\left(\frac{\varphi}{\theta}\right)^5+35\left(\frac{\varphi}{\theta}\right)^4\right]\right\}^2-R_3^2\mathrm{d}\varphi\end{aligned}\tag{3-48}$$

$$\begin{aligned}A_2&=\int_0^{\alpha}\frac{1}{2}[R_4^2-\rho_2^2(\varphi)]\mathrm{d}\varphi\\&=\frac{1}{2}\int_0^{\alpha}R_4^2-\left\{r_n+(R_n-r_n)\left[-20\left(\frac{\varphi}{\theta}\right)^7+70\left(\frac{\varphi}{\theta}\right)^6-\right.\right.\\&\left.\left.84\left(\frac{\varphi}{\theta}\right)^5+35\left(\frac{\varphi}{\theta}\right)^4\right]\right\}^2\mathrm{d}\varphi\end{aligned}\tag{3-49}$$

由于过渡曲线所对应的圆心角$\alpha=n\beta(n=2、3)$，也就是在力偶型双定子液压马达运转的过程中，始终有m个滚柱连杆组在过渡曲线上。对于外马达而言，滚柱连杆组所占用的面积为B_1，内马达在运转过程中所占用的面积为B_2，则通过数学知识，B_1、B_2的表达式为

$$B_1=\sum_{i=1}^{m}[\rho_1(\varphi_i)-R_3]s\tag{3-50}$$

$$B_2=\sum_{i=1}^{m}[R_4-\rho_2(\varphi_i)]s\tag{3-51}$$

外马达单独工作时

$$F_{f1}=\begin{cases}Np_i\left[A_1+\dfrac{1}{2}(R_1^2-R_3^2)\beta-B_1\right] & 0\leqslant\varphi\leqslant\beta_0-\beta\\ Np_i\left\{A_1+\dfrac{1}{2}(r_1^2-R_3^2)(\beta-\varphi)\right.\\ \left.+\dfrac{1}{2}(R_1^2-R_3^2)\left[\left(\dfrac{z_1}{2}-1-n\right)\beta-\varphi\right]-B_1\right\} & \beta_0-\beta\leqslant\varphi\leqslant\beta\end{cases}\tag{3-52}$$

内马达单独工作时

$$F_{f2}=\begin{cases}Np_i\left[A_2+\dfrac{1}{2}(R_4^2-R_2^2)\beta-B_2\right] & 0\leqslant\varphi\leqslant\beta_0-\beta\\ Np_i\left\{A_2+\dfrac{1}{2}(R_4^2-r_2^2)(\beta-\varphi)\right.\\ \left.+\dfrac{1}{2}(R_4^2-R_2^2)\left[\left(\dfrac{z_1}{2}-1-n\right)\beta-\varphi\right]-B_1\right\} & \beta_0-\beta\leqslant\varphi\leqslant\beta\end{cases}\tag{3-53}$$

为了使浮动侧板始终贴近于内、外定子和滚柱连杆组的端面，应让压紧力 F_t 始终大于反推力 F_f，但是这个压紧力不能比反推力大太多，否则会出现因摩擦力太大而引起的“烧盘”。因此，压紧力与反推力的关系可以表达如下。

$$F_t-F_f=5\%F_t\tag{3-54}$$

由式(3-54) 可知，对于浮动侧板的压紧力的大小为 $F_f/95\%$。

(4) 浮动侧板背压腔的分析

由小孔 a 连接多作用力偶液压马达的吸油腔和背压腔，在吸油腔的高压油液通过小孔 a 进入浮动侧板的反面的背压室，这样会使得浮动侧板产生压紧力 F_t。由于浮动侧板插在力偶型双定子液压马达的转子上，而马达是中心对称的结构，并且保证在力偶型双定子液压马达工作时浮动侧板不会因为力矩的不平衡产生翻转，加剧对内、外定子的磨损。因此，设计力偶型双定子液压马达的背压室为环形。当背压室充满高压油液时，其压紧力的合力是在浮动侧板的圆心，与浮动侧板受到的吸油腔对其的分离力不会形成不平衡的力矩。力偶型双定子液压马达分为内、外马达，其可以有多种不同的工作情况，例如，外马达或者内马达单独工作，从而设计两个环形背压室，外马达单独工作时，外环形背压室产生压紧力；内马达单独工作时，内环形背压室产生压紧力。

通过对式(3-52）和式(3-53）进行分析，可得出 $0\leqslant\varphi\leqslant\beta_0-\beta$ 所受到的压紧力大于 $\beta_0-\beta\leqslant\varphi\leqslant\beta$ 时的压紧力，因此，取 $0\leqslant\varphi\leqslant\beta_0-\beta$ 时的压紧力为设计值，可得出内、外马达环形的内、外径的表达式，如下所示。

$$\begin{cases} R_5=\left[\dfrac{NA_1-\dfrac{1}{2}N(R_1^2-R_3^2)\beta-NB_1}{0.95\pi(1-\alpha_2^2)}\right]^{\frac{1}{2}} \\ r_5=\alpha_2 R_5 \end{cases} \tag{3-55}$$

$$\begin{cases} R_6=\left[\dfrac{NA_2-\dfrac{1}{2}N(R_4^2-R_2^2)\beta-NB_2}{0.95\pi(1-\alpha_3^2)}\right]^{\frac{1}{2}} \\ r_6=\alpha_2 R_6 \end{cases} \tag{3-56}$$

式中　R_5——外马达浮动侧板的背压室外圈半径，mm；

r_5——外马达浮动侧板的背压室内圈半径，mm；

α_2——外马达内圆与外圆半径比；

R_6——内马达浮动侧板的背压室外圈半径，mm；

r_6——内马达浮动侧板的背压室内圈半径，mm；

α_3——内马达内圆与外圆半径比。

第4章

双定子叶片马达的运动学特性

双定子叶片马达的双滚柱连杆结构包含两个滚柱和一个连杆，对于不同曲线形状的双定子叶片马达，连杆和滚柱也有不同的运动规律，对马达的转矩和转速的脉动、内外定子的受力以及背压大小都会带来显著的影响，这将直接影响马达的寿命和可靠性。

4.1 连杆外滚柱运动学特性

对于不同定子曲线形状的双定子马达，连杆滚柱有不同的运动规律，对马达的转矩和转速的脉动、内外定子的受力以及背压大小都会带来显著的影响，这将直接影响马达的寿命和可靠性，本章采用等加速等减速定子曲线。

如图 4-1 所示，在马达工作过程中外滚柱在连杆外槽中随连杆和转子一同做高速旋转，同时外滚柱在外定子和连杆槽间做无阻滞的滚动。

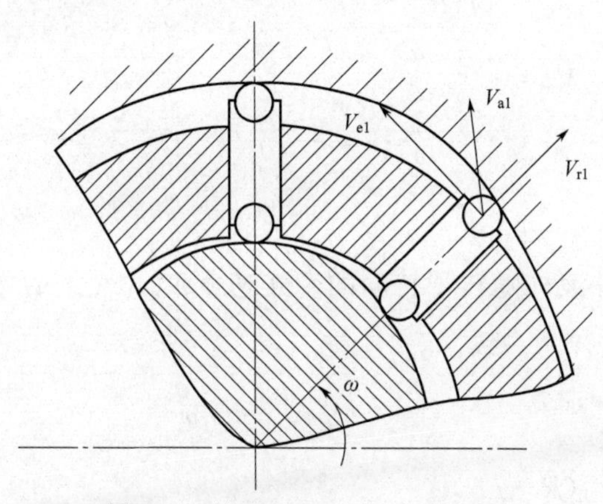

图 4-1　外滚柱运动学关系示意

V_{a1}—外滚柱中心的运动速度；V_{e1}—外滚柱的牵连速度；V_{r1}—外滚柱的伸缩速度；ω—转子角速度

通过以上分析可得到外滚柱的极半径 ρ_1 的表达式为

$$\rho_1=\begin{cases}R-r_{柱} & -\beta\leqslant\varphi\leqslant\beta \\ R+\dfrac{2(R_1-R)}{\alpha^2}\varphi^2-r_{柱} & \beta<\varphi\leqslant\beta+\dfrac{\alpha}{2} \\ R_1-\dfrac{2(R_1-R)}{\alpha^2}(\alpha-\varphi)^2-r_{柱} & \beta+\dfrac{\alpha}{2}<\varphi\leqslant\alpha+\beta \\ R_1-r_{柱} & \alpha+\beta<\varphi\leqslant\alpha+\beta+\gamma\end{cases} \tag{4-1}$$

式中 R_1——外定子大圆弧半径；

R——外定子小圆弧半径；

$r_柱$——滚柱半径。

4.1.1 外滚柱的速度分析

滚柱中心的运动速度 V_{a1} 是由随转子转动的牵连速度 V_{e1} 和滚柱相对于转子槽的伸缩速度 V_{r1} 合成的，即 $V_{a1}=V_{e1}+V_{r1}$。

① 外滚柱在转动中相对转子的伸缩速度 V_r，规定滚柱外伸方向为正。

$$V_{r1}=\frac{d\rho_1}{dt} \tag{4-2}$$

计算得

$$V_{r1}=\begin{cases}0 & -\beta\leqslant\varphi\leqslant\beta\\ \dfrac{4(R_1-R)}{\alpha^2}\varphi\omega & \beta<\varphi\leqslant\beta+\dfrac{\alpha}{2}\\ \dfrac{4(R_1-R)}{\alpha^2}(\alpha-\varphi)\omega & \beta+\dfrac{\alpha}{2}<\varphi\leqslant\alpha+\beta\\ 0 & \alpha+\beta<\varphi\leqslant\alpha+\beta+\gamma\end{cases} \tag{4-3}$$

② 外滚柱随转子转动的牵连速度 V_{e1}，V_{e1} 的方向是转子的切线方向且与转向一致。

$$V_{e1}=\rho_1\omega \tag{4-4}$$

$$V_{e1}=\begin{cases}(R-r_柱)\omega & -\beta\leqslant\phi\leqslant\beta\\ \left[R+\dfrac{2(R_1-R)}{\alpha^2}\phi^2-r_柱\right]\omega & \beta<\phi\leqslant\beta+\dfrac{\alpha}{2}\\ \left[R_1-\dfrac{2(R_1-R)}{\alpha^2}(\alpha-\phi)^2-r_柱\right]\omega & \beta+\dfrac{\alpha}{2}<\phi\leqslant\alpha+\beta\\ (R_1-r_柱)\omega & \alpha+\beta<\phi\leqslant\alpha+\beta+\gamma\end{cases} \tag{4-5}$$

③ 外滚柱沿外定子内曲线的绝对速度 V_{a1}。

$$V_{a1}=\sqrt{V_{e1}^2+V_{r1}^2} \tag{4-6}$$

$$V_{a1}=\begin{cases}(R-r_{柱})\omega & -\beta\leqslant\phi\leqslant\beta\\ \sqrt{\left[R+\dfrac{2(R_1-R)}{\alpha^2}\phi^2-r_{柱}\right]^2\omega^2+\left[\dfrac{4(R_1-R)}{\alpha^2}\phi\omega\right]^2} & \beta<\phi\leqslant\beta+\dfrac{\alpha}{2}\\ \sqrt{\left[R_1-\dfrac{2(R_1-R)}{\alpha^2}(\alpha-\phi)^2-r_{柱}\right]^2\omega^2+\left[\dfrac{4(R_1-R)}{\alpha^2}(\alpha-\phi)\omega\right]^2} & \beta+\dfrac{\alpha}{2}<\phi\leqslant\alpha+\beta\\ (R_1-r_{柱})\omega & \alpha+\beta<\phi\leqslant\alpha+\beta+\gamma\end{cases}\tag{4-7}$$

4.1.2　外滚柱的加速度分析

滚柱运动的加速度 a_{a1}（绝对加速度）是由滚柱在连杆槽中相对转子的伸缩加速度 a_{r1}、滚柱随转子转动的牵连加速度 a_{e1} 和滚柱的科氏加速度 a_{k1} 合成的，即有 $a_{a1}=a_{r1}+a_{e1}+a_{k1}$。

① 滚柱在连杆槽中相对转子的伸缩加速度 $a_{r1}=\dfrac{d^2\rho_1}{dt^2}$。

$$a_{r1}=\begin{cases}0 & -\beta\leqslant\varphi\leqslant\beta\\ \dfrac{4(R_1-R)}{\alpha^2}\omega^2 & \beta<\varphi\leqslant\beta+\dfrac{\alpha}{2}\\ \dfrac{-4(R_1-R)}{\alpha^2}\omega^2 & \beta+\dfrac{\alpha}{2}<\varphi\leqslant\alpha+\beta\\ 0 & \alpha+\beta<\varphi\leqslant\alpha+\beta+\gamma\end{cases}\tag{4-8}$$

② 滚柱随转子转动的牵连加速度 $a_{e1}=\omega^2\rho_1$。

$$a_{e1}=\begin{cases}(R-r_{柱})\omega^2 & -\beta\leqslant\phi\leqslant\beta\\ \left[R+\dfrac{2(R_1-R)}{\alpha^2}\phi^2-r_{柱}\right]\omega^2 & \beta<\phi\leqslant\beta+\dfrac{\alpha}{2}\\ \left[R_1-\dfrac{2(R_1-R)}{\alpha^2}(\alpha-\phi)^2-r_{柱}\right]\omega^2 & \beta+\dfrac{\alpha}{2}<\phi\leqslant\alpha+\beta\\ (R_1-r_{柱})\omega^2 & \alpha+\beta<\phi\leqslant\alpha+\beta+\gamma\end{cases}\tag{4-9}$$

③ 滚柱的科氏加速度 $a_{k1}=2\omega V_{r1}$。

$$a_{k1}=\begin{cases}0 & -\beta\leqslant\varphi\leqslant\beta\\ \dfrac{8(R_1-R)}{\alpha^2}\varphi\omega^2 & \beta<\varphi\leqslant\beta+\dfrac{\alpha}{2}\\ \dfrac{8(R_1-R)}{\alpha^2}(\alpha-\varphi)\omega^2 & \beta+\dfrac{\alpha}{2}<\varphi\leqslant\alpha+\beta\\ 0 & \alpha+\beta<\varphi\leqslant\alpha+\beta+\gamma\end{cases}\tag{4-10}$$

④ 滚柱的绝对加速度 $a_{a1}=\sqrt{(a_{r1}-a_{e1})^2+a_{k1}^2}$ 。

$$a_{a1}=\begin{cases}(R-r_{柱})\omega^2 & -\beta\leqslant\varphi\leqslant\beta\\ \sqrt{\left\{\dfrac{4(R_1-R)\omega^2}{\alpha^2}-\left[R+\dfrac{2(R_1-R)}{\alpha^2}\phi^2-r_{柱}\right]\omega^2\right\}^2+\left[\dfrac{8(R_1-R)}{\alpha^2}\phi\omega^2\right]^2} & \beta<\varphi\leqslant\beta+\dfrac{\alpha}{2}\\ \sqrt{\left\{\left[\dfrac{-4(R_1-R)\omega^2}{\alpha^2}\right]-\left[R_1-\dfrac{2(R_1-R)}{\alpha^2}(\alpha-\phi)^2-r_{柱}\right]\omega^2\right\}^2-\left[\dfrac{8(R_1-R)}{\alpha^2}(\alpha-\phi)\omega^2\right]^2} & \beta+\dfrac{\alpha}{2}<\varphi\leqslant\alpha+\beta\\ (R_1-r_{柱})\omega^2 & \alpha+\beta<\varphi\leqslant\alpha+\beta+\gamma\end{cases}$$

(4-11)

4.2 连杆内滚柱运动学特性

如图 4-2 所示，在马达工作过程中内滚柱在连杆内槽中随连杆和转子一同做高速旋转，同时内滚柱由于与内定子和连杆槽间的摩擦力而做无阻滞的滚动。通过分析可得到内滚柱的极半径 ρ_2 在各个区间的不同形式。

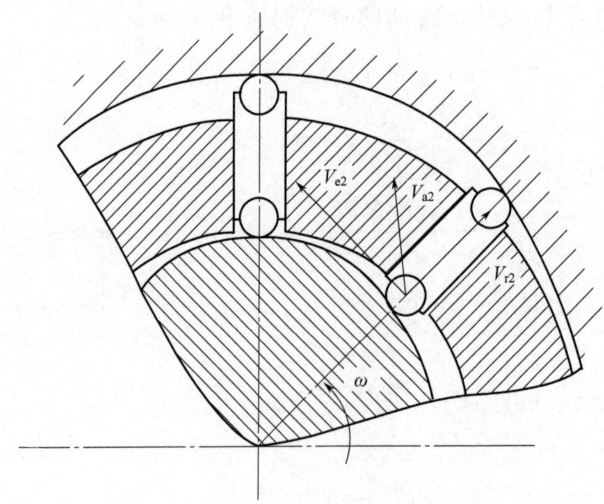

图 4-2 内滚柱运动学分析示意

V_{a2}—内滚柱中心的运动速度；V_{e2}—内滚柱的牵连速度；

V_{r2}—内滚柱的伸缩速度；ω—转子角速度

$$\rho_2=\begin{cases}r_1+r_{柱} & -\beta\leqslant\phi\leqslant\beta\\ r_1+\dfrac{2(r-r_1)}{\alpha^2}\phi^2+r_{柱} & \beta<\phi\leqslant\beta+\dfrac{\alpha}{2}\\ r-\dfrac{2(r-r_1)}{\alpha^2}(\alpha-\phi)^2+r_{柱} & \beta+\dfrac{\alpha}{2}<\phi\leqslant\alpha+\beta\\ r_1+r_{柱} & \alpha+\beta<\phi\leqslant\alpha+\beta+\gamma\end{cases}\tag{4-12}$$

式中　r_1——内定子小圆弧半径；

r——内定子大圆弧半径。

4.2.1　内滚柱的速度分析

滚柱中心的运动速度 V_{a2} 由随转子转动的牵连速度 V_{e2} 和滚柱相对于转子槽的伸缩速度 V_{r2} 合成，即有 $V_{a2}=V_{e2}+V_{r2}$。

① 内滚柱在转动中相对转子的伸缩速度 V_{r2}，规定滚柱外伸方向为正。

$$V_{r2}=\frac{d\rho_2}{dt}\tag{4-13}$$

计算得

$$V_{r2}=\begin{cases}0 & -\beta\leqslant\varphi\leqslant\beta\\ \dfrac{4(r-r_1)}{\alpha^2}\varphi\omega & \beta<\varphi\leqslant\beta+\dfrac{\alpha}{2}\\ \dfrac{4(r-r_1)}{\alpha^2}(\alpha-\varphi)\omega & \beta+\dfrac{\alpha}{2}<\varphi\leqslant\alpha+\beta\\ 0 & \alpha+\beta<\varphi\leqslant\alpha+\beta+\gamma\end{cases}\tag{4-14}$$

② 内滚柱随转子转动的牵连速度 V_{e2}，V_{e2} 的方向是转子的切线方向且与转向一致。

$$V_{e2}=\rho_2\omega\tag{4-15}$$

$$V_{e2}=\begin{cases}(r_1+r_{柱})\omega & -\beta\leqslant\phi\leqslant\beta\\ \left[r_1+\dfrac{2(r-r_1)}{\alpha^2}\phi^2+r_{柱}\right]\omega & \beta<\phi\leqslant\beta+\dfrac{\alpha}{2}\\ \left[r-\dfrac{2(r-r_1)}{\alpha^2}(\alpha-\phi)^2+r_{柱}\right]\omega & \beta+\dfrac{\alpha}{2}<\phi\leqslant\alpha+\beta\\ (r_1+r_{柱})\omega & \alpha+\beta<\phi\leqslant\alpha+\beta+\gamma\end{cases}\tag{4-16}$$

③ 内滚柱沿内定子外曲线的绝对速度 V_{a2}。

$$V_{a2}=\sqrt{V_{e2}^2+V_{r2}^2} \tag{4-17}$$

$$V_{a2}=\begin{cases}(r_1+r_{柱})\omega & -\beta\leqslant\phi\leqslant\beta \\ \left[r_1+\dfrac{2(r-r_1)}{\alpha^2}\phi^2+r_{柱}\right]\omega & \beta<\phi\leqslant\beta+\dfrac{\alpha}{2} \\ \left[r-\dfrac{2(r-r_1)}{\alpha^2}(\alpha-\phi)^2+r_{柱}\right]\omega & \beta+\dfrac{\alpha}{2}<\phi\leqslant\alpha+\beta \\ (r_1+r_{柱})\omega & \alpha+\beta<\phi\leqslant\alpha+\beta+\gamma\end{cases} \tag{4-18}$$

4.2.2 内滚柱的加速度分析

滚柱运动的加速度 a_{a2}（绝对加速度）是由滚柱在连杆槽中相对转子的伸缩加速度 a_{r2}、滚柱随转子转动的牵连加速度 a_{e2} 和滚柱的科氏加速度 a_{k2} 合成的，即有 $a_{a2}=a_{r2}+a_{e2}+a_{k2}$。

① 滚柱在连杆槽中相对转子的伸缩加速度 $a_{r2}=\dfrac{d^2\rho_2}{dt^2}$。

$$a_{r2}=\begin{cases}0 & -\beta\leqslant\varphi\leqslant\beta \\ \dfrac{4(r-r_1)}{\alpha^2}\omega^2 & \beta<\varphi\leqslant\beta+\dfrac{\alpha}{2} \\ -\dfrac{4(r-r_1)}{\alpha^2}\omega^2 & \beta+\dfrac{\alpha}{2}<\varphi\leqslant\alpha+\beta \\ 0 & \alpha+\beta<\varphi\leqslant\alpha+\beta+\gamma\end{cases} \tag{4-19}$$

② 滚柱随转子转动的牵连加速度 $a_{e2}=\omega^2\rho_2$。

$$a_{e2}=\begin{cases}(r_1+r_{柱})\omega^2 & -\beta\leqslant\phi\leqslant\beta \\ \left[r_1+\dfrac{2(r-r_1)}{\alpha^2}\phi^2+r_{柱}\right]\omega^2 & \beta<\phi\leqslant\beta+\dfrac{\alpha}{2} \\ \left[r-\dfrac{2(r-r_1)}{\alpha^2}(\alpha-\phi)^2+r_{柱}\right]\omega^2 & \beta+\dfrac{\alpha}{2}<\phi\leqslant\alpha+\beta \\ (r_1+r_{柱})\omega^2 & \alpha+\beta<\phi\leqslant\alpha+\beta+\gamma\end{cases} \tag{4-20}$$

③ 滚柱的科氏加速度 $a_{k2}=2\omega V_{r2}$。

$$a_{\mathrm{k2}}=\begin{cases}0 & -\beta\leqslant\varphi\leqslant\beta \\ \dfrac{8(r-r_1)}{\alpha^2}\varphi\omega^2 & \beta<\varphi\leqslant\beta+\dfrac{\alpha}{2} \\ \dfrac{8(r-r_1)}{\alpha^2}(\alpha-\varphi)\omega^2 & \beta+\dfrac{\alpha}{2}<\varphi\leqslant\alpha+\beta \\ 0 & \alpha+\beta<\varphi\leqslant\alpha+\beta+\gamma\end{cases}\tag{4-21}$$

④ 滚柱的绝对加速度 $a_{\mathrm{a2}}=\sqrt{(a_{\mathrm{r2}}-a_{\mathrm{e2}})^2+a_{\mathrm{k2}}^2}$。

$$a_{\mathrm{a2}}=\begin{cases}(r_1+r_{柱})\omega^2 & -\beta\leqslant\varphi\leqslant\beta \\ \sqrt{\left\{\dfrac{4(r-r_1)\omega^2}{\alpha^2}-\left[r_1+\dfrac{2(r-r_1)}{\alpha^2}\phi^2+r_{柱}\right]\omega^2\right\}^2+\left[\dfrac{8(r-r_1)}{\alpha^2}\phi\omega^2\right]^2} & \beta<\varphi\leqslant\beta+\dfrac{\alpha}{2} \\ \sqrt{\left\{\left[\dfrac{-4(r-r_1)\omega^2}{\alpha^2}\right]-\left[r-\dfrac{2(r-r_1)}{\alpha^2}(\alpha-\phi)^2+r_{柱}\right]\omega^2\right\}^2-\left[\dfrac{8(r-r_1)}{\alpha^2}(\alpha-\phi)\omega^2\right]^2} & \beta+\dfrac{\alpha}{2}<\varphi\leqslant\alpha+\beta \\ (r_1+r_{柱})\omega^2 & \alpha+\beta<\varphi\leqslant\alpha+\beta+\gamma\end{cases}\tag{4-22}$$

4.3

连杆运动学特性

通过分析可得到连杆的极半径 ρ_3 在各个区间的不同形式。在这里假设连杆的长度 $L=R_1-r=R-r_1$。由图 4-3 可得连杆中点的极半径表达式为

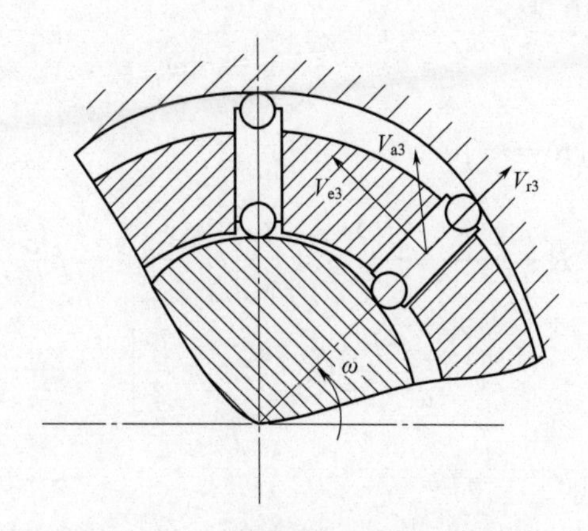

图 4-3　连杆运动学分析示意

V_{a3}—连杆的运动速度；V_{e3}—连杆的牵连速度；V_{r3}—连杆的伸缩速度；ω—转子角速度

$$\rho_3=\begin{cases}R-\dfrac{L}{2} & -\beta\leqslant\varphi\leqslant\beta\\ R+\dfrac{2(R_1-R)}{\alpha^2}\varphi^2-\dfrac{L}{2} & \beta<\varphi\leqslant\beta+\dfrac{\alpha}{2}\\ R_1-\dfrac{2(R_1-R)}{\alpha^2}(\alpha-\varphi)^2-\dfrac{L}{2} & \beta+\dfrac{\alpha}{2}<\varphi\leqslant\alpha+\beta\\ R_1-\dfrac{L}{2} & \alpha+\beta<\varphi\leqslant\alpha+\beta+\gamma\end{cases}\tag{4-23}$$

4.3.1 连杆的速度分析

连杆中心的运动速度 V_{a3} 由随转子转动的牵连速度 V_{e3} 和滚柱相对于转子槽的伸缩速度 V_{r3} 合成，即有 $V_{a3}=V_{e3}+V_{r3}$。

① 滚柱在转动中相对转子的伸缩速度 V_{r3}，规定滚柱外伸方向为正。

$$V_{r3}=\frac{d\rho_3}{dt}\tag{4-24}$$

计算可得

$$V_{r3}=\begin{cases}0 & -\beta\leqslant\varphi\leqslant\beta\\ \dfrac{4(R_1-R)}{\alpha^2}\varphi\omega & \beta<\varphi\leqslant\beta+\dfrac{\alpha}{2}\\ \dfrac{4(R_1-R)}{\alpha^2}\left(1-\dfrac{\varphi}{\alpha}\right)\omega & \beta+\dfrac{\alpha}{2}<\varphi\leqslant\alpha+\beta\\ 0 & \alpha+\beta<\varphi\leqslant\alpha+\beta+\gamma\end{cases}\tag{4-25}$$

② 连杆随转子转动的牵连速度 V_{e3}，V_{e3} 的方向是转子的切线方向且与转向一致。

$$V_{e3}=\rho_3\omega\tag{4-26}$$

$$V_{e3}=\begin{cases}\left(R-\dfrac{L}{2}\right)\omega & -\beta\leqslant\varphi\leqslant\beta\\ \left[R+\dfrac{2(R_1-R)}{\alpha^2}\varphi^2-\dfrac{L}{2}\right]\omega & \beta<\varphi\leqslant\beta+\dfrac{\alpha}{2}\\ \left[R_1-\dfrac{2(R_1-R)}{\alpha^2}(\alpha-\varphi)^2-\dfrac{L}{2}\right]\omega & \beta+\dfrac{\alpha}{2}<\varphi\leqslant\alpha+\beta\\ \left(R_1-\dfrac{L}{2}\right)\omega & \alpha+\beta<\varphi\leqslant\alpha+\beta+\gamma\end{cases}\tag{4-27}$$

③ 连杆沿外定子内曲线的绝对速度 V_{a3}。

$$V_{a3}=\sqrt{V_{e3}^2+V_{r3}^2} \tag{4-28}$$

$$V_{a3}=\begin{cases}\left(R-\dfrac{L}{2}\right)\omega & -\beta\leqslant\varphi\leqslant\beta\\ \sqrt{\left[R+\dfrac{2(R_1-R)}{\alpha^2}\varphi^2-\dfrac{L}{2}\right]^2\omega^2+\left[\dfrac{4(R_1-R)}{\alpha^2}\varphi\omega\right]^2} & \beta<\varphi\leqslant\beta+\dfrac{\alpha}{2}\\ \sqrt{\left[R_1-\dfrac{2(R_1-R)}{\alpha^2}(\alpha-\varphi)^2-\dfrac{L}{2}\right]^2\omega^2+\left[\dfrac{4(R_1-R)}{\alpha^2}(\alpha-\varphi)\omega\right]^2} & \beta+\dfrac{\alpha}{2}<\varphi\leqslant\alpha+\beta\\ \left(R_1-\dfrac{L}{2}\right)\omega & \alpha+\beta<\varphi\leqslant\alpha+\beta+\gamma\end{cases} \tag{4-29}$$

4.3.2　连杆的加速度分析

连杆运动的加速度 a_{a3}（绝对加速度）是由连杆在连杆槽中相对转子的伸缩加速度 a_{r3}、连杆随转子转动的牵连加速度 a_{e3} 和连杆的科氏加速度 a_{k3} 合成的，即有 $a_{a3}=a_{r3}+a_{e3}+a_{k3}$。

① 连杆在连杆槽中相对转子的伸缩加速度 $a_{r3}=\dfrac{d^2\rho_3}{dt^2}$。

$$a_{r3}=\begin{cases}0 & -\beta\leqslant\varphi\leqslant\beta\\ \dfrac{4(R_1-R)}{\alpha^2}\omega^2 & \beta<\varphi\leqslant\beta+\dfrac{\alpha}{2}\\ \dfrac{-4(R_1-R)}{\alpha^2}\omega^2 & \beta+\dfrac{\alpha}{2}<\varphi\leqslant\alpha+\beta\\ 0 & \alpha+\beta<\varphi\leqslant\alpha+\beta+\gamma\end{cases} \tag{4-30}$$

② 连杆随转子转动的牵连加速度 $a_{e3}=\omega^2\rho_3$。

$$a_{e3}=\begin{cases}\left(R-\dfrac{L}{2}\right)\omega^2 & -\beta\leqslant\varphi\leqslant\beta\\ \left[R+\dfrac{2(R_1-R)}{\alpha^2}\varphi^2-\dfrac{L}{2}\right]\omega^2 & \beta<\varphi\leqslant\beta+\dfrac{\alpha}{2}\\ \left[R_1-\dfrac{2(R_1-R)}{\alpha^2}(\alpha-\varphi)^2-\dfrac{L}{2}\right]\omega^2 & \beta+\dfrac{\alpha}{2}<\varphi\leqslant\alpha+\beta\\ \left(R_1-\dfrac{L}{2}\right)\omega^2 & \alpha+\beta<\varphi\leqslant\alpha+\beta+\gamma\end{cases} \tag{4-31}$$

③ 连杆的科氏加速度 $a_{k3}=2\omega V_{r3}$。

$$a_{k3}=\begin{cases}0 & -\beta\leqslant\varphi\leqslant\beta \\ \dfrac{8(R_1-R)}{\alpha^2}\varphi\omega^2 & \beta<\varphi\leqslant\beta+\dfrac{\alpha}{2} \\ \dfrac{8(R_1-R)}{\alpha^2}(\alpha-\varphi)\omega^2 & \beta+\dfrac{\alpha}{2}<\varphi\leqslant\alpha+\beta \\ 0 & \alpha+\beta<\varphi\leqslant\alpha+\beta+\gamma\end{cases}\tag{4-32}$$

④ 连杆的绝对加速度 $a_{a3}=\sqrt{(a_{r3}-a_{e3})^2+a_{k3}^2}$。

$$a_{a3}=\begin{cases}\left(R-\dfrac{L}{2}\right)\omega^2 & -\beta\leqslant\varphi\leqslant\beta \\ \sqrt{\left\{\dfrac{4(R_1-R)\omega^2}{\alpha^2}-\left[R+\dfrac{2(R_1-R)}{\alpha^2}\varphi^2-\dfrac{L}{2}\right]\omega^2\right\}^2+\left[\dfrac{8(R_1-R)}{\alpha^2}\varphi\omega^2\right]^2} & \beta<\varphi\leqslant\beta+\dfrac{\alpha}{2} \\ \sqrt{\left\{\left[\dfrac{-4(R_1-R)\omega^2}{\alpha^2}\right]-\left[R_1-\dfrac{2(R_1-R)}{\alpha^2}(\alpha-\varphi)^2-\dfrac{L}{2}\right]\omega^2\right\}^2-\left[\dfrac{8(R_1-R)}{\alpha^2}(\alpha-\varphi)\omega^2\right]^2} & \beta+\dfrac{\alpha}{2}<\varphi\leqslant\alpha+\beta \\ \left(R_1-\dfrac{L}{2}\right)\omega^2 & \alpha+\beta<\varphi\leqslant\alpha+\beta+\gamma\end{cases}\tag{4-33}$$

4.4 运动学仿真分析实例

对于连杆滚柱双作用双定子马达，通过对转子施加一定转矩来控制转子输出特定的转速，所以在分析运动规律时通过改变转矩的大小来实现其转速的变化，来分析连杆滚柱速度和加速度的变化情况，可以得到有实际意义的分析结果。

模拟液压马达“空载启动-转速稳定-加负载-额定转速”通过施加转矩使马达输出轴的转速分别为 $n=1200$r/min、$n=1800$r/min 左右时，得到转子连杆滚柱的运动学特性，如图 4-4～图 4-7 所示。

分析图 4-4 和图 4-6 可知，在转子转速达到 $n=1200$r/min 和 $n=1800$r/min 时，连杆的速度幅值函数曲线都是按照一定的周期性变化的。在转速 $n=1200$r/min 时连杆的速度幅值最大值为 9000mm/s，速度幅值最小值为 8500mm/s，最大值与最小值的差为 500mm/s。在转速 $n=1800$r/min 时连杆的速度幅值最大值为 14000mm/s，速度幅值最小值为 12500mm/s，最大值和最小值的差值为 1500mm/s。同时从图上可以看到 X 轴和 Y 轴的速度幅值变化规律。

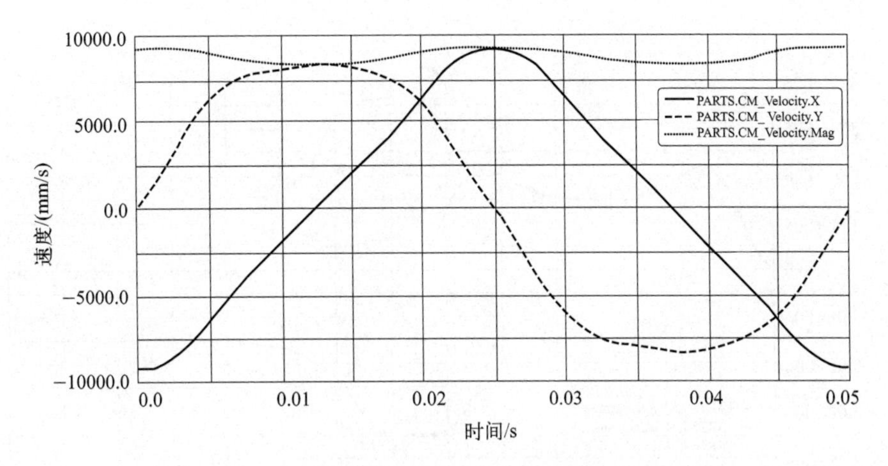

图 4-4　输出转速为 $n=1200\text{r/min}$ 时连杆的速度曲线

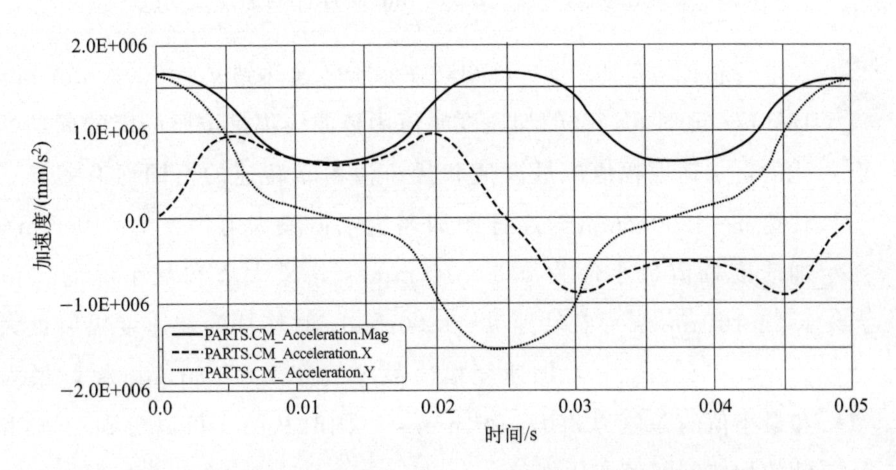

图 4-5　输出转速为 $n=1200\text{r/min}$ 时连杆的加速度曲线

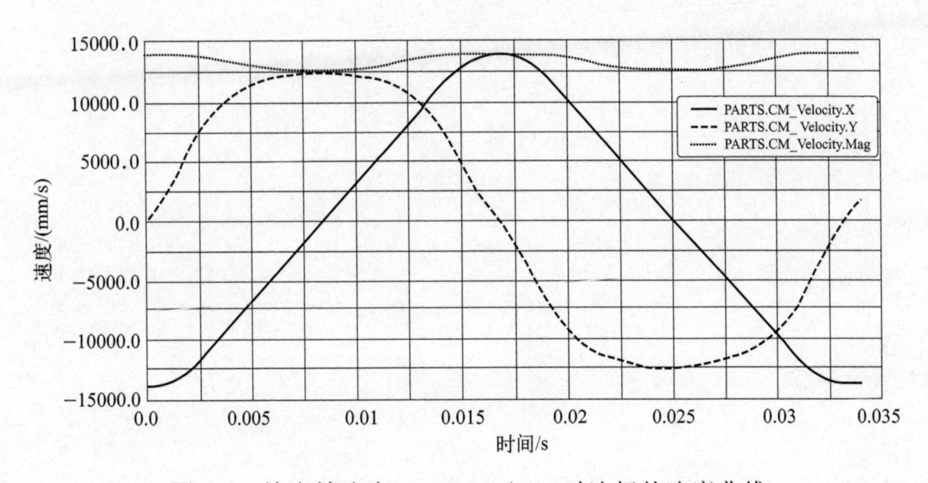

图 4-6　输出转速为 $n=1800\text{r/min}$ 时连杆的速度曲线

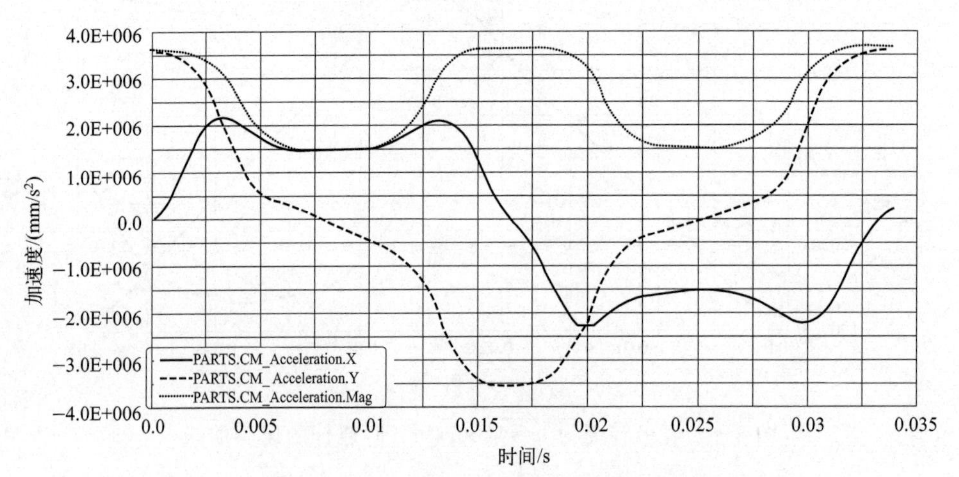

图 4-7 输出转速为 $n=1800\text{r/min}$ 时连杆的加速度曲线

分析图 4-5 和图 4-7 可知，在转子转速达到 $n=1200\text{r/min}$ 和 $n=1800\text{r/min}$ 时，连杆的加速度幅值函数曲线都是按照一定的周期性变化的，加速度幅值的最大值和最小值由于转速的不同而有差异。在转速 $n=1200\text{r/min}$ 时连杆的加速度幅值最大值为 $1.7\times10^6\text{mm/s}^2$，加速度幅值最小值为 $0.6\times10^6\text{mm/s}^2$，最大值和最小值的差值为 $1.1\times10^6\text{mm/s}^2$。在转速 $n=1800\text{r/min}$ 时连杆的加速度幅值最大值为 $3.5\times10^6\text{mm/s}^2$，加速度幅值最小值为 $1.5\times10^6\text{mm/s}^2$，最大值和最小值的差值为 $2.0\times10^6\text{mm/s}^2$。同时从图上可以看到 X 轴和 Y 轴的加速度幅值变化规律。

第5章

双定子叶片马达的动力学特性

5.1 双定子叶片马达的转子受力

5.2 双定子叶片马达的滚柱连杆组受力

5.3 滚柱连杆组的参数

5.4 转子系统的动力学特性

双定子叶片马达在不同工作方式下其关键零部件的受力状况也不相同，转子是双定子叶片液压马达中的关键零部件，作为一个旋转部件，其在工作的过程中所受到的径向力的作用不仅对其自身的变形程度有影响，而且还会直接影响到轴承的寿命，以至于关系到整个液压马达的使用寿命。此外，双定子叶片马达采用的叶片结构为双滚柱连杆型，因此其叶片受力状况也更为复杂。

5.1 双定子叶片马达的转子受力

5.1.1 转子所受径向力

当双定子叶片液压马达运转稳定时，转子所受到的径向力是以两相邻叶片间的夹角为周期进行变化的，如图 5-1 所示为转子周期性受力示意。

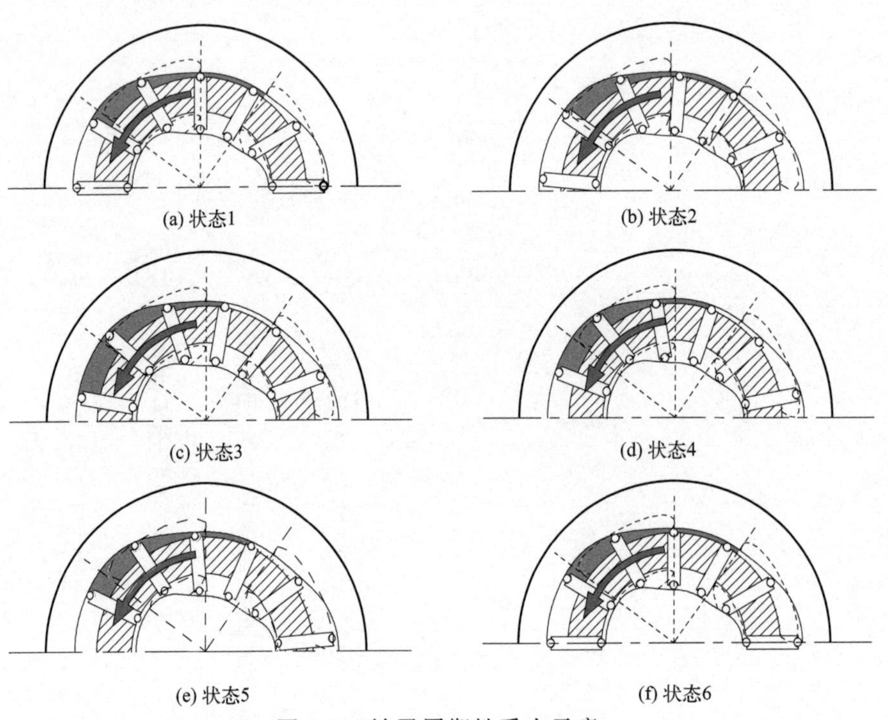

图 5-1 转子周期性受力示意

双作用双定子叶片液压马达的原理简图如图 5-2 所示，以叶片 1 为起点将转子圆周的一个作用周期等分为 M 个压力分布区，按顺时针方向依次规定为第 1 压力分布区、第 2 压力分布区……第 m 压力分布区（$1 \leqslant m \leqslant M$），图中 φ_1、φ_3 为高压油区的压力分布区间角，φ_2、φ_4 为低压油区的压力分布区间角。可以得出双定子叶片液压马达外马达单独工作时转子在 x、y 方向上受到的径向液压力为

$$\begin{cases} F_{wx} = \sum_{m=1}^{M} f_{mx} = \sum_{m=1}^{M/2} -pBR\varphi_0 \cos[\varphi_1 + (m-1)\varphi_0] + \sum_{M/2}^{M} - \\ \quad p_0 BR\varphi_0 \cos[\varphi_1 + (m-1)\varphi_0] \\ F_{wy} = \sum_{m=1}^{M} f_{my} = \sum_{m=1}^{M/2} -pBR\varphi_0 \sin[\varphi_1 + (m-1)\varphi_0] + \sum_{M/2}^{M} - \\ \quad p_0 BR\varphi_0 \sin[\varphi_1 + (m-1)\varphi_0] \end{cases} \tag{5-1}$$

其中，$\varphi_0 = \dfrac{2\pi}{M}$。

式中　p——高压油腔油液压力；

p_0——低压油腔油液压力；

B——转子宽度；

R——转子外圈半径。

其与 x 轴正向的夹角为：$\alpha_w = \arctan \dfrac{F_{wy}}{F_{wx}}$。

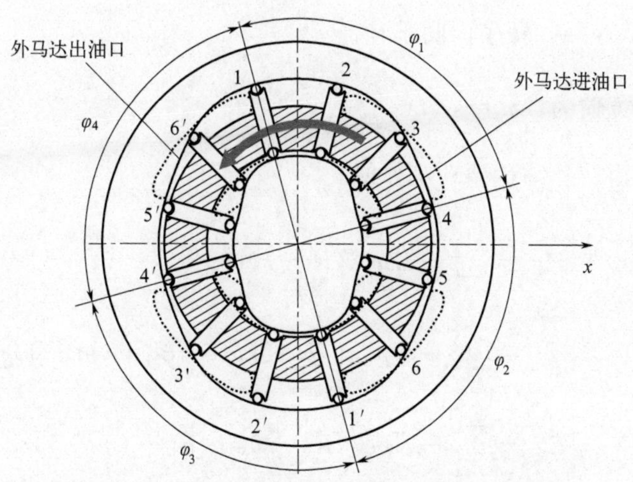

图 5-2　双作用双定子叶片液压马达的原理简图

1～6，1′～6′—叶片

同理可以得出内马达单独工作、内外马达联合工作、内外马达差动工作时转子在 x、y 轴方向上受到的径向液压力以及方向分别如下。

内马达单独工作时

$$\begin{cases} F_{nx}=\sum_{m=1}^{M} f_{mx}=\sum_{m=1}^{M/2} -p_0 Br\varphi_0 \cos[\varphi_1+(m-1)\varphi_0]+ \\ \qquad \sum_{M/2}^{M} -pBr\varphi_0 \cos[\varphi_1+(m-1)\varphi_0] \\ F_{ny}=\sum_{m=1}^{M} f_{my}=\sum_{m=1}^{M/2} -p_0 Br\varphi_0 \sin[\varphi_1+(m-1)\varphi_0]+ \\ \qquad \sum_{M/2}^{M} -pBr\varphi_0 \sin[\varphi_1+(m-1)\varphi_0] \end{cases} \tag{5-2}$$

方向为：$\alpha_n=\arctan\frac{F_{ny}}{F_{nx}}$。

内、外马达联合工作时

$$\begin{cases} F_{ux}=\sum_{m=1}^{M/2} -B\varphi_0(Rp-rp_0)\cos[\varphi_1+(m-1)\varphi_0]+ \\ \qquad \sum_{M/2}^{M} -B\varphi_0(Rp_0-rp)\cos[\varphi_1+(m-1)\varphi_0] \\ F_{uy}=\sum_{m=1}^{M/2} -B\varphi_0(Rp-rp_0)\sin[\varphi_1+(m-1)\varphi_0]+ \\ \qquad \sum_{M/2}^{M} -B\varphi_0(Rp_0-rp)\sin[\varphi_1+(m-1)\varphi_0] \end{cases} \tag{5-3}$$

式中　r——转子内圆半径。

方向为：$\alpha_u=\arctan\frac{F_{uy}}{F_{ux}}$。

内、外马达差动工作时

$$\begin{cases} F_{dx}=\sum_{m=1}^{M/2} -Bp\varphi_0(R-r)\cos[\varphi_1+(m-1)\varphi_0]+ \\ \qquad \sum_{M/2}^{M} -Bp_0\varphi_0(R-r)\cos[\varphi_1+(m-1)\varphi_0] \\ F_{dy}=\sum_{m=1}^{M/2} -Bp\varphi_0(R-r)\sin[\varphi_1+(m-1)\varphi_0]+ \\ \qquad \sum_{M/2}^{M} -Bp_0\varphi_0(R-r)\sin[\varphi_1+(m-1)\varphi_0] \end{cases} \tag{5-4}$$

方向为：$\alpha_d = \arctan \dfrac{F_{dy}}{F_{dx}}$。

5.1.2 转子半径和转子槽个数的关系

假设液压马达的转矩为 T，当处于吸油腔的转子受到指向圆心或者背离圆心的径向力时，处于吸油腔的滚柱连杆组两侧受到液压力的作用平衡，因此，此时滚柱连杆组对于转子的力的作用可以忽略。而当滚柱连杆组处于两侧分别为高压油液和低压油液时，由于液压力的作用使得转子发生偏转，因此滚柱连杆组对于转子有作用力。

当外马达单独工作时，对转子的其中一个扇形进行受力分析，如图 5-3 所示。因为双定子叶片液压马达为中心对称结构，所以只需研究其中一个扇形内的受力情况，即可举一反三。当处于吸油腔的转子受到高压油液对转子外圆表面的径向力，通过上面分析可以得出，只有滚柱连杆组处于两侧分别为高压油液和低压油液时，滚柱连杆组对于转子才有作用力。把扇形近似成梯形，其中一个扇形受力，如图 5-3(a) 所示。同理，内马达单独工作和差动连接时，其中一个扇形受力，如图 5-3(b)、(c) 所示。

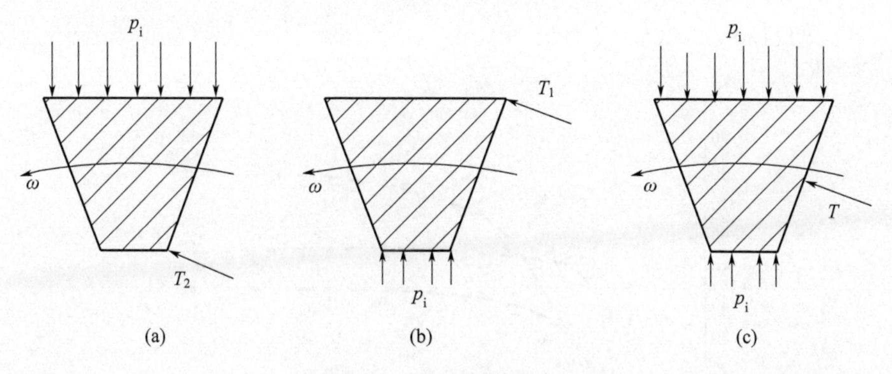

图 5-3　转子扇形的受力

p_i—马达进油口压力；ω—马达转速；T，T_1，T_2—转子槽两面的接触反力

通过分析得，当扇形处于内、外马达同时工作时，转子受力最大。由材料力学知识可知，转子的扇形不仅受到转矩还受到弯矩，根据第三强度理论进行校核计算如下。

转子受到的最大弯矩 M_{max} 可表示如下。

$$M_{\max}=\frac{1}{8}p_{\mathrm{i}}b_2B^2 \tag{5-5}$$

则其合成弯矩 M 的关系式表示为

$$M=\sqrt{M_{\max}^2+\left(\frac{T}{z}\right)^2} \tag{5-6}$$

式中 z——叶片数。

扇形近似为梯形，则梯形的抗弯截面模量 W 为

$$W=\frac{h^2}{3(b_2-b_1)^2}\left[b_1^3+b_2^3-(b_1^2+b_2^2)\sqrt{\frac{b_1^2+b_2^2}{2}}\right] \tag{5-7}$$

式中 h——梯形的高，mm，即 $h=R_1-R_2$，其中 R_1 为转子外径，R_2 为转子内径；

b_1——梯形的短边长度，mm，$b_1=\frac{2\pi}{z_1}R_2-s$，其中 z_1 为一个作用周期内的叶片数，s 为叶片厚度；

b_2——梯形的长边长度，mm，$b_2=\frac{2\pi}{z_1}R_1-s$。

由第三强度公式 $[\sigma]>\frac{M}{W}$ 得出转子外圆半径与滚柱连杆组数量的关系，利用 Matlab 软件画出其关系，如图 5-4 所示。其中，转子的材料为 40Cr，$T=5\mathrm{kN}\cdot\mathrm{m}$。

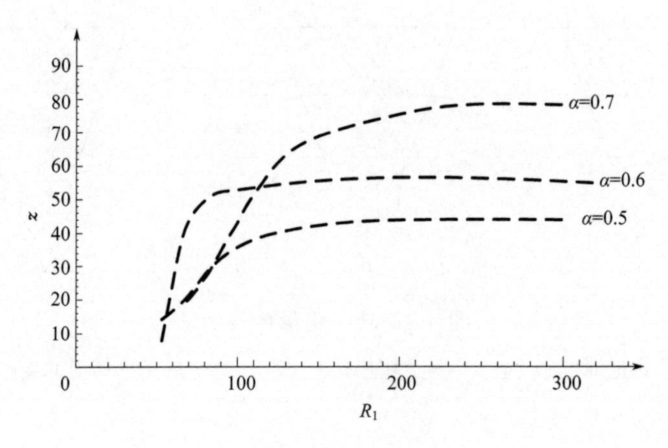

图 5-4 转子外径与滚柱连杆组的关系

分析图 5-4 可得，因为滚柱连杆组的数量应该是正整数，所以图中应该为不连续的曲线。α 为转子内圆半径与外圆半径的比值，滚柱

连杆组数量 z 随着比值 α 的增大而增大，并且滚柱连杆组数量 z 也随转子外圆半径 R_1 的增大而增大。开始时，R_1＜200mm，滚柱连杆组数量 z 随着外圆半径 R_1 的增加变化较快；R_1＞200mm 时，滚柱连杆组数量变化不大，基本保持不变。

5.1.3　转子受力仿真实例

(1) 转子径向力

根据双定子马达的样机参数对转子的径向受力及方向在一个作用周期内的状况进行仿真计算。样机参数如下：额定压力为 6.3MPa；外定子大、小圆弧直径分别为 100mm、91mm；内定子大、小圆弧直径分别为 65mm、56mm；转子内、外直径分别为 65mm、91mm；转子宽为 50mm。

由于转子的径向受力状况是以两相邻叶片间夹角为周期进行变化的，因此，以图 5-2 中叶片 2 转到叶片 1 时的过程进行分析，此过程中转子所受径向合力及方向如表 5-1 所示。

表 5-1　转子所受径向合力及方向

外马达单独工作		内马达单独工作		内外马达联合工作		内外马达差动工作	
F_w/N	α_w/(°)	F_n/N	α_n/(°)	F_u/N	α_u/(°)	F_d/N	α_d/(°)
20661	29.87	13121	−57.41	24001	17.34	4120.7	59.73
20800	32.50	13174	−53.80	24482	18.71	4542	60.58
20932	35.14	13242	−50.23	24976	20.41	4959.2	61.50
21057	37.79	13325	−46.70	25478	22.61	5369.3	62.51
21174	40.46	13422	−43.21	25981	25.55	5769.7	63.64
21274	43.14	13530	−39.79	26479	28.64	6158.3	64.89
21377	45.88	13650	−36.41	26969	31.95	6533.4	66.32
21461	48.63	13778	−33.10	27444	35.46	6893.6	67.95
21534	51.41	13914	−29.85	27901	39.27	7237	69.85
21592	54.23	14055	−26.67	28336	44.16	7562.8	72.09
21637	57.08	14200	−23.54	28745	48.08	7869.7	74.80

为了更直观地看出双定子叶片液压马达的转子在四种不同工作方式下的径向受力的变化规律，结合数据绘制如图 5-5 所示图形。

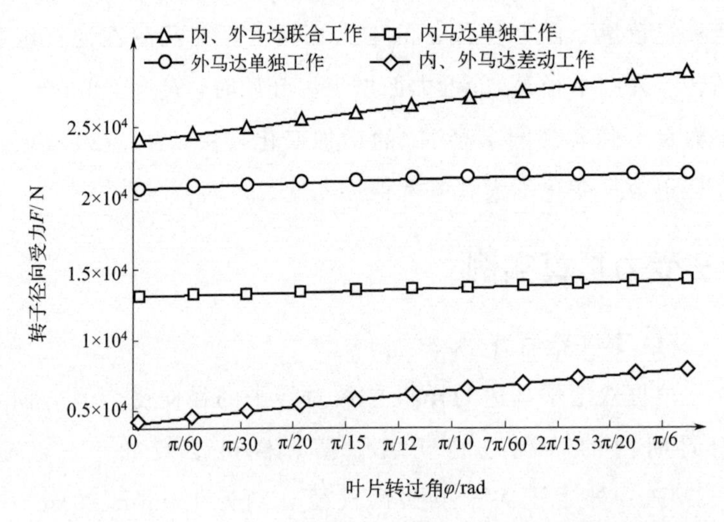

图 5-5 力偶型双定子叶片液压马达在单个周期内转子所受径向力的变化曲线

图 5-5 示出力偶型双定子叶片液压马达在单个作用周期内转子所受径向力的变化曲线。对比双定子马达在四种不同工作方式下转子的径向受力状况可知：内、外马达联合工作时转子所受径向力最大，外马达单独工作时次之，内、外马达差动连接工作时转子所受径向力最小，且远小于外马达单独工作与内、外马达联合工作时转子的径向受力。

如图 5-6 所示为一个作用周期内转子所受径向力的变化，从图中可以看出，当叶片带动转子进行旋转且叶片 2 运转到叶片 1 的位置时，转子在四种不同工作方式下的径向受力均是逐渐增大的，其变化周期均为$\frac{\pi}{6}$（当 $z=12$ 时）。

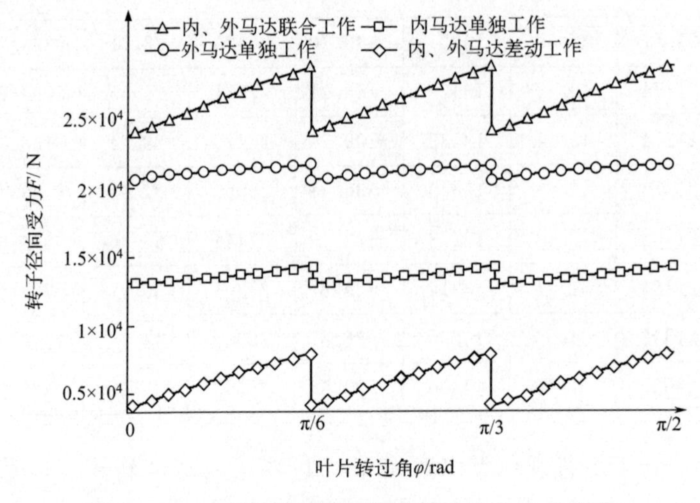

图 5-6 一个作用周期内转子所受径向力的变化

如图5-7所示，外马达单独工作时，转子径向受力的作用点在29.87°～57.08°（与 x 轴正向的夹角）之间进行周期性变化；内马达单独工作时，转子径向受力的作用点在－57.41°～－23.54°之间进行周期性变化；内、外马达联合工作时，转子径向受力的作用点在17.34°～48.08°之间进行周期性变化；内、外马达差动连接工作时，转子径向受力的作用点在59.73°～74.80°之间进行周期性变化。并且双定子叶片液压马达在四种不同的工作方式中，转子径向受力的作用点与水平方向的夹角在内、外马达差动连接工作时最大，外马达单独工作与内、外马达联合工作时分别次之，内马达单独工作时最小。

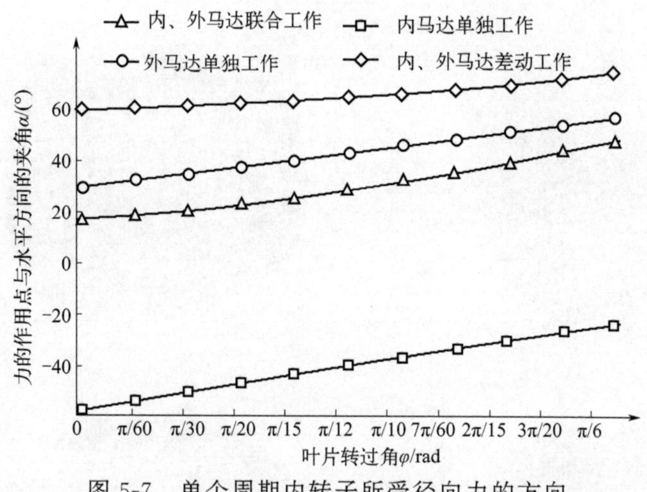

图5-7 单个周期内转子所受径向力的方向

（2）转子应力

转子作为双定子叶片液压马达关键零部件，用Solidworks中的Simulation对转子受力进行分析，以双作用双定子液压马达为例，在20MPa的进口压力下进行受力仿真。

利用Simulation软件对转子模型网格划分，如图5-8所示，选择转子的材料为合金钢，两边的侧板的材料为45钢，对液压马达的转子的左右侧板添加固定几何体，并添加外部荷载，对于转子来说主要受到转矩、沿直径方向的力和滚柱连杆组对转子的力。求解后其液压马达在4种工况下的应力情况如图5-9所示。

分析图5-9，液压马达在内马达和外马达同时工作时受力情况最差，其应力最大值为341.7MPa，而在马达差动工作时，转子的受力

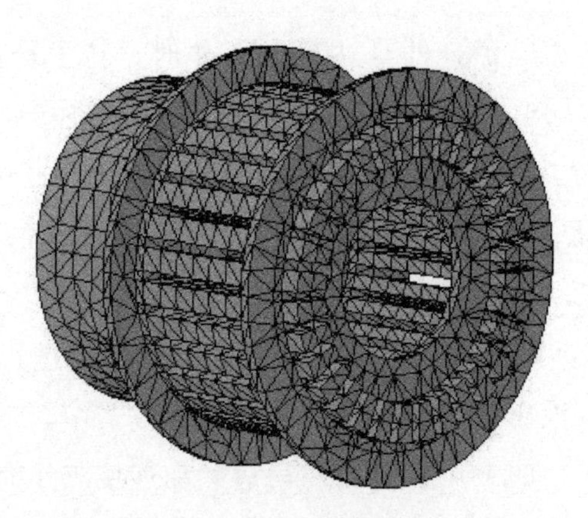

图 5-8 转子的网格划分

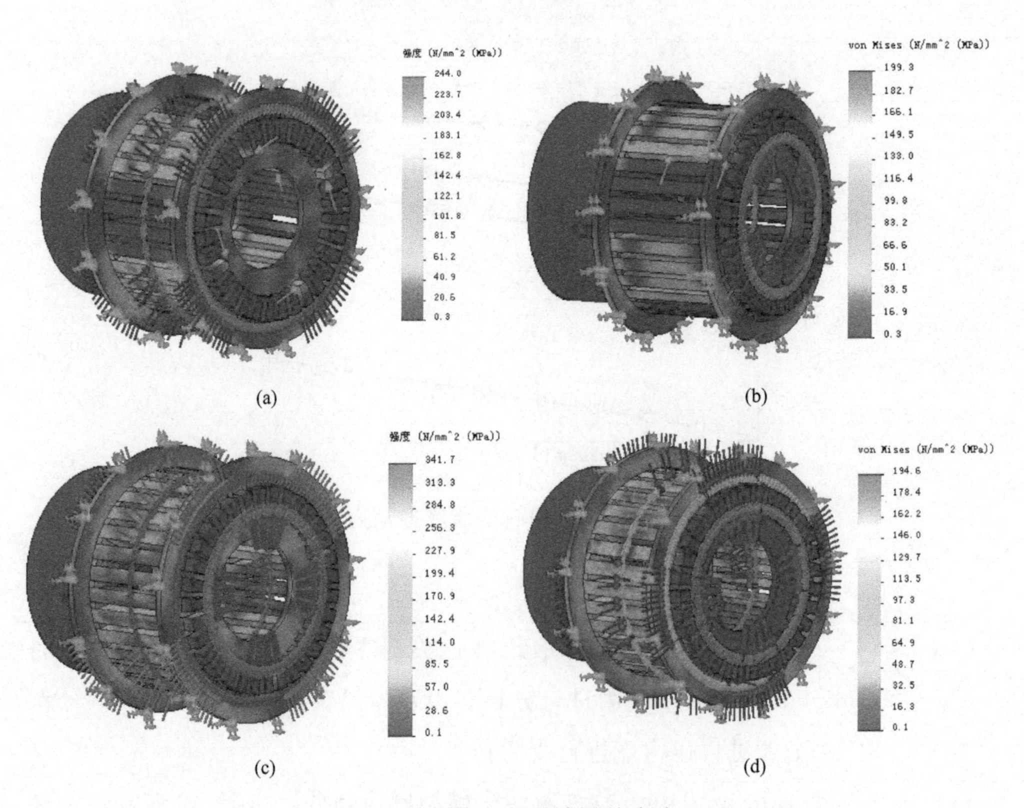

(a) (b)

(c) (d)

图 5-9 不同工况下转子的应力

情况相对较好，应力最大值为 194.6MPa，在内、外马达同时工作时，其转子的受力情况与外马达、内马达单独工作时的受力基本相同，不同的是转矩的大小，因同时工作其转矩为内、外马达单独工作的转矩之和，故受力情况较差，但每种工作方式下的材料应力均小于合金钢的屈服应力 620MPa。

5.2 双定子叶片马达的滚柱连杆组受力

双定子叶片液压马达的工作情况不同时，滚柱连杆组的受力情况也不相同。不考虑泄漏与损失情况。假设液压马达的进口压力为 p_i，出口压力为 $p_o=0$。液压马达运转时，滚柱连杆组不仅承受液压力的作用，而且受到定子、转子的作用力，以及因运动状态变化而附加的惯性力，受力情况很复杂。基于液压马达的结构特点，其有多种工作状态，工况不同时其滚柱连杆组的受力也不相同。

5.2.1 油液的液压作用力

(1) 滚柱连杆组两端受到的液压力

滚柱连杆组两端都受到液压力的作用，靠近外定子端受到的液压力为 P_1，靠近内定子端受到的液压力为 P_2，则其大小可以表示为

$$\begin{cases} P_1 = p_1 Bs \\ P_2 = p_2 Bs \end{cases} \tag{5-8}$$

式中　p_1，p_2——滚柱连杆组靠近外定子、内定子端的压力，MPa。

在不同工作情况下，其滚柱连杆组两端所受到的液压力分别如下。

外马达单独工作时

$$\begin{cases} P_1 = p_i Bs \\ P_2 = 0 \end{cases} \tag{5-9}$$

内马达单独工作时

$$\begin{cases} P_1 = 0 \\ P_2 = p_o Bs \end{cases} \tag{5-10}$$

内、外马达同时工作时

$$\begin{cases} P_1 = p_i Bs \\ P_2 = p_o Bs \end{cases} \tag{5-11}$$

差动连接时

$$\begin{cases}P_1=p_i Bs \\ P_2=p_i Bs\end{cases} \tag{5-12}$$

（2）滚柱连杆组面的液压作用力

滚柱连杆组正处在吸油口和压油口的分界线上，因为滚柱连杆组伸出部分的两侧面分别作用着吸油腔的高压 p_i 和压油腔的低压 p_o。滚柱连杆组受到由于两侧面压力差作用因而产生侧向的液压作用力 P_3。力偶液压马达工作在不同的情况下时，侧向的液压作用力 P_3 也不同。因为侧向液压作用力影响转子对滚柱连杆组的支撑力和摩擦力。其滚柱连杆组的位置也不同，如图 5-10 所示，则侧向的液压作用力 P_3 表示关系如下。

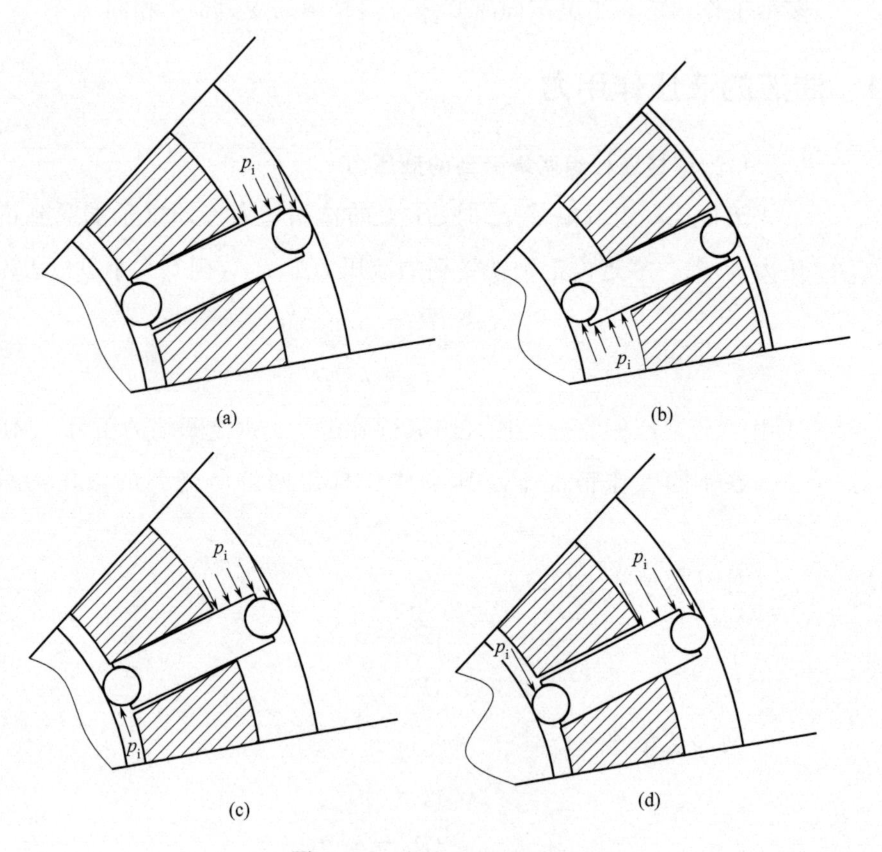

图 5-10　滚柱连杆组受力

外马达单独工作时

$$P_3=(p_i-p_o)Bl_1=p_iBl_1 \tag{5-13}$$

内马达单独工作时

$$P_3=(p_i-p_o)Bl_2=p_iBl_2 \tag{5-14}$$

内、外马达同时工作时

$$\begin{cases}P_3'=(p_i-p_o)Bl_1=p_iBl_1\\P_3''=(p_i-p_o)Bl_2=p_iBl_2\end{cases} \tag{5-15}$$

其方向相反且不共线；

差动连接时

$$\begin{cases}P_3'=(p_i-p_o)Bl_1=p_iBl_1\\P_3''=(p_i-p_o)Bl_2=p_iBl_2\end{cases} \tag{5-16}$$

其方向相同但不共线。

式中　P_3'，P_3''——靠近外马达、内马达端的侧向液压力，N；

l_1，l_2——与外定子和内定子接触端的滚柱连杆组伸出长度，mm。

当滚柱连杆组处于吸油腔或压油腔，即滚柱连杆组两侧都为高压油或低压油时，滚柱连杆组两侧的压力相等，所以两侧滚柱连杆组面所作用的液压力互相平衡，因此没有侧向力作用。

5.2.2 惯性力

液压马达转动时，滚柱连杆组在转子槽内相对于转子以速度 v 滑动，而转子本身又以角速度 ω 绕圆心 O 旋转。由理论力学知识可以得出，把转子看成动参考系，滚柱连杆组的运动包括沿转子槽相对运动和对转子转动的牵连运动。因此作用在滚柱连杆组质心上的作用力离心力 F_c、哥氏惯性力 F_k 和定子曲线的惯性力 F_g 组成，如图 5-11 所示。

离心力 F_c 的方向为沿转子半径且背离圆心 O，其表达式表示如下。

$$F_c=m\rho_c\omega^2 \tag{5-17}$$

式中　m——滚柱连杆组的质量，kg；

ρ_c——滚柱连杆组质心到转子圆心 O 的距离，mm；

ω——转子的角速度，rad/s。

哥氏惯性力 F_k，垂直于滚柱连杆组，指向滚柱连杆组滑动速度 v 的方向逆着转子旋转方向转 90°，其表达式表示如下。

$$F_k=2m\omega v \tag{5-18}$$

当滚柱连杆组沿着定子表面在转子槽内滑动时，滚柱连杆组作用于沿定子曲线运动的惯性力 F_g，其方向与相对加速度 a 的方向相

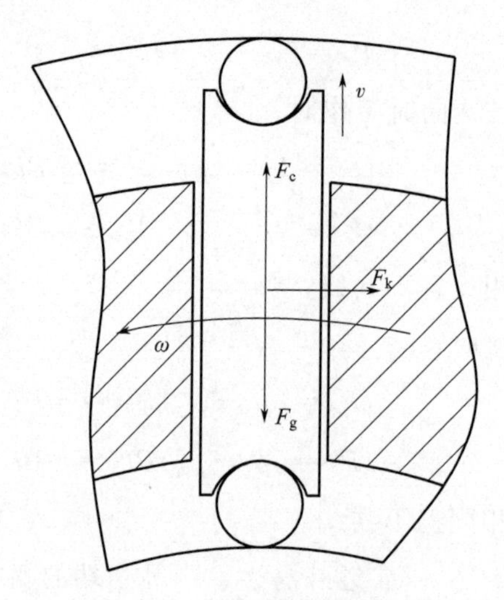

图 5-11 滚柱连杆组受力

反，其表达式表示如下。

$$F_g = ma \tag{5-19}$$

5.2.3 定子对滚柱连杆组的作用力

滚柱连杆组两端与内、外定子表面始终保持紧密的接触，内、外定子表面对滚柱连杆组作用有两个力，分别是：沿定子内曲线法线方向作用的接触反力 F_n 和沿定子内曲线切向方向作用的滚动摩擦力 F_f。其合力为 F，各力有如下的关系。

$$\begin{cases} F_n = P \\ F_f = fF_n \end{cases} \tag{5-20}$$

式中 P——液压力，N；

f——滚动摩擦系数。

通过上述分析，可知外马达单独工作时，靠近外马达滚柱连杆组端受到指向圆心的液压力的作用，因此内定子曲线对滚柱连杆组有力的作用；而内马达单独工作时，靠近内马达滚柱连杆组端受到背离圆心的液压力的作用，因此外定子曲线对滚柱连杆组有力的作用；同理，得出内、外马达同时工作和差动连接的受力情况。代入式(5-20) 得出定子对滚柱连杆组的作用力，表示如下。

外马达单独工作时

$$\begin{cases} F_n = P_1 = p_i Bs \\ F_f = fF_n \end{cases} \tag{5-21}$$

内马达单独工作时

$$\begin{cases}F_n=P_2=p_i Bs\\F_f=fF_n\end{cases}\tag{5-22}$$

差动连接时

$$\begin{cases}F_n=0\\F_f=0\end{cases}\tag{5-23}$$

从上面公式中可以得出，对于双定子叶片液压马达的滚柱连杆组在液压马达实现差动连接时定子对滚柱连杆组有力的作用。

5.2.4 转子对滚柱连杆组的作用力

由于滚柱连杆组受到滚柱连杆组面的液压力，这个液压力使得滚柱连杆组在转子槽内发生倾斜，造成滚柱连杆组与转子之间有局部的接触和摩擦，转子对滚柱连杆组的作用力包括转子槽两面的接触反力 T_1、T_2 与摩擦力 F_{f1}、F_{f2}。其中，转子槽两面的接触反力的作用方向垂直于滚柱连杆组，其摩擦力的作用方向沿着滚柱连杆组且指向与滚柱连杆组滑动方向相反。当液压马达工作情况不同时，其转子对滚柱连杆组作用力也不相同。如图 5-12 所示为转子对滚柱连杆组的受力，由理论力学得出以下关系式。

外马达单独工作时，如图 5-12(a) 所示，其转子对滚柱连杆组的支撑力和摩擦力如下。

支撑力

$$\begin{cases}T_1=\dfrac{P_3(2l-l_1-2l_2)}{2(l-l_1-l_2)}\\[2ex]T_2=\dfrac{P_3 l_1}{2(l-l_1-l_2)}\end{cases}\tag{5-24}$$

式中　l——叶片长度。

摩擦力

$$\begin{cases}F_{f1}=f_x T_1\\F_{f2}=f_x T_2\end{cases}\tag{5-25}$$

内马达单独工作时，如图 5-12(b) 所示，其转子对滚柱连杆组的支撑力和摩擦力如下。

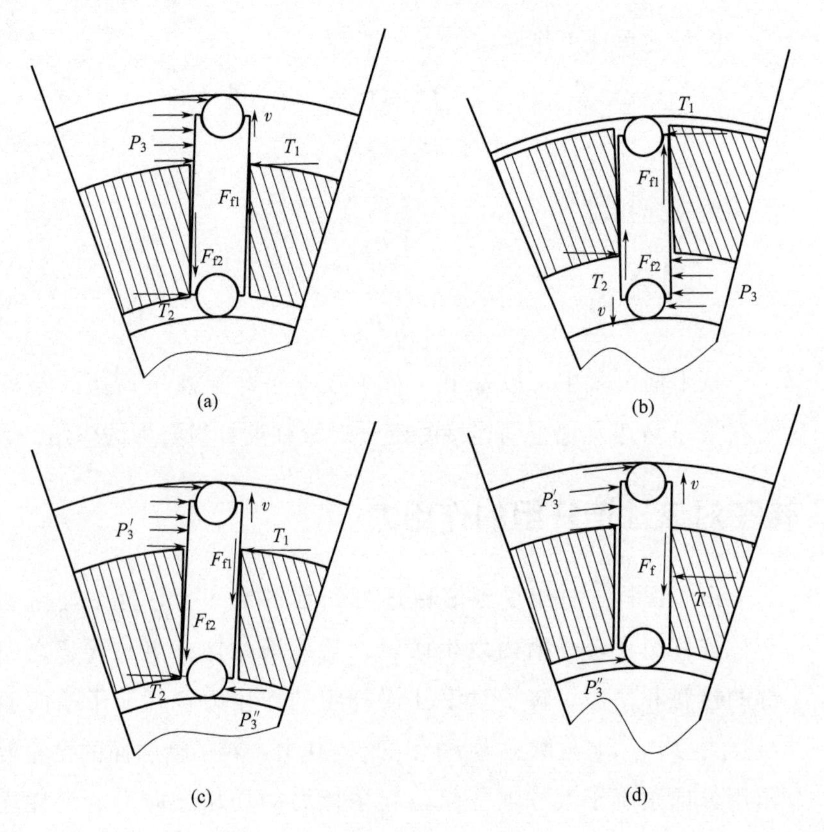

图 5-12 转子对滚柱连杆组的受力

支撑力

$$
\begin{cases}
T_1 = \dfrac{P_3 l_2}{2(l-l_1-l_2)} \\
T_2 = \dfrac{P_3(2l-2l_1-l_2)}{2(l-l_1-l_2)}
\end{cases}
\tag{5-26}
$$

摩擦力

$$
\begin{cases}
F_{f1} = f_x T_1 \\
F_{f2} = f_x T_2
\end{cases}
\tag{5-27}
$$

内、外马达同时工作时，如图 5-12(c) 所示，其转子对滚柱连杆组的支撑力和摩擦力如下。

支撑力

$$
\begin{cases}
T_1 = \dfrac{P_3'' l_2 + P_3'(2l-l_1-2l_2)}{2(l-l_1-l_2)} \\
T_2 = \dfrac{P_3''(2l-2l_1-l_2) + P_3' l_1}{2(l-l_1-l_2)}
\end{cases}
\tag{5-28}
$$

摩擦力

$$\begin{cases} F_{f1}=f_x T_1 \\ F_{f2}=f_x T_2 \end{cases} \tag{5-29}$$

马达差动连接时，如图 5-12(d) 所示，其转子对滚柱连杆组的支撑力和摩擦力如下。

支撑力

$$T=P_3'+P_3'' \tag{5-30}$$

摩擦力

$$F_f=f_x T \tag{5-31}$$

式中　f_x——转子槽与滚柱连杆组的摩擦系数，使用石油基液压油时 $f_x=0.13$。

除以上分析的各力外，还受到黏性阻尼力的作用，但与其他力相比，其值远远小于上面各力，故一般忽略不计。

5.3 滚柱连杆组的参数

为了使得滚柱连杆组在转子槽内运动灵活，滚柱连杆组伸缩时留在转子槽内的最小长度应该不小于滚柱连杆组总长的 2/3，即

$$R_1-R_2+1\geqslant\frac{2}{3}l \tag{5-32}$$

所以应取：$l\leqslant 1.5(1-\alpha)R_1+1.5$，其中 α 为转子内圆半径与外圆半径的比例系数。

同理，可得出外定子曲线的升程 H 的表达式为

$$H\leqslant 0.5(1-\alpha)R_1+0.5 \tag{5-33}$$

通过对滚柱连杆组的受力分析，当液压马达工作时，滚柱连杆组在马达的吸油区，即高压油液区域受到力的作用，这个力的作用使得滚柱连杆组受到剪切变形和弯曲变形。为保证液压马达能够正常工作，必须保证滚柱连杆组有足够的抗弯强度和刚度。

先分析滚柱连杆组的剪切变形。在液压马达工作时，对于滚柱连杆组，由于液压力的作用会在转子槽内发生一定的偏转，因此滚

柱连杆组与转子槽有接触力。这个接触力大小与油液的液压侧向的作用力有关。换句话说，在进口压力一定的情况下，接触力的大小与滚柱连杆组的伸出长度有关，滚柱连杆组伸出长度越长其剪切力越大。受到的最大剪切力：$F_{max}=\frac{1}{3}p_iBl$，其剪切面积为 A，$A=sB$，由材料力学知识得，$[\tau]\leqslant\frac{F_{max}}{A}$，推导出 $s_1\geqslant\frac{p_il}{3[\tau]}$。

滚柱连杆组的最大弯矩为 M，$M_{max}=\frac{p_iBl^2}{18}$，滚柱连杆组的抗弯截面系数 $W=\frac{1}{6}Bs^2$。

由材料力学知识得，$[\sigma]\leqslant\frac{M_{max}}{W}$，得出 $s_2\geqslant l\sqrt{\frac{p_i}{3[\sigma]}}$。

由于 $s_1<s_2$，因此滚柱连杆组的垂直宽度 s 应该大于 s_2，即 $s\geqslant l\sqrt{\frac{p_i}{3[\sigma]}}$。

5.4 转子系统的动力学特性

转子是双定子叶片液压马达的最重要的部分，转子的寿命从某种意义上来说决定了整个液压马达的寿命。

5.4.1 转子系统的应力研究

由转子与左、右调整套组成双定子叶片液压马达的转子系统，材料均采用合金结构钢，其三维结构如图 5-13 所示。

转子在一定转速下工作时会产生相应的离心应力，通过对其进行应力分析可以得出转子在不同转速下其最大应力的分布规律，并可以从材料强度方面分析双定子叶片液压马达的转子所能承受的最大工作转速。

通过建立转子系统的有限元模型，并在模型上分别施加 3000～18000r/min 的转速，可以计算得出转子在不同转速下以及转子在不同工作方式下的最大应力的变化趋势，如图 5-14 所示。

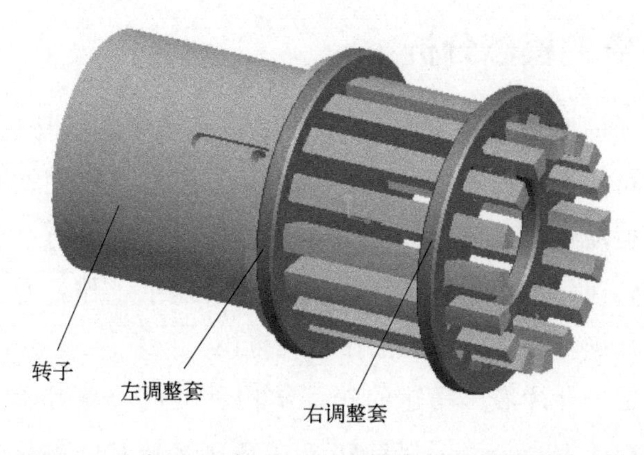

图 5-13 力偶型双定子叶片液压马达转子系统三维结构

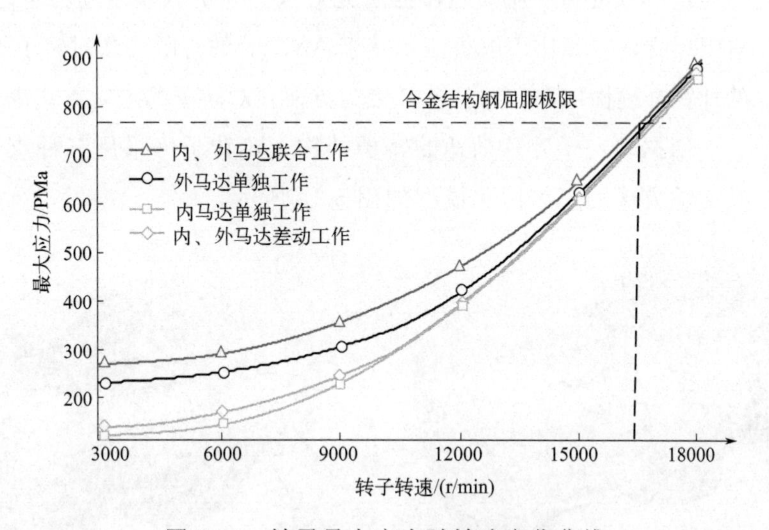

图 5-14 转子最大应力随转速变化曲线

从图 5-14 可以看出，在转子转速约小于 13000r/min 时，四种不同工作方式下的转子所受最大应力值的变化较大，而在转速大于 13000r/min 时，转子所受最大应力呈线性增加的趋势，且四种不同工作方式下的最大应力值变化不大。而在转子转速逐渐增大的过程中，内、外马达同时工作时转子所受最大应力值最大，当内、外马达同时工作且转子转速达到 16000r/min 左右时，最大应力接近合金结构钢的屈服极限 785MPa。为了防止转子的最大应力超过合金结构钢的屈服点而引起材料的失效，该双定子叶片液压马达转子的最高工作转速不应超过 16000r/min。

5.4.2 转子系统的模态分析

转子的振动特性直接关系到双定子叶片液压马达的安全运转，模态分析是一种高效准确的分析方法，被广泛应用在分析旋转机械转子的振动特性之上。通过对转子的固有频率进行分析以确定转子的临界转速，从而使转子避免在临界转速下工作，并且从振动特性的角度来确定转子的合理工作转速范围。

双定子叶片液压马达的转子结构为类似于悬臂梁结构的多个细长条结构的组合，为了保证转子在高速运转时的平稳性，其轴承的合理布置成为双定子叶片液压马达结构设计中的一个关键问题之一。因此，以双定子叶片马达作为研究对象，并引入转子动力学理论以及有限元方法（相比于解析法，基于 ANSYS 的有限元法对转子临界转速的计算准确性较高，并且计算更为方便）对转子的支承方式进行分析。

依据双定子叶片马达的转子结构，对转子可采用三种支承方式，其支承方式的三维简化模型如图 5-15 所示。

图 5-15 转子系统三种不同支承方式的三维简化模型

在利用 ANSYS 进行分析的过程中，转子系统在三种支承方式下的模型设定如图 5-16 所示。

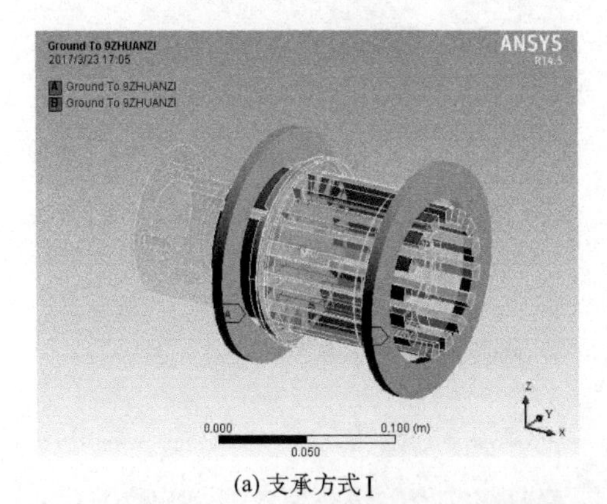

(a) 支承方式Ⅰ

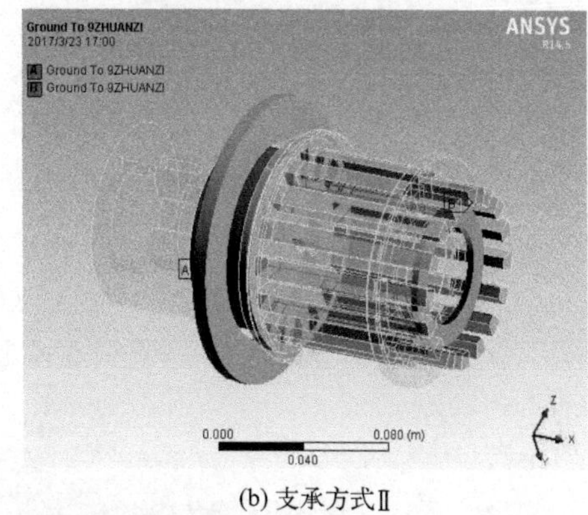

(b) 支承方式Ⅱ

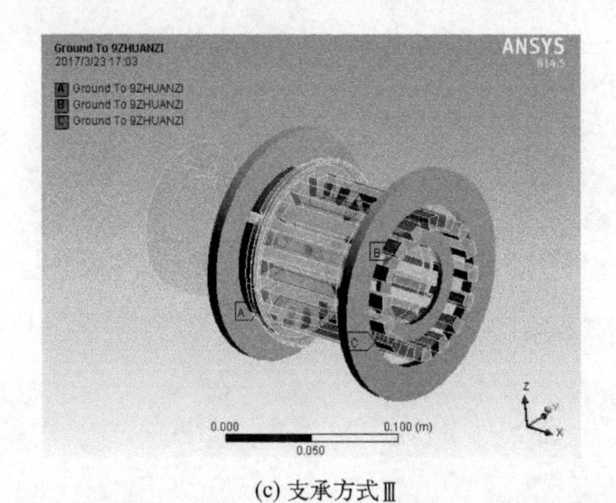

(c) 支承方式Ⅲ

图 5-16　转子系统在三种支承方式下的模型设定

利用 ANSYS 软件对转子系统进行模态求解，可得出三种不同支承方式下转子系统的一阶模态振型、二阶模态振型、三阶模态振型以及四阶模态振型，如图 5-17～图 5-19 所示。

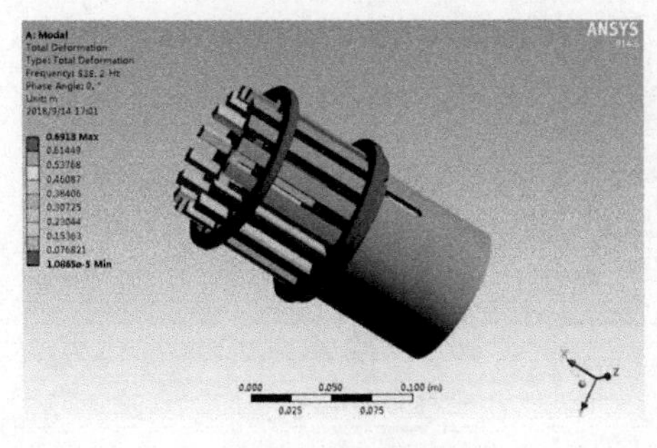

(a) 一阶模态振型

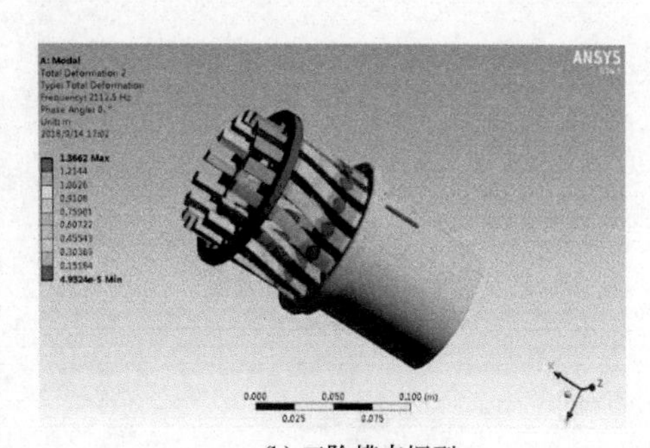

(b) 二阶模态振型

图 5-17

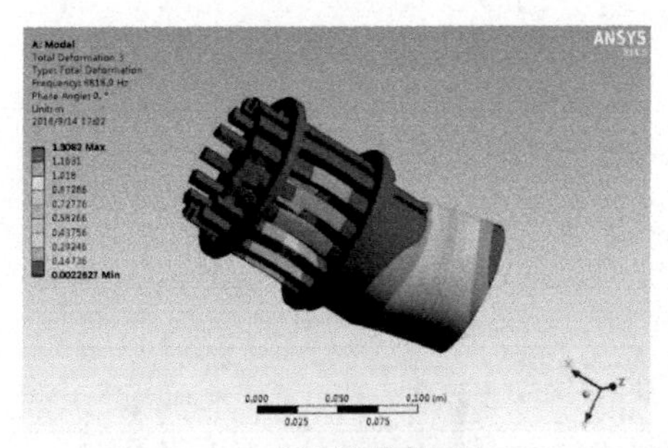

(c) 三阶模态振型

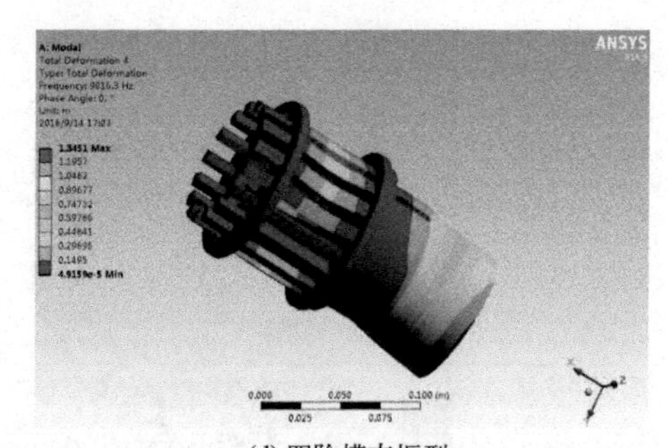

(d) 四阶模态振型

图 5-17 支承方式Ⅰ时转子系统模态振型

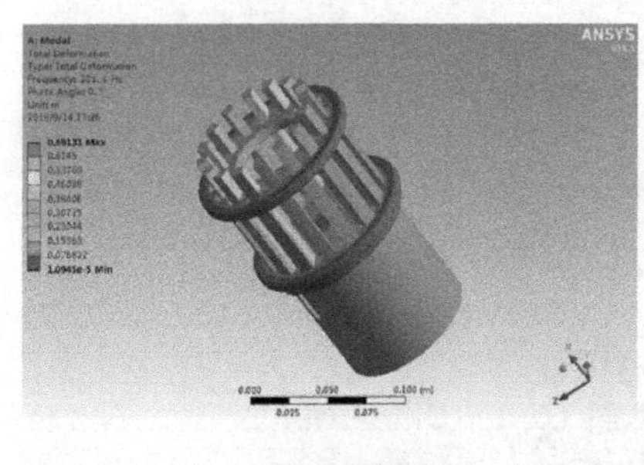

(a) 一阶模态振型

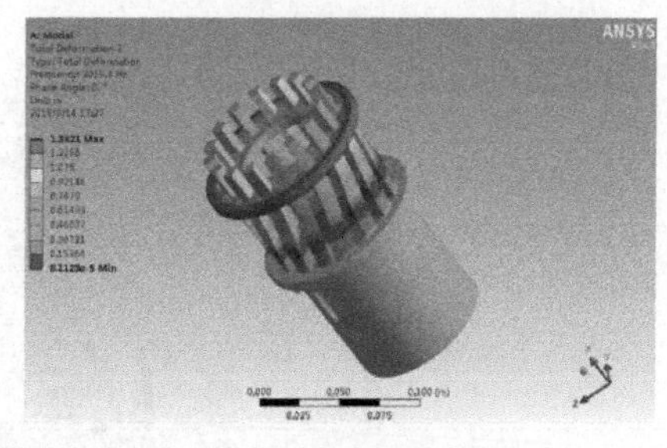

(b) 二阶模态振型

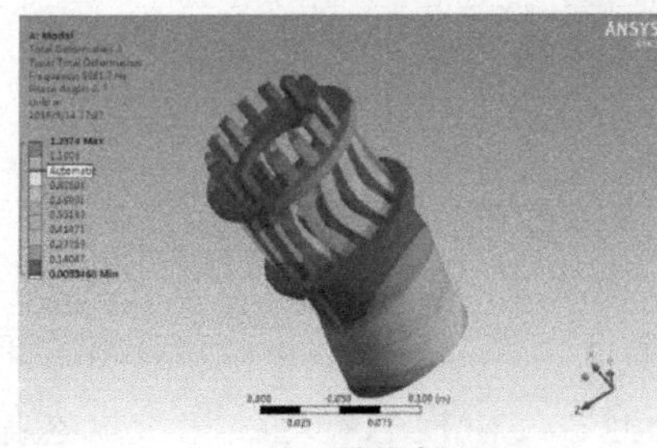

(c) 三阶模态振型

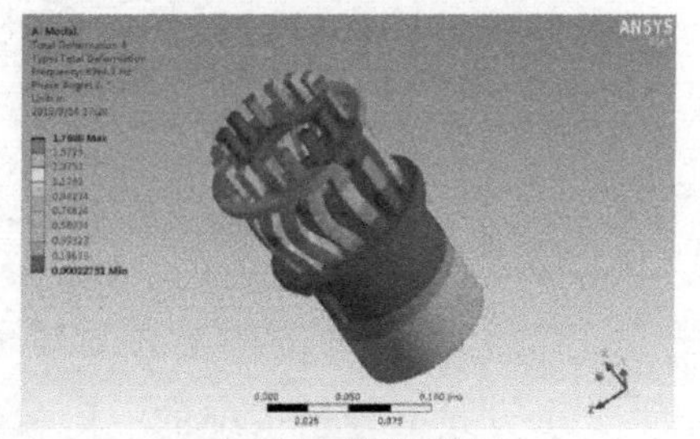

(d) 四阶模态振型

图 5-18 支承方式Ⅱ时转子系统模态振型

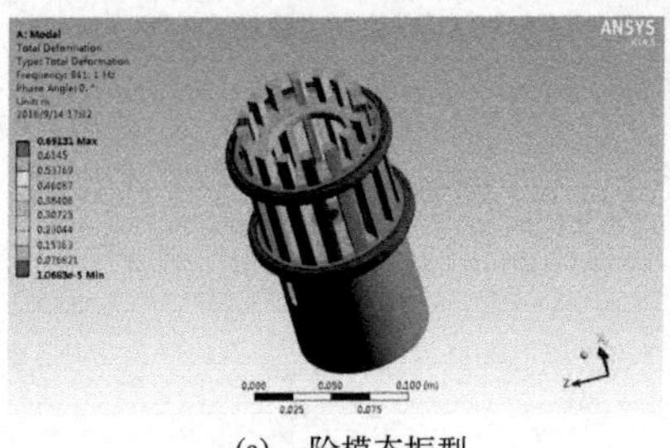

(a) 一阶模态振型

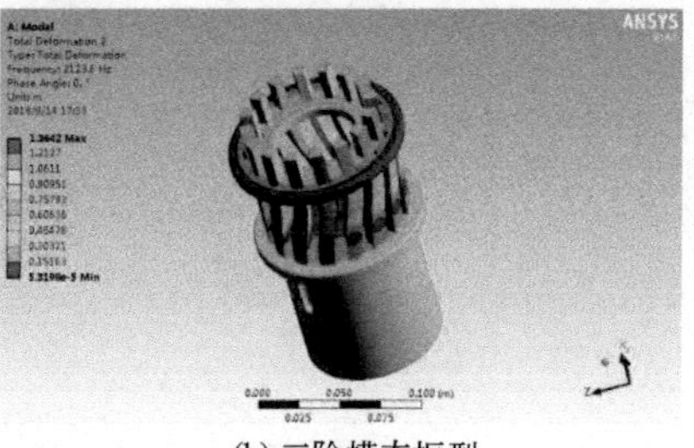

(b) 二阶模态振型

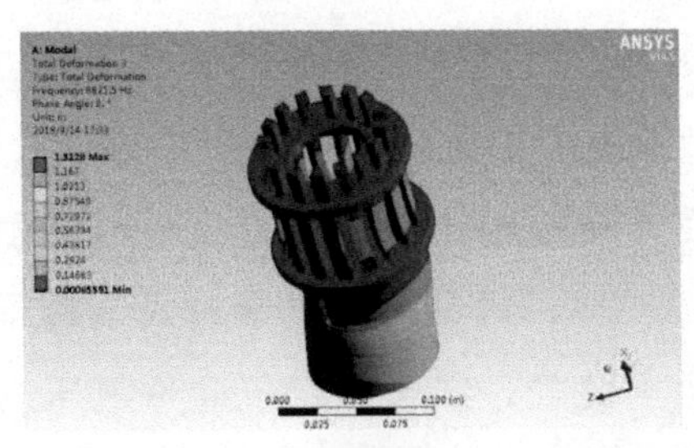

(c) 三阶模态振型

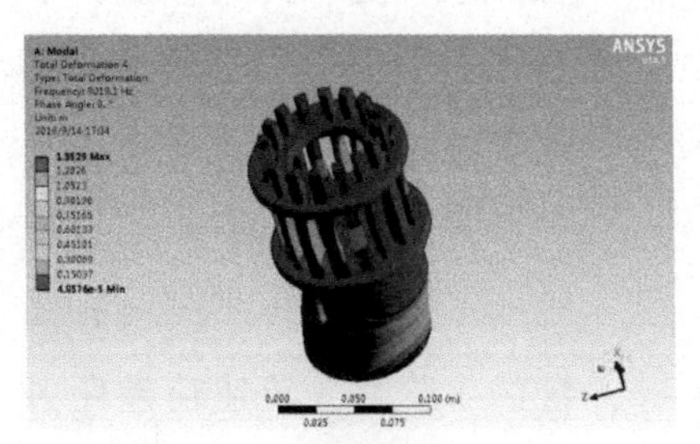

(d) 四阶模态振型

图 5-19　支承方式Ⅲ时转子系统模态振型

转子系统在三种不同支承方式下的固有频率取值如图 5-20 所示，不同支承方式转子系统模态与临界转速如表 5-2 所示。

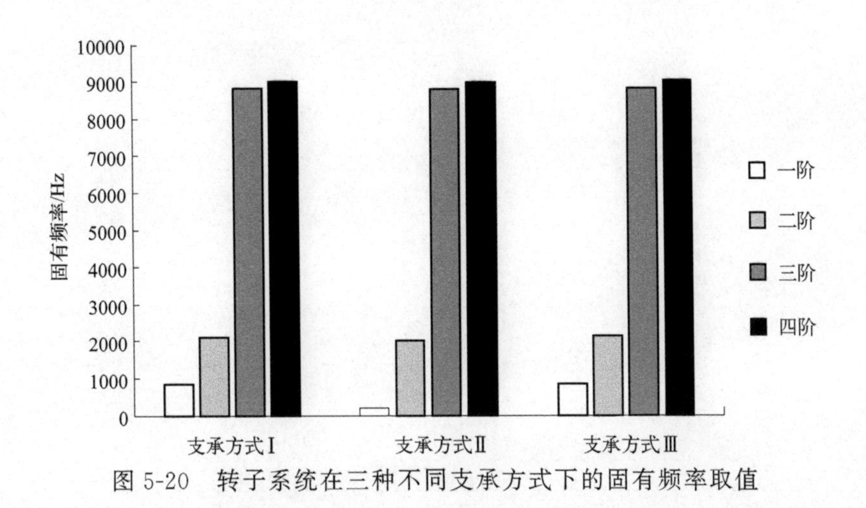

图 5-20　转子系统在三种不同支承方式下的固有频率取值

表 5-2　不同支承方式转子系统模态与临界转速

阶数	支承方式Ⅰ		支承方式Ⅱ		支承方式Ⅲ	
	频率/Hz	临界转速/(r/min)	频率/Hz	临界转速/(r/min)	频率/Hz	临界转速/(r/min)
1	838.2	50292	201.4	12084	841.1	50466
2	2112.5	126750	2019.3	121158	2123.6	127416
3	8818.9	529134	8801.7	528102	8821.5	529290
4	9016.3	540978	8964.3	537858	9019.1	541146

从表 5-2 可以看出，支承方式Ⅰ时转子系统的 1 阶临界转速为 50292r/min，支承方式Ⅱ时转子系统的 1 阶临界转速为 12084r/min，支承方式Ⅲ时转子系统的 1 阶临界转速为 50466r/min。相比于支承

方式Ⅱ，支承方式Ⅰ下转子系统的1阶临界转速升至支承方式Ⅱ下转子系统的1阶临界转速的4.16倍，支承方式Ⅲ下转子系统的1阶临界转速升至支承方式Ⅱ下转子系统的1阶临界转速的4.18倍。而支承方式Ⅰ时转子系统的1阶临界转速相比于支承方式Ⅲ时转子系统的1阶临界转速仅仅升高了0.35%，可见两种支承方式下转子系统的1阶临界转速值差距并不大。此外，结合双定子叶片液压马达的装配难易程度，故选取第一种支承方式。

第6章 双定子叶片泵及马达的输出特性

6.1 平衡式双定子叶片泵的输出特性

6.2 平衡式双定子泵排油流道流场数值模拟实例

6.3 双定子马达的输出特性

双定子叶片泵和马达通过不同的连接方式可实现不同的工作形式，因此也有不同的流量、压力与转速、转矩的输出。液压泵与马达的输出特性不仅关乎液压传动系统的平稳传动，而且会使液压传动系统产生噪声污染。

6.1 平衡式双定子叶片泵的输出特性

在传统的双作用叶片泵中，高、低压油腔各自成对地对称分布，转子受到的轴向力与径向力都是平衡的，提高了轴承的工作寿命，降低了磨损。对于双定子泵，也可采用类似的方法，称为平衡式双定子泵。

6.1.1 平衡式双定子泵的原理

以双作用平衡式双定子泵为例，其工作原理如图 6-1 所示。

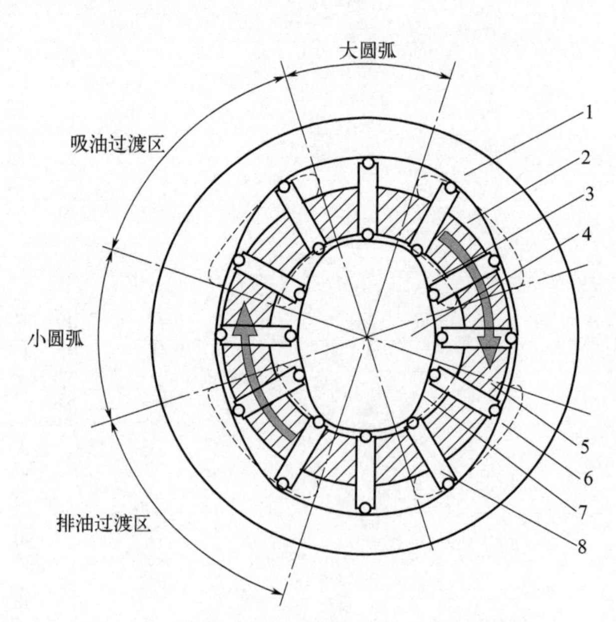

图 6-1 平衡式双定子泵的工作原理简图

1—外定子；2—外泵排油腔；3—内泵吸油腔；4—内定子；5—转子；6—外泵吸油腔；7—内泵排油腔；8—叶片

在双作用平衡式双定子泵中，滚柱连杆结构的叶片 8 均匀分布于爪形转子 5 中，当泵轴带动转子转动时，叶片在内定子 4、外定子 1 的外、内表面的正压力和离心力作用下伸出、缩入。这样，两相邻叶片的侧表面、外定子的内表面、爪形转子的外表面及两侧板就形成了一个位于转子外部的变化的密封容积；两相邻叶片的侧表面、内定子的外表面、爪形转子的内表面及两侧板形成了一个位于转子内部的一个密封容积。于是形成了八个独立的密封容腔，四个位于转子外部，四个位于内部。当转子顺时针转动时，处于吸油过渡区的四个密封容积不断扩大，油液从泵的进口同时进入内、外四个密封容腔中。处于排油过渡区的四个密封容腔同时不断减小，油液便被排出。这就是平衡式双定子泵的吸压油过程。

为了易于表达，定义外定子、转子、叶片及左右侧板组成平衡式双定子泵的外泵；内定子、转子、叶片及左右侧板组成平衡式双定子泵的内泵。平衡式双定子泵由一个内泵与一个外泵组成。平衡式双定子泵的四个吸油腔相互连通并共用一个吸油口，两个相对称的压油腔共用一个排油口，在泵壳上共有两个排油口和一个吸油口。由于泵中四个吸油区与四个压油区是对称布置的，因此实现了泵轴及转子在径向上所受液压力的平衡，这也是其名称的由来。当选用合理的定子曲线时，理论上可以有多作用的平衡式双定子泵。

平衡式双定子泵是在双定子泵/马达系列元件研究基础上的一种新型的液压泵。它的内、外定子分别采用多对直径不相等的圆弧，保证了较好的泵输出流量的均匀性，转子受力平衡，有利于轴承的工作。叶片采用滚柱连杆组的形式，尖端为滚柱，中间为连杆，工作时于内、外定子外表面上边滑动边滚动，将叶片尖端与定子内、外表面间磨损的矛盾转化为滚柱与连杆间的磨损，磨损后滚柱连杆组能够实现自动补偿，易于维修，且能保持较高的容积效率。叶片在转子槽中的伸出和缩入是在离心惯性力与内、外定子表面对叶片的正压力的联合作用下完成的，定子的过渡曲线在理论上不受“叶片脱空”的限制。

6.1.2 平衡式双定子泵密封容积的形成机理

传统的叶片泵是将高压油引入叶片底部，靠油液压力、离心力共同作用，将叶片尖端紧贴并跟随在定子曲线上，叶片式液压马达还需要回程装置；而在双定子泵中，同一个叶片的内、外端分别与内、外定子接触，随着转子的旋转，内、外定子对叶片的正压力迫使叶片在转子槽中周期性地伸出与缩入，形成了双定子泵周期性改变的密闭容腔。因此，平衡式双定子泵的诸多原理特性便与传统的叶片泵有着本质性的差别。

(1) 平衡式双定子泵的工作状态

平衡式双定子泵由多个内/外泵组成，有多种工作方式，因此首先需要明确该泵在不同的工作状态下叶片的受力状态，研究各种工作方式时各个叶片的通油状态。内泵单独工作时高压油液的分布情况示意如图 6-2 所示。此时，外泵卸荷，连杆滚柱组的内滚柱不仅受到离心惯性力的作用，而且受到高压油液的作用，在这两种力的联合作用下使内滚柱与内定子间的间隙消除。外定子对应于内泵受到高压油作用的部分受到滚柱的压力在此刻较大。

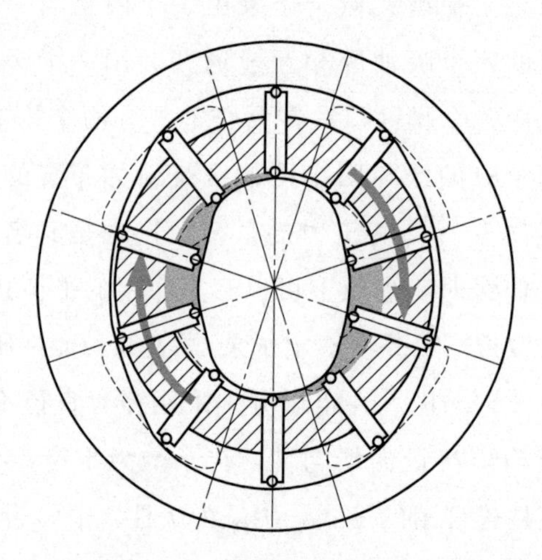

图 6-2　内泵单独工作时高压油液的分布情况示意

外泵单独工作时高压油液的分布情况示意如图 6-3 所示。此时，内泵卸荷，连杆滚柱组的外滚柱受到高压油液的作用和与之方向相反的离心惯性力的作用，两者压力之差使外滚柱与外定子间的间隙消除。内定子对应于外泵中的高压油液区域受到的滚柱对其的压力在此刻较大。

内、外泵联合工作时高压油液的分布情况示意如图 6-4 所示。此时，内、外泵同时向系统供油，处于外泵中的外滚柱不仅受到离心惯性力的作用，而且受到高压油液的作用，在这两种力的联合作用下使内滚柱与内定子间的间隙消除；处于内泵中的滚柱也同时受到上述两种力的作用，在它们的联合作用下使外滚柱与外定子间的间隙消除；处于封油区的叶片两端均受到相同压力的油液作用，其所受合力为零。定子曲线受作用力较大的部分依然是与内、外泵中受高压油作用部分所对应的外、内定子曲线区域。

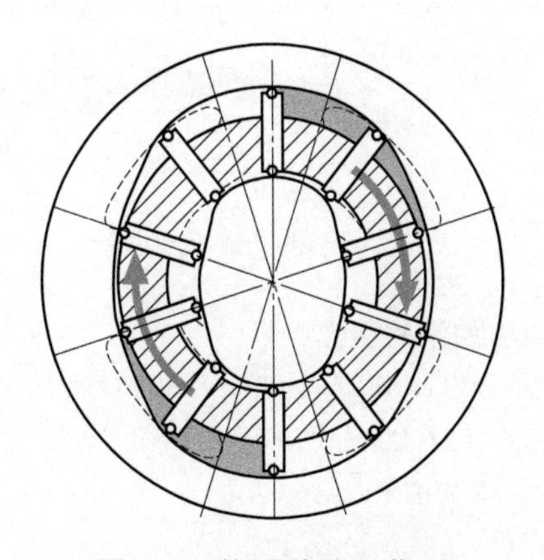

图 6-3　外泵单独工作时高压油液的分布情况示意

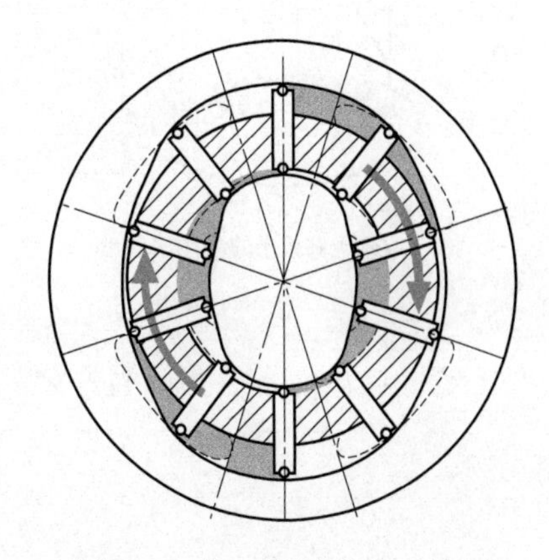

图 6-4　内、外泵联合工作时高压油液的分布情况示意

（2）连杆双滚柱叶片结构密封容积的形成

① 外泵的密封。当泵工作时，外泵外接负载后，处于高低压分界处的滚柱在油液压力、摩擦力与离心惯性力的推动下产生偏心，压紧外定子与连杆凹槽，这样滚柱、连杆、转子、外定子与左右侧板组成了外泵的密封容积。转速稳定，滚柱处于外定子曲线大圆弧段上的高低压油分界处时，滚柱受力如图 6-5(a) 所示。

滚柱的尺寸远小于定子曲线的曲率半径，运转时各部分的润滑良好，在不考虑油液的压缩性及滚动摩阻的前提下，可得关于正压力 F_{N1}、F_{N2} 的方程组。

$$\begin{cases} F_{N2}\cos\theta + F_{f2}\sin\theta + P_{y1} = 0 \\ F_{f1} - F_{f2} - P_{y1} \times \dfrac{r}{2} \times \sin\theta + \dfrac{1}{2}PBr^2\sin^2\theta = 0 \\ F_{N1} = F_{N2}\cos\theta - F_{f2}\sin\theta + F_{r1} + P_{y1} \end{cases} \tag{6-1}$$

式中　P——油液压力，Pa；

θ——滚柱的偏转角。

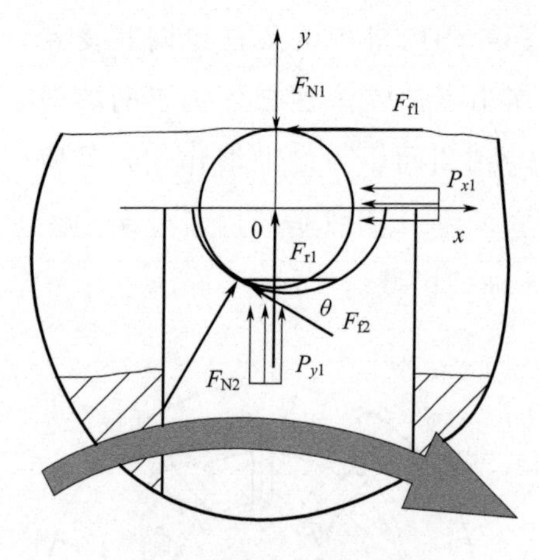

(a) 大圆弧上的滚柱

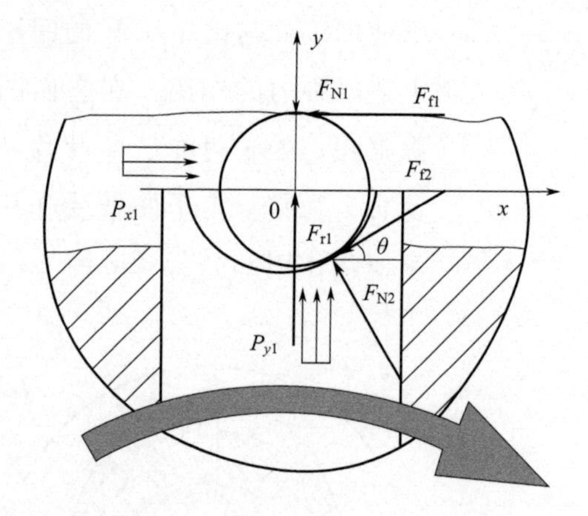

(b) 小圆弧上的滚柱

图 6-5 外泵中的滚柱受力

P_{x1}，P_{y1}—油液压力 x、y 方向的分力，N；F_{r1}—离心惯性力，N；
F_{f1}，F_{f2}—摩擦力，N；F_{N1}—定子对滚柱的正压力，N；
F_{N2}—连杆槽对滚柱的正压力，N

由式(6-1) 得，在压力、转速较高，摩擦系数较小时，F_{N2} 为滑动摩擦力，推出

$$\begin{cases} F_{N1}=PBr\sin\theta+\omega^2 l_1 m+\dfrac{PBr(1+\cos\theta)(\cos\theta+u_2\sin\theta)}{\sin\theta-u_2(1+\cos\theta)} \\ F_{N2}=\dfrac{PBr(1+\cos\theta)}{\sin\theta-u_2(1+\cos\theta)} \end{cases} \tag{6-2}$$

式中 B——连杆宽度，mm；

u_2——滑动摩擦系数；

r——滚柱的半径，mm；

l_1——外定子大圆弧的半径与滚柱半径的差值，mm；

m——滚柱的质量，kg；

ω——转子角速度，rad/min。

同理，滚柱处于外定子曲线小圆弧段上时，受力如图 6-5(b) 所示。可得

$$\begin{cases} F_{N1}=PBr\sin\theta+\omega^2 l_2 m+\dfrac{PBr(1+\cos\theta)(\cos\theta-u_2\sin\theta)}{\sin\theta+u_2(1+\cos\theta)} \\ F_{N2}=\dfrac{PBr(1+\cos\theta)}{\sin\theta+u_2(1+\cos\theta)} \end{cases} \tag{6-3}$$

式中　l_2——外定子小圆弧半径与滚柱半径之差，mm。

通过式(6-2) 和式(6-3) 可以看出，控制好各接触面的摩擦系数，θ 角可以在一定范围内变动，加之两侧板、定子、转子，外泵的密闭容积便形成了。由于高压油与外定子对滚柱的摩擦力方向一致，因此滚柱在大圆弧上时所受正压力更大，平衡式双定子泵的外泵应首先满足在外泵小圆弧上的密封。

② 内泵的密封。内、外泵分别单独工作或是联合工作，当平衡式双定子泵的运转速度较稳定时，处于内泵中的滚柱在大圆弧上与小圆弧上时的受力如图 6-6 所示。

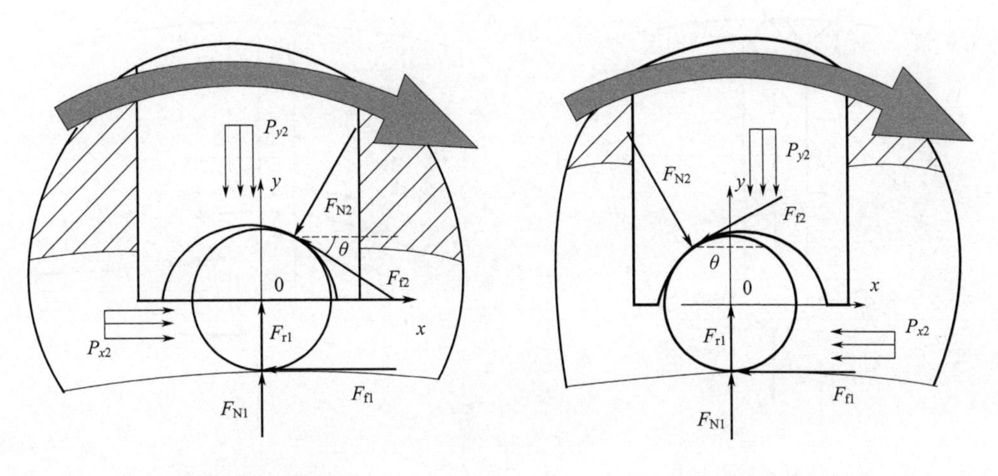

图 6-6　处于内泵中的滚柱在大圆弧上与小圆弧上时的受力

同理，由于滚柱的尺寸远小于定子曲线的曲率半径，运转时各部分的润滑良好，在不考虑油液的压缩性及滚动摩阻的前提下可得各接触面的正压力为

$$\begin{cases} F_{N1}=PBr\sin\theta-\omega^2 l_2 m+\dfrac{PBr(1+\cos\theta)(\cos\theta-u_2\sin\theta)}{\sin\theta+u_2(1+\cos\theta)} \\ F_{N2}=\dfrac{PBr(1+\cos\theta)}{\sin\theta+u_2(1+\cos\theta)} \end{cases} \tag{6-4}$$

当滚柱处于内定子曲线的小圆弧上时，如图 6-6(b) 所示，各接触面的正压力为

$$\begin{cases} F_{N1}=PBr\sin\theta-\omega^2 l_2 m+\dfrac{PBr(1+\cos\theta)(\cos\theta+u_2\sin\theta)}{\sin\theta-u_2(1+\cos\theta)} \\ F_{N2}=\dfrac{PBr(1+\cos\theta)}{\sin\theta-u_2(1+\cos\theta)} \end{cases} \tag{6-5}$$

比较式(6-4)和式(6-5)并分析可得，应首先满足内定子大圆弧处的密封。

(3) 连杆外滚柱结构密封容积的形成

连杆外滚柱结构外泵密封容积的实现与双滚柱结构相同，这里不再赘述。内、外泵联合工作，连杆在大圆弧上与小圆弧上的受力如图 6-7 所示。

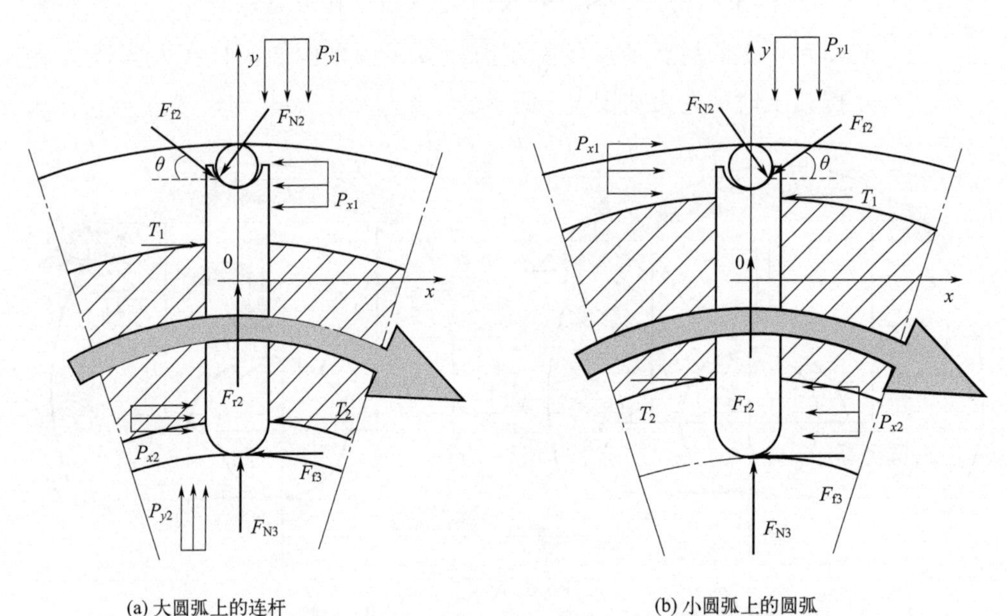

图 6-7 连杆在大圆弧上与小圆弧上的受力

用 P 表示高压油压力，低压油压力为 0，则连杆外端与内端的压力差为 $PBR\sin\theta$。位于大圆弧上的连杆正压力为

$$F_{N3}=PRB\sin\theta-\omega^2 l_2 M+\frac{PBr(1+\cos\theta)(\cos\theta-u_2\sin\theta)}{\sin\theta+u_2(1+\cos\theta)} \quad (6\text{-}6)$$

位于小圆弧上的连杆正压力为

$$F_{N3}=PRB\sin\theta-\omega^2 l_2 M+\frac{PBr(1+\cos\theta)(\cos\theta+u_2\sin\theta)}{\sin\theta-u_2(1+\cos\theta)} \quad (6\text{-}7)$$

由式(6-6)与式(6-7)得：内定子外表面所受到连杆的正压力与滚柱的半径 r、连杆的宽度 B、油液的压力 P 及转速 ω 有关，且此时的正压力小于内、外泵联合作用的情况，因此在设计双定子多泵时应该首先满足连杆处于大圆弧时内定子对连杆的正压力的压紧的条件。

(4) 径向间隙补偿

双定子泵在平稳运转的过程中必然会有间隙产生和磨损现象的发生，而间隙和磨损现象直接影响到双定子泵的效率问题。因此，为了保证泵的效率，必须解除间隙和磨损问题。

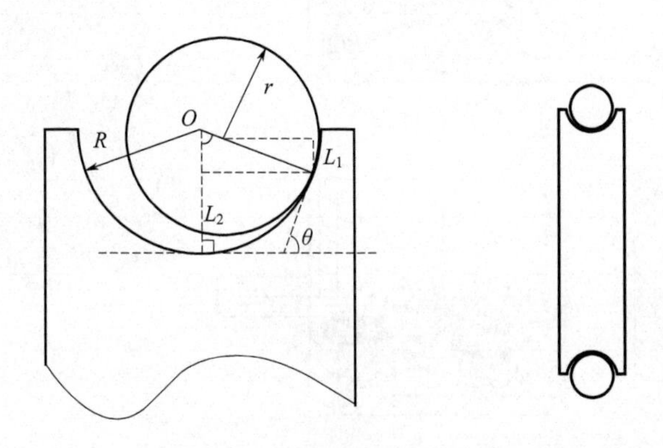

图 6-8　径向间隙补偿示意

L_1—滚柱与连杆槽切点到滚柱圆心的径向距离；L_2—连杆槽底部到滚柱与连杆槽切点的径向距离；R—连杆槽半径；r—滚柱半径

当以简单的圆弧为连杆凹槽曲线时，如图 6-8 所示，可得一侧滚柱连杆的径向长度改变 ΔS 为

$$\Delta S = L_1 + L_2 - r = (R-r)(1-\cos\theta) = (R-r)(1-\cos\theta) \quad (6\text{-}8)$$

由式(6-8) 可知，双定子泵的间隙补偿问题主要取决于滚柱在运转过程中的偏角 θ 、滚柱半径和连杆槽半径的差值。双定子泵在进行设计的过程中，为了使得间隙问题得到非常好的改善，应有效确定滚柱的偏转角范围与连杆槽的形状。

6.1.3　平衡式双定子泵的结构设计

双定子泵中有多个外泵和多个内泵，且转子在轴向上不对称。这为平衡式双定子泵的结构实现带来了困难，需要对泵中更多数量的高低压油腔的平衡问题进行研究，同时还需要考虑合理布置吸、排油口，解决密封问题。

(1) 平衡式双定子泵的结构方案一

如图 6-9 所示为平衡式双定子泵方案一的结构简图。

由图 6-9 可见，该泵由左、右泵体 1 和 7，右端盖 8 构成泵壳；

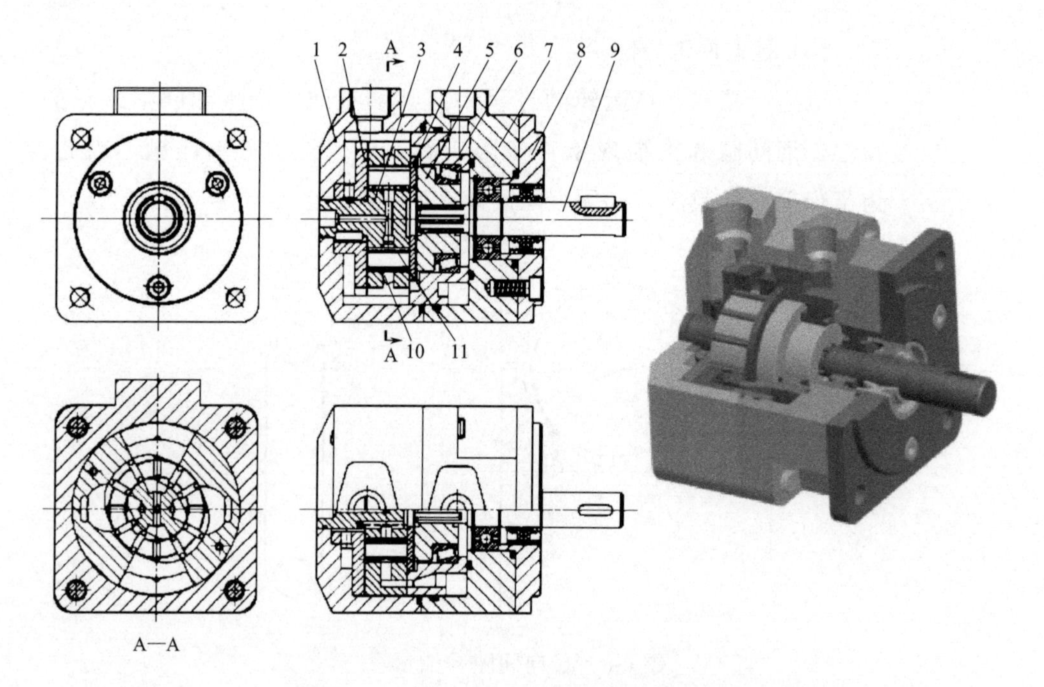

图 6-9　平衡式双定子泵方案一的结构简图

1—左泵体；2—左侧板；3—内定子；4—右动侧板；5—转子；6—右静侧板；7—右泵体；8—右端盖；9—泵轴；10—外定子；11—叶片

由左侧板 2、内定子 3、外定子 10、右动侧板 4、转子 5、右静侧板 6 及泵轴 9 组成泵芯；叶片 11 为滚柱连杆组结构。其中，泵芯通过长定位销或定位螺钉固定并定位在泵壳上，以保证平衡式双定子泵的吸、压油配流窗口位置与内、外各定子曲线相对应。转子 5 为爪形结构，其上开有叶片槽，叶片 11 可以在爪形转子槽内沿径向滑动，叶片两端滚柱体分别与内、外定子的外、内表面接触。泵轴 9 通过花键带动转子 5 转动，其支撑在滚动轴承和圆锥滚子轴承上。该泵的设计额定工作压力 6.3MPa。

平衡式双定子泵不仅具有转子径向受力平衡的优点，而且能够实现三种成比例流量的输出，即外泵单独工作、内泵单独工作、内外泵联合工作三种工作状态。内、外泵联合工作时的油液状况如图 6-10 所示。

油液从吸油口被吸入，一部分进入外泵，一部分经左侧板上的肾形配流槽进入内泵。由于内、外泵的排油口外接负载（同一负载或者两个独立的负载），因此此时叶片均一端处于高压油液中，另

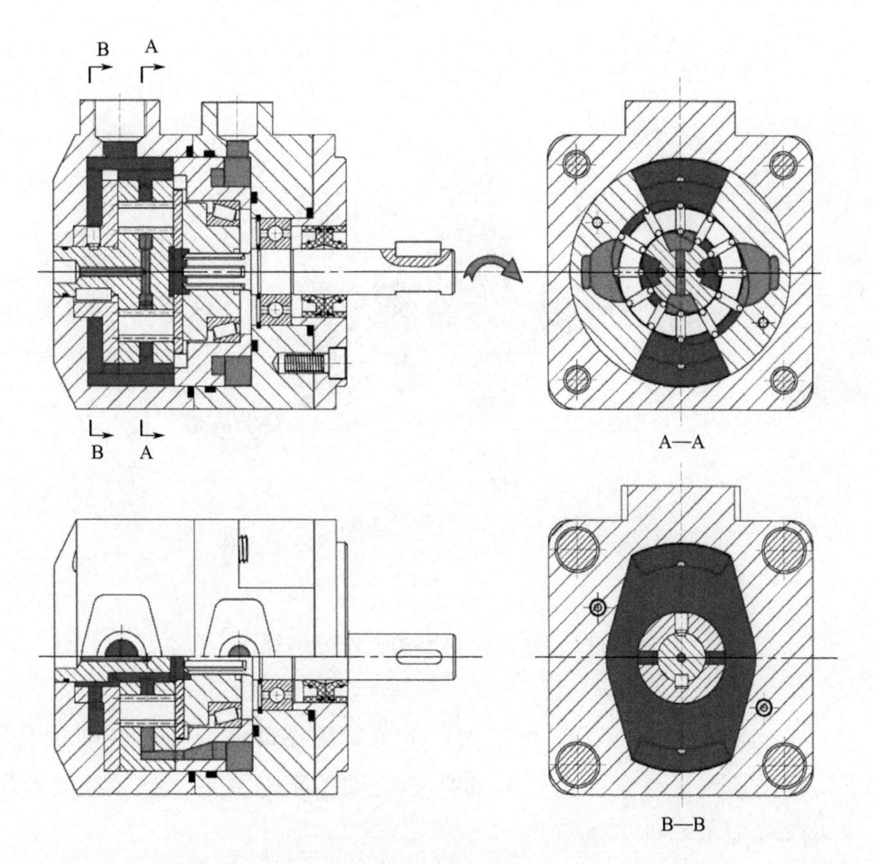

图 6-10　方案一内、外泵联合工作时的油液状况

一端处于低压油液中；同理，外泵单独工作时，低压油液由吸油口被吸入，一部分通过外定子开的吸油口进入外泵，一部分通过左侧板上的肾形配流槽进入内泵。由于外泵排油口外接负载，内泵排油口接回油箱，因此此时内泵中充满低压油液，叶片内端处于低压油液之中；内泵单独工作时，油液被吸入后，一部分进入外泵，一部分经左侧板上的肾形配流槽进入内泵。由于内泵的排油口外接负载，外泵的排油口未接负载，此时外泵中充满低压油液，叶片外端处于低压油液之中；内、外泵同时卸荷时，油液从吸油口被吸入，一部分进入外泵，一部分经左侧板上的肾形配流槽进入内泵。此时由于内、外泵均卸荷，因此叶片完全处于低压油液之中。

为了方便直观地观察与检查装配效果，使用建模工具对平衡式双定子泵进行了三维建模。模型的三维分解视图如图 6-11 所示。

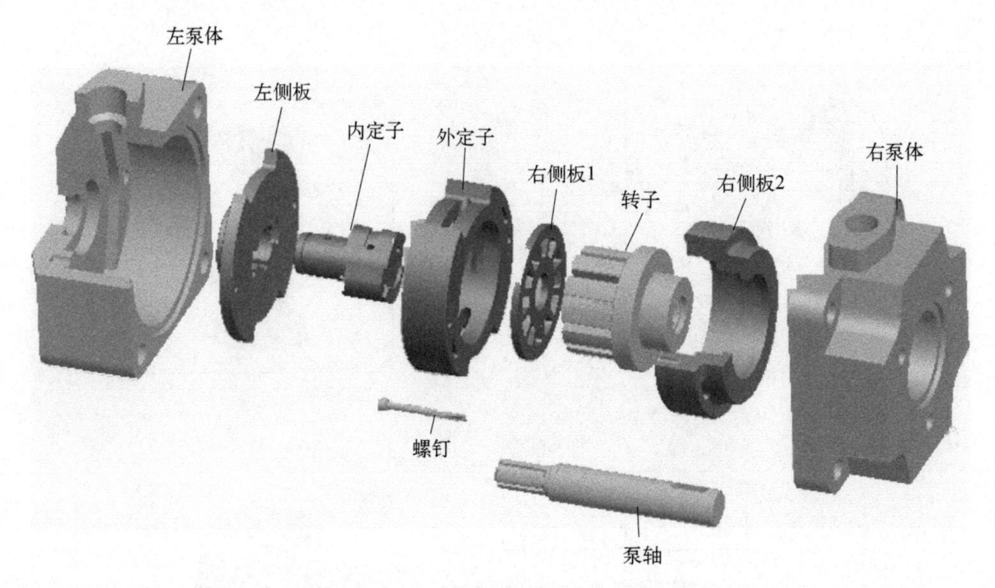

图 6-11 方案一模型的三维分解视图

图 6-11 描绘了平衡式双定子泵关键零部件的轴向分解状态，可清晰地观察该泵的主要零部件形状以及装配关系，为后续工程图及零件加工提供了便利。

（2）平衡式双定子泵的结构方案二

由于双定子泵转子轴向不对称，故方案一中采用了较大的圆锥滚子轴承以平衡转子所受轴向力。虽然方案一有种种好处，但大圆锥滚子轴承将不利于泵寿命的提高。

为了避免采用大轴承，提出了平衡式双定子泵的方案二，如图 6-12 所示。该方案采用液压力平衡的思想，将转子两侧的高压油液压力抵消掉一部分，并采用两个面对面配置的轴承，即圆锥滚子轴承与角接触球轴承。泵在工作时，将其预紧可保证轴向定位精度，并可以承受一定的周期性波动的液压力。该方案与方案一相比结构更紧凑，转子受力特性更好，同时保留了油口方向可调、定位准确等优点。

如图 6-12 所示为平衡式双定子泵方案二的结构简图。与方案一相同，该泵由左、右泵体和右端盖构成泵壳；由左侧板、内定子、外定子、右动侧板、转子、右静侧板及泵轴组成泵芯；叶片为滚柱连杆组结构。其中，泵芯通过长定位销或定位螺钉固定并定位在泵

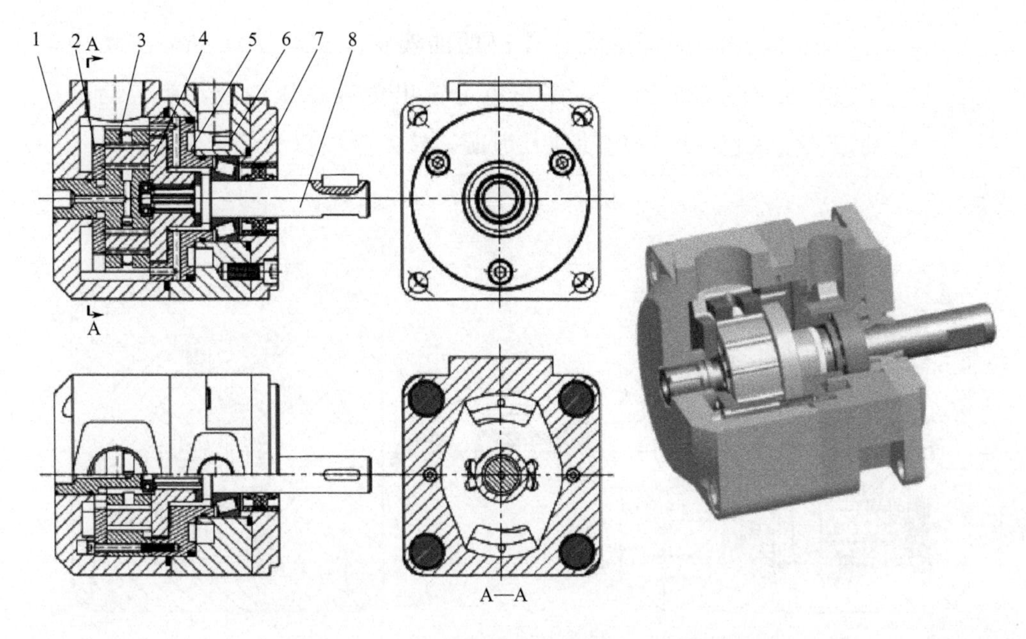

图 6-12　平衡式双定子泵方案二的结构简图

1—左泵体；2—左侧板；3—内定子；4—外定子；5—转子；6—右侧板；7—右泵体；8—泵轴

壳上，以保证平衡式双定子泵的吸、压油配流窗口位置同内、外各定子曲线相对应。转子为爪形结构，其上开有叶片槽，叶片可以在爪形转子槽内沿径向滑动，叶片两端滚柱体分别与内、外定子的外、内表面接触。泵轴通过花键带动转子转动，支撑在滚动轴承和圆锥滚子轴承上，内定子通过花键与泵壳轴向定位。平衡式双定子泵方案二剖视图如图 6-13 所示。

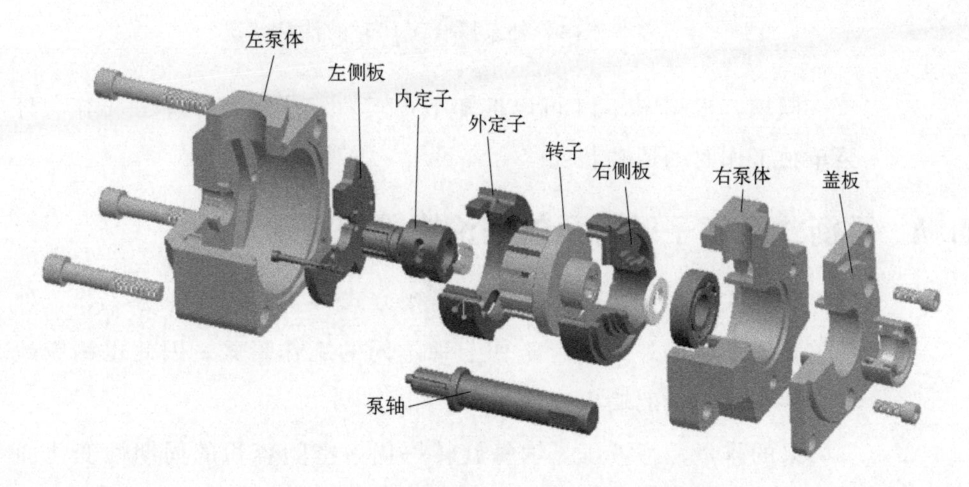

图 6-13　平衡式双定子泵方案二剖视图

该方案内、外泵联合工作时的油液状况如图 6-14 所示。图中转子按箭头所示方向旋转，深灰色为输出负载高压油液，黑色为低压油液，浅灰色为泵壳内油液及泄漏，接入吸油口为低压油液。

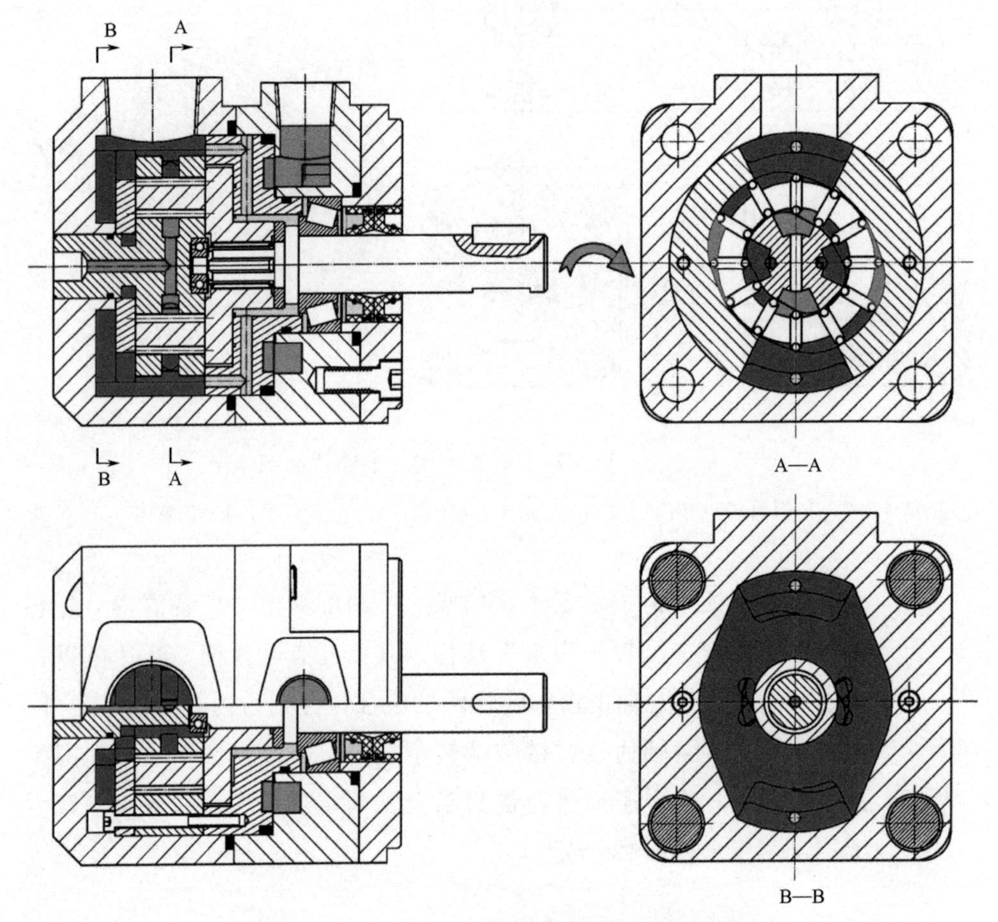

图 6-14 方案二内、外泵联合工作时的油液状况

同理，根据图 6-14 可以推知平衡式双定子泵内泵单独工作、外泵单独工作时的通油状况。

6.1.4 平衡式双定子叶片泵的理论排量与流量

平衡式双定子泵通过不同的连接方式可实现内泵单独工作、外泵单独工作、内外泵联合工作三种不同的工作形式，因此也相应地有三种不同流量的输出。

泵的排量是指液压泵轴每旋转一周，密闭容积的周期性变化而得出的泵排出的油液体积，与泵的结构有关。平衡式双定子泵有内、外两个泵，因此通过不同的组合方式便可得出不同的流量输出。

以 N 作用平衡式双定子泵外泵单独供油为例，分析可知转子旋转一周，外泵排出油液体积 V_w 为

$$V_w = \pi BN(R_w^2 - r_w^2) - NsB\left(\int \sum_{i=1}^{m} d\rho_i\right)_0^{2\pi} \quad (6\text{-}9)$$

式中 $\left(\int \sum_{i=1}^{m} d\rho_i\right)_0^{2\pi}$——滚柱连杆组在泵的一个作用周期内经压油区时的径向长度变化之和，mm；

N——平衡式双定子泵的作用数；

B——定子的宽度，等于连杆宽度，mm；

R_w——外定子大圆弧半径，mm；

r_w——外定子小圆弧半径，mm；

m——处于压油过渡区上的连杆滚柱组数；

s——滚柱连杆组厚度，mm。

因此，外泵理论排量 V_{tw} 为

$$V_{tw} = \pi BN(R_w^2 - r_w^2) - NsBz(R_w - r_w) \quad (6\text{-}10)$$

内泵的理论排量 V_{tn} 为

$$V_{tn} = \pi BN(R_n^2 - r_n^2) - NsBz(R_n - r_n) \quad (6\text{-}11)$$

式中 R_n——外定子曲线的长轴半径；

r_n——外定子曲线的短轴半径。

内、外泵同时供油时，理论排量 V_t 为

$$V_t = V_{tw} + V_{tn} = \pi BN[(R_w^2 - r_w^2) + (R_n^2 - r_n^2)] - NsBz[(R_w - r_w) + (R_n - r_n)] \quad (6\text{-}12)$$

分析可知，定子的宽度 B、外定子大圆弧半径 R_w、外定子小圆弧半径 r_w、滚柱连杆组的数目等都直接影响到平衡式双定子泵的排量，并且双定子泵的排量将会随着定子的宽度值的增大而增大，随着大圆弧与小圆弧差值的增大也逐渐增大。

三种供油方式下，泵的理论流量为

$$\begin{cases} Q_{tw} = n[\pi BN(R_w^2 - r_w^2) - NsBz(R_w - r_w)] \\ Q_{tn} = n[\pi BN(R_n^2 - r_n^2) - NsBz(R_n - r_n)] \\ Q_t = \pi nBN[(R_n^2 - r_n^2) + (R_w^2 - r_w^2)] - NsBzn[(R_n - r_n) + (R_w - r_w)] \end{cases} \quad (6\text{-}13)$$

6.1.5 双定子叶片泵的流量波动性分析

(1) 瞬时流量

众所周知，液压泵存在着流量波动性，而这种波动性是双定子泵在工作的过程中密闭容积的不均匀性瞬时变化造成的。在此设定平衡式双定子泵工作运行平稳，则作用数为 N 的平衡式双定子泵的内泵与外泵在 $\mathrm{d}t$ 时间内分别排出的液压油的体积如下。

$$\begin{cases} \mathrm{d}V_{\mathrm{n}} = \dfrac{B}{2}N(R_{\mathrm{n}}^2 - r_{\mathrm{n}}^2)\mathrm{d}\varphi - N\displaystyle\sum_{i=1}^{m} v_i sB\,\mathrm{d}t \\ \mathrm{d}V_{\mathrm{w}} = \dfrac{B}{2}N(R_{\mathrm{w}}^2 - r_{\mathrm{w}}^2)\mathrm{d}\varphi - N\displaystyle\sum_{i=1}^{m} v_i sB\,\mathrm{d}t \end{cases} \tag{6-14}$$

式中，$v_i = \dfrac{\mathrm{d}\rho_i}{\mathrm{d}t} = \left(\dfrac{\mathrm{d}\rho}{\mathrm{d}\varphi}\right)_i \dfrac{\mathrm{d}\varphi}{\mathrm{d}t} = \omega\left(\dfrac{\mathrm{d}\rho}{\mathrm{d}\varphi}\right)_i$。

根据泵的瞬时流量公式 $Q_{\mathrm{sh}} = \dfrac{\mathrm{d}V}{\mathrm{d}t}$，可得不同工作状态下，平衡式双定子泵的瞬时流量。

外泵单独供油时，其瞬时流量 Q_{shw} 为

$$Q_{\mathrm{shw}} = \frac{B}{2}\omega N(R_{\mathrm{w}}^2 - r_{\mathrm{w}}^2) - NsB\omega\sum_{i=1}^{m}\left(\frac{\mathrm{d}\rho}{\mathrm{d}\varphi}\right)_i \tag{6-15}$$

内泵单独供油时，其瞬时流量 Q_{shn} 为

$$Q_{\mathrm{shn}} = \frac{B}{2}\omega N(R_{\mathrm{n}}^2 - r_{\mathrm{n}}^2) - NsB\omega\sum_{i=1}^{m}\left(\frac{\mathrm{d}\rho}{\mathrm{d}\varphi}\right)_i \tag{6-16}$$

由式(6-15) 与式(6-16) 可知：若 $\displaystyle\sum_{i=1}^{m}\left(\frac{\mathrm{d}\rho}{\mathrm{d}\varphi}\right)$ 为一个常数，则多作用平衡式双定子泵的流量波动性在理论上为零。滚柱连杆组的数量以及定子曲线的选取都直接对双定子泵的瞬时流量产生影响。此外，由于安装造成的滞后角和双定子泵的初始相位角均对平衡式双定子泵三种不同工作方式下的瞬时流量有重要的影响。

(2) 一个内（外）泵的流量波动性

N 作用的双定子泵包括 N 个内泵与 N 个外泵，有多种不同的组合方式。因此，不同组合方式下的流量波动性也是不同的。这里先从简单的一个内泵或一个外泵单独工作时的流量波动性进行分析。

若滚柱连杆组的数量 z_1 在一个作用周期内是奇数，则处于排油

过渡区内的滚柱连杆组的数目是变化的。如图 6-15 所示，令排油过渡区上第一个滚柱连杆组与极坐标的起始位置的夹角为 φ_0 且 $\varphi_0 \leqslant \beta$，在压油区内的叶片与起始线的角度分别为

$$\begin{cases} \varphi_1 = \varphi_0 \\ \varphi_2 = \varphi_0 + \beta \\ \varphi_3 = \varphi_0 + 2\beta \\ \cdots \\ \varphi_i = \varphi_0 + (i-1)\beta \end{cases} \tag{6-17}$$

式中　β——相邻两叶片间夹角。

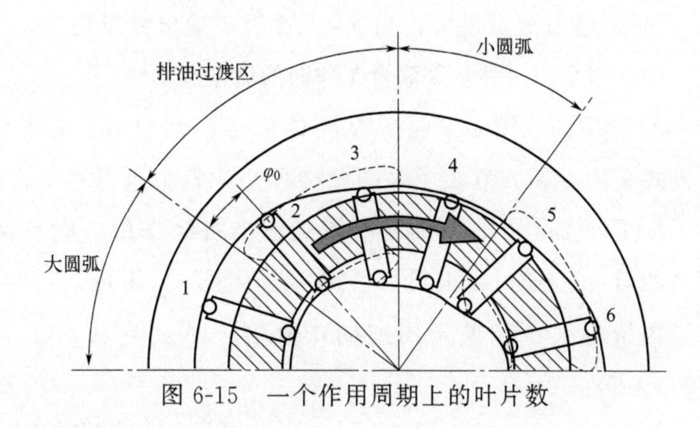

图 6-15　一个作用周期上的叶片数

当 $\varphi_0 \in \left[0, \dfrac{\beta}{2}\right]$ 时，在压油区过渡曲线上的滚柱连杆组（叶片）的数量为：$m_1 = \dfrac{z_1 - 1}{2}$。

当 $\varphi_0 \in \left(\dfrac{\beta}{2}, \beta\right]$ 时，在压油区过渡曲线上的滚柱连杆组的数量为：$m_2 = \dfrac{z_1 - 3}{2}$。

平衡式双定子泵的滚柱连杆组以 β 为周期进行运动，因此得到该泵排油过渡区上的滚柱连杆组的径向速度之和变化的规律为

$$\begin{cases} \sum v_i = \sum\limits_{i=1}^{m_1} v(\varphi_i) = \sum\limits_{i=1}^{m_1} v\left[\varphi_0 + (i-1)\beta\right] & \varphi_0 \in \left[0, \dfrac{\beta}{2}\right] \\ \sum v_i = \sum\limits_{i=1}^{m_2} v(\varphi_i) = \sum\limits_{i=1}^{m_2} v\left[\varphi_0 + (i-1)\beta\right] & \varphi_0 \in \left(\dfrac{\beta}{2}, \beta\right] \end{cases} \tag{6-18}$$

一个泵单独工作时的流量波动性以 β 为周期。当 $\varphi=\beta/4$ 时，流量输出量最小；当 $\varphi=3\beta/4$ 时，流量输出量最大，且流量波动曲线的振幅在［0，$\beta/2$］区域要大于在［$\beta/2$，β］区域。

若滚柱连杆组的数量 z_1 在一个作用周期内是偶数，处于压油过渡区上的滚柱连杆组的数量 $m=\frac{z_1}{2}-1$。排油过渡区上的滚柱连杆组的径向速度之和如下。

$$\sum v_i=\sum_{i=1}^{m}v(\varphi_i)=\sum_{i=1}^{m}v[\varphi_0+(i-1)\beta] \tag{6-19}$$

叶片的数量为偶数时，其输出流量波动性的曲线周期为 β。当 $\varphi=0$ 时，输出流量最大；当 $\varphi=\beta/2$ 时，输出流量最小。

（3）多个内（外）泵联合工作时的流量波动性

N 作用的双定子泵包括 N 个内泵与 N 个外泵，有多种不同的组合方式，由平衡式双定子泵的结构可知，整个泵只有一个进出油口。为了使不同工作方式下的各种流量输出特性平稳，应当合理确定泵的初始角 γ_1。通过以上对平衡式双定子泵的分析可知：应使每个内/外泵初始角大小相差半周期的奇数倍，即 $\gamma_1=A_1\beta/2$，$A_1=\pm1$，±3，$\pm5\cdots$。

当内泵与外泵组合工作时，为了使得它们联合工作时的流量波动性达到最小，应选取相差半个周期的初始相位角，而此时的波动周期也缩小了一半。对平衡式双定子泵的油口分布进行设计时，有多少个单泵参与工作就有多少种不同的流量波动性存在，且对于整个平衡式双定子泵来说其流量波动性就是这几种不同波动性的叠加。通过以上分析可知，当平衡式双定子泵为偶数作用时其流量波动性相对较小。

（4）内泵与外泵联合工作时的输出特性

由一个转子对应两个定子而形成的具有独特结构特点的平衡式双定子泵包含多个内泵与多个外泵，因此便可通过内泵与外泵的不同组合方式实现多种不同流量的输出，从而满足不同的压力系统。虽然平衡式双定子泵具有单泵所没有的优点，但其也会受到外部因素的影响而使得内泵与外泵联合工作时出现流量波动不同步的问题，假定内泵流量输出相对于外泵流量输出滞后的角度为 $\Delta\varphi$。平衡式双定子泵在内外泵联合工作时流量波动性也会随着 $\Delta\varphi$ 的不同而有所变化。

当 $\Delta\varphi=\pm\frac{A_3\pi}{2z}$，$A_3=1$，3，5…时，外泵流量输出值达到最大时内泵流量输出值最小；外泵流量输出值达到最小时内泵流量输出值最大。由此一来，通过内外泵输出流量的叠加，其流量输出的和的变化范围总是最小的，即此时的流量波动最小。当 $\Delta\varphi=\pm\frac{A_4\pi}{z}$，$A_3=0$，1，2，3…时，外泵流量输出值达到最大值时内泵流量输出值也达到最大；外泵流量输出值最小时内泵流量输出值也最小。此时通过内外泵输出流量的叠加可得到流量输出总和的变动范围最大，即此时的流量波动最大。

以双作用平衡式双定子泵为例，其不同供油方式的流量脉动如图 6-16 所示。分析可知，在 $\varphi=\beta/4$ 时，输出流量最小；在 $\varphi=0$ 时，输出流量最大。

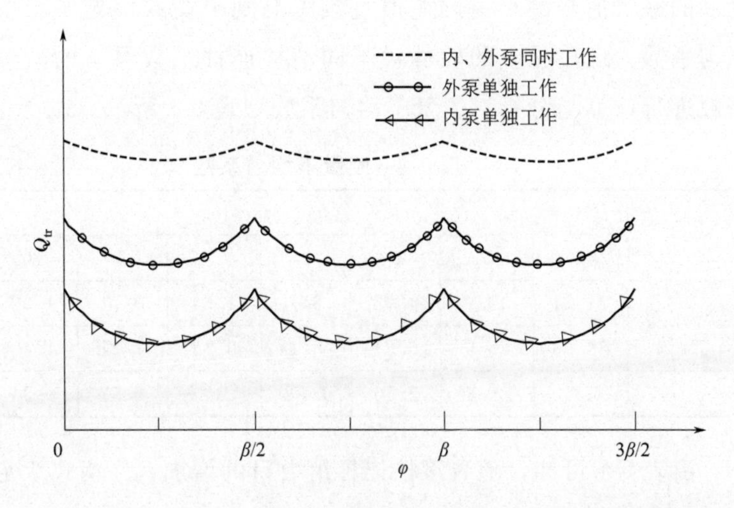

图 6-16　双作用平衡式双定子泵不同供油方式的流量脉动

(5) 流量脉动与叶片个数的关系

用输出流量的不均匀系数 δ 来描述其输出的脉动。由脉动不均匀公式

$$\delta_Q=\frac{(Q_{sh})_{max}-(Q_{sh})_{min}}{Q_t} \tag{6-20}$$

可知多作用平衡式双定子泵的外泵单独供油的流量不均匀系数为

$$\delta_{\mathrm{Qtw}}=\frac{2\pi s\left\{\left[\Sigma\left(\frac{\mathrm{d}\rho}{\mathrm{d}\varphi}\right)_i\right]_{\max}-\left[\Sigma\left(\frac{\mathrm{d}\rho}{\mathrm{d}\varphi}\right)_i\right]_{\min}\right\}}{\pi(R_{\mathrm{w}}^2-r_{\mathrm{w}}^2)-s(R_{\mathrm{w}}-r_{\mathrm{w}})z} \tag{6-21}$$

内泵单独工作时其流量不均匀系数的表达公式如下。

$$\delta_{\mathrm{Qtn}}=\frac{2\pi s\left\{\left[\Sigma\left(\frac{\mathrm{d}\rho}{\mathrm{d}\varphi}\right)_i\right]_{\max}-\left[\Sigma\left(\frac{\mathrm{d}\rho}{\mathrm{d}\varphi}\right)_i\right]_{\min}\right\}}{\pi(R_{\mathrm{n}}^2-r_{\mathrm{n}}^2)-s(R_{\mathrm{n}}-r_{\mathrm{n}})z} \tag{6-22}$$

为了使内、外泵同时工作时的流量波动性最小，合理地选定初始相位角与滞后角，此时平衡式双定子泵的流量不均匀系数的表达式如下。

$$\delta_{\mathrm{Qt}}=\frac{2\pi s\left\{\left[\Sigma\left(\frac{\mathrm{d}\rho}{\mathrm{d}\varphi}\right)_i\right]_{\max}-\left[\Sigma\left(\frac{\mathrm{d}\rho}{\mathrm{d}\varphi}\right)_i\right]_{\min}\right\}}{\pi[(R_{\mathrm{n}}^2-r_{\mathrm{n}}^2)+(R_{\mathrm{w}}^2-r_{\mathrm{w}}^2)]-s[(R_{\mathrm{n}}-r_{\mathrm{n}})+(R_{\mathrm{w}}-r_{\mathrm{w}})]z} \tag{6-23}$$

由式(6-23)可知，处于排油过渡区上的滚柱连杆组的径向速度的和的最大值与最小值的差值直接影响到平衡式双定子泵的流量不均匀系数。运用相应的软件对不同滚柱连杆组数目下的流量不均匀系数进行计算与分析，流量不均匀系数如表6-1所示。

表6-1 流量不均匀系数

项目	z_i							
	4	5	6	7	8	9	10	11
δ_{Qtw}/%	24.21	15.9	4.03	2.7	1.64	0.71	1.02	0.32
δ_{Qtn}/%	38.96	26.9	6.84	5.1	3.12	1.21	1.42	0.52
δ_{Qt}/%	5.96	10.01	2.56	1.52	1.2	0.53	0.54	0.21

由表6-1可知，随着滚柱连杆组数目的增加，平衡式双定子泵的流量不均匀性相应减小，且滚柱连杆组的数目越多，平衡式双定子泵的流量波动性越趋于稳定。

6.1.6 平衡式双定子叶片泵的泄漏分析

泄漏对泵的流量输出有着较大的影响，同时泄漏损失还是泵能量损失的重要组成部分，泄漏损失以容积效率来表示，摩擦损失则用机械效率来体现。因此，想要提高泵的工作效率，改善输出流量的质量，必须要解决泵泄漏的影响。

泵的正常灵活运转主要是由于泵的各相对滑动表面间存在的间隙。当液压泵的高压腔和低压腔之间存在间隙时，液压油便会经高压油腔泄漏到低压油腔，从而便使得泵出现泄漏损失，即容积效率下降的现象。为了确保泵在工作时的容积效率能达到一定的要求，在对泵的设计过程中应当严格注意各种能够出现泄漏损失的部分并将其泄漏量降至最低。因此，要首先对泄漏的不同方式及其在泵的多种不同工作方式下的泄漏途径进行分析，而后建立起泵的各种工作形式下的泄漏流量表达式，从而设计出更高要求的液压泵。

平衡式双定子泵是一种具有独特结构的液压泵，即一个转子对应两个定子，并且还有三种不同的工作方式，所以该泵的泄漏途径也与传统的液压泵有所不同。下面运用相关理论知识分别对平衡式双定子泵在各种工作方式下的泄漏形式进行分析并得出影响其容积效率的结构参数，从而为泵的结构进行优化奠定基础。

(1) 分析基础

间隙泄漏是产生容积损失的主要原因，但因微小处的流动情况复杂，实验研究困难，并且在平衡式双定子泵不同连接方式下，其特征、运动特性和压力分布都是变化的。因此，在分析其泄漏时，对油液的流动做出如下假设：

① 流动过程中流体是定常流动且不可压缩的牛顿流体；

② 双作用双定子液压泵的入口段和出口段的截面变化影响忽略不计；

③ 在流动过程中无热传递，流体性质保持不变。

(2) 泄漏通道

根据平衡式双定子泵的结构特点，泵在工作时叶片尖端的滚柱压紧连杆槽与定子曲面，径向间隙很小，泄漏量忽略不计。故平衡式双定子泵工作时，有两个主要泄漏途径，轴向间隙泄漏和转子槽间隙泄漏。其中，用 L_{11}、L_{12}、L_{21}、L_{22}、L_{31}、L_{32} 表示平衡式双定子泵的轴向间隙泄漏，用 L_{41}、L_{42} 表示转子槽间隙泄漏，内、外泵中的轴向间隙与转子槽间隙泄漏量各不相同。

(3) 平衡式双定子泵的轴向泄漏

双作用平衡式双定子泵的轴向泄漏主要是指液压油通过滚柱连

杆组、转子和定子的端面与侧板之间的间隙，由高压腔向低压腔的泄漏。由于轴向泄漏途径较多，故较不易控制。轴向泄漏主要包括以下六个部分，根据平行平板间隙流动及圆盘间隙流动公式可得各个部分的泄漏量。

L_{11} 为内泵高压腔中的油液，通过内泵大圆弧上的滚柱连杆和侧板间的轴向间隙，向内泵低压腔的泄漏。其泄漏量可用平行平板间流动公式近似表示为：

$$Q_1=(r_0-R_2)\left[\frac{\delta_1^3}{12\mu}\times\frac{\Delta p}{H}+\frac{\omega\delta_1(r_0+R_2)}{4}\right] \tag{6-24}$$

式中 r_0——转子的内壁半径，mm；

R_2——内定子内曲面大圆弧半径，mm；

δ_1——连杆与侧板间轴向间隙的平均值，mm；

Δp——高、低压腔间的压差，MPa；

H——叶片的平均厚度，mm；

μ——油液动力黏度，Pa·s；

ω——转子角速度，rad/s。

L_{12} 为内泵高压腔中的油液，通过内泵小圆弧上的滚柱连杆和侧板间的轴向间隙，向内泵低压腔的泄漏。其泄漏量可用平行平板间流动公式近似表示为

$$Q_2=(r_0-r_2)\left[\frac{\delta_1^3}{12\mu}\times\frac{\Delta p}{H}-\frac{\omega\delta_1(r_0+r_2)}{4}\right] \tag{6-25}$$

式中 r_2——内定子内曲面小圆弧半径，mm。

L_{21} 为外泵高压腔中的油液，通过外泵大圆弧上的滚柱连杆和侧板间的轴向间隙，向外定子低压腔的泄漏。其泄漏量可用平行平板间流动公式近似表示为

$$Q_3=(R_1-R_0)\left[\frac{\delta_1{}^3\Delta p}{12\mu H}+\frac{\omega\delta_1(R_0+R_1)}{4}\right] \tag{6-26}$$

式中 R_1——外定子内曲面大圆弧半径，mm；

R_0——转子外壁半径，mm。

L_{22} 为外泵高压腔中的油液，通过外泵小圆弧上的滚柱连杆和侧板间的轴向间隙，向外泵低压腔的泄漏。其泄漏量可用平行平板间流动公式近似表示为

$$Q_4=(r_1-R_0)\left[\frac{\delta_1^3\Delta p}{12\mu H}-\frac{\omega\delta_1(R_0+r_1)}{4}\right] \tag{6-27}$$

式中　r_1——外定子内曲面小圆弧半径，mm。

L_{31} 为内泵高压腔中油液，通过内定子与侧板间的轴向间隙，向内定子卸油槽的泄漏。其泄漏量可用圆盘间隙流动公式表示为

$$Q_5=\frac{\dfrac{\pi\delta_1^3\Delta p}{24\mu}}{\ln\dfrac{r_4}{r_3}} \tag{6-28}$$

式中　r_3——内定子卸荷槽半径，mm；

r_4——内定子外曲面半径的平均值，mm。

L_{32} 为外泵高压腔中液压油通过外定子与侧板间的轴向间隙向外定子外侧的泄漏。其泄漏量可用圆盘间隙流动公式表示为

$$Q_6=\frac{\dfrac{\pi\delta_1^3\Delta p}{24\mu}}{\ln\dfrac{R_3}{R_4}} \tag{6-29}$$

式中　R_3——侧板半径，mm；

R_4——外定子内曲面半径的平均值，mm。

(4) 转子槽与叶片间的间隙泄漏

平衡式双定子泵在工作过程中，当滚柱连杆组两侧的压力不相等时将在转子槽中产生倾斜，此时通过连杆与转子槽之间的间隙的泄漏量很小，可以忽略不计；当滚柱连杆组两侧的压力相同时，外泵高压区油液将会沿着连杆与转子槽之间的间隙向内泵低压区泄漏，同理内泵高压区的高压油液将向外泵低压区泄漏。在泄漏过程中连杆与转子槽存在相对平移，因此泄漏受压差流与剪切流的联合作用。根据相对运动平行平板间隙流公式，可得出不同方向泄漏值。

L_{41} 为内泵高压腔中的油液，通过连杆与转子槽之间的间隙，向外泵高压区的泄漏。其泄漏量可用平行平板间流动公式表示为

$$Q_7=\frac{B\delta_2^3\Delta P}{12\mu(R_0-r_0)}\pm\frac{B\omega\delta_2(R_1-r_1)}{\pi} \tag{6-30}$$

式中　δ_2——连杆与转子槽之间间隙的平均值，mm。

L_{42} 为外泵高压腔中的油液，通过连杆与转子槽之间的间隙，向内泵低压腔的泄漏。其泄漏量可用平行平板间流动公式表示为

$$Q_8=\frac{B\delta_2^3\Delta P}{12\mu(R_0-r_0)}\pm\frac{B\omega\delta_2(R_1-r_1)}{\pi} \tag{6-31}$$

(5) 不同工况下平衡式双定子泵的泄漏量

通过平衡式双定子泵不同连接方式的切换，可实现多种不同的工作状态。分为普通连接方式与定比液压变压器连接方式。对于双作用平衡式双定子泵而言，可实现三种普通连接方式和一种定比变压连接方式。能够实现输出三级流量，还可以一个固定比例变压。在不同连接方式下，泵的泄漏通道与泄漏量互不相同。不同工作方式下的泄漏量如表 6-2 所示。

表 6-2 不同工作方式下的泄漏量

双定子泵的工作方式		不同连接方式下的泄漏量
内泵	外泵	
0	1	$2L_{21}+2L_{22}+2L_{32}+6L_{42}$
1	0	$2L_{11}+2L_{12}+2L_{31}+6L_{41}$
1	1	$2L_{11}+2L_{12}+2L_{21}+2L_{22}+2L_{31}+4L_{32}+6L_{41}+6L_{42}$
−1	1	$2L_{11}+2L_{12}+2L_{21}+2L_{22}+2L_{31}+2L_{32}$

注：0、1 分别表示有 0 个、1 个单泵工作。

分析表 6-2 可知：当平衡式双定子泵结构参数和工作条件一定时，双作用平衡式双定子泵内泄漏量随连接方式的切换而变化，并形成了自己的规律。双定子泵工况一定时，间隙的大小将对泄漏量起主导作用。

6.2 平衡式双定子泵排油流道流场数值模拟实例

液压泵中的油液流动状态往往很复杂，主要有非定常流动紊流、高压差、高速等流态，且流体的流态与能量损失及油液动态特性关系紧密。因此在设计新型液压元件时必须认真考虑元件内部的流态。计算机技术的发展对计算流体动力学产生了巨大的影响，使得借助计算机进行内部流场数值模拟成为优化设计的一个重要手段。本节使用 ICEM 软件与 Fluent 软件对新型平衡式双定子泵的排油流道进行数值模拟，并将结果以云图表示，为泵流道优化设计提供一定参考。

6.2.1 几何建模与网格划分

网格生成的质量直接关系到流动及传热的数值模拟，有时甚至起到决定性的作用。由于现在数值模拟大都采用成熟的商业化软件，这使得网格生成占整个项目周期的 80％～90％。使用一套高质量的网格将显著提高计算精度与收敛速度。

首先借助三维制图软件绘出排油流道，如图 6-17 所示。而后通过 ANSYS 软件包中的 ICEM 软件进行网格划分，生成带有边界层的非结构化网格，如图 6-18 所示。

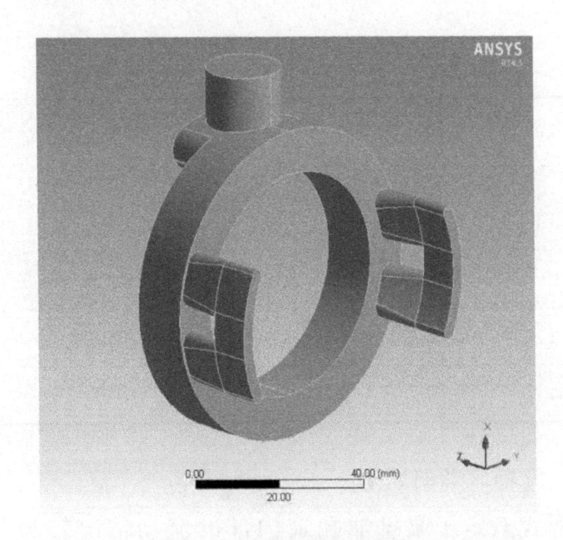

图 6-17　排油流道模型

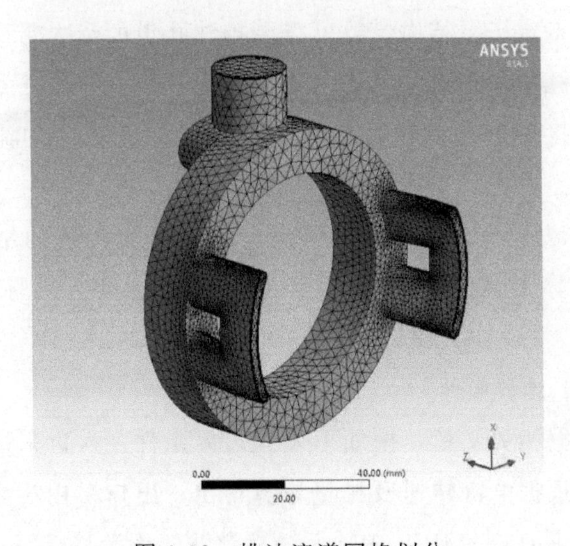

图 6-18　排油流道网格划分

通过统计可知，网格划分共产生节点数 48874 个，单元数 131083 个。根据边界层动量损失厚度公式估算，对边界层厚度进行了估值，采用 Exponential 网格划分方法生成边界层网格。根据参考文献，边界层网格设置为 5 层。

6.2.2 数值模拟建模及边界条件

(1) 流体介质

设流体介质为不可压缩的牛顿流体，不考虑传热，选用液压油参数如表 6-3 所示。

表 6-3 L-HM46 液压油参数

油液温度/℃	油液运动黏度/(mm^2/s)	油液密度/(kg/m^3)	油液动力黏度/(Pa·s)
10	150	860	0.129000
25	90.6	860	0.077916
40	46.0	860	0.039560
65	15.0	860	0.012900

(2) 流场流态的判别

平衡式双定子泵排油孔道内部的流动情况较为复杂，需对流道区域及汇合区域分别单独考虑，以判定其流动状态。根据所设计的平衡式双定子泵结构参数可得泵排油孔道的最大雷诺数为 4040。故泵排油孔道内的流动状态为紊流；泵的高压油液汇合到一起后，可得到该区域内的雷诺数为 5500，因此该区域内的流体流动状态为紊流。

由以上判定结果可以得出，尽管排油孔道的结构复杂，但实际上液体的流动状态均为紊流。因此这里选用标准的紊流方程模型。

(3) 边界条件

根据相关文献，按如下设置边界条件：入口采用速度入口，其值能够根据电机转速及排量计算得出；出口采用压力出口，压力设为额定压力 6.3MPa；其余设置为静止、无滑移壁面。

6.2.3　计算结果分析

这里仅对出口压力 6.3MPa 时电机转速 1000r/min、2200r/min 两种情况下的数值模拟结果进行分析。

(1) 压力云图

1000r/min、2200r/min 两种电机转速时，整个排油流道的压力云图如图 6-19 与图 6-20 所示。

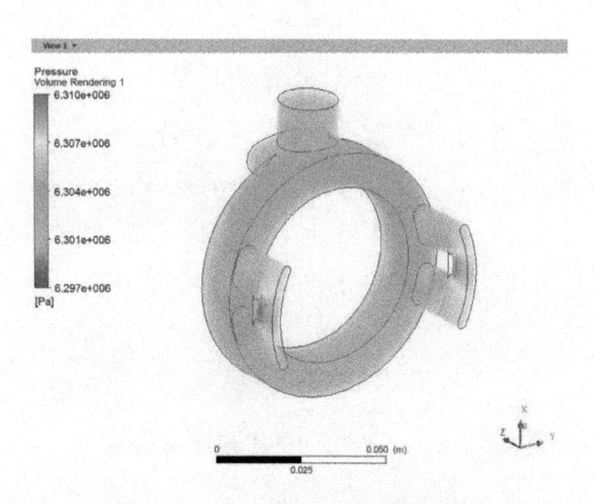

图 6-19　1000r/min 时压力云图

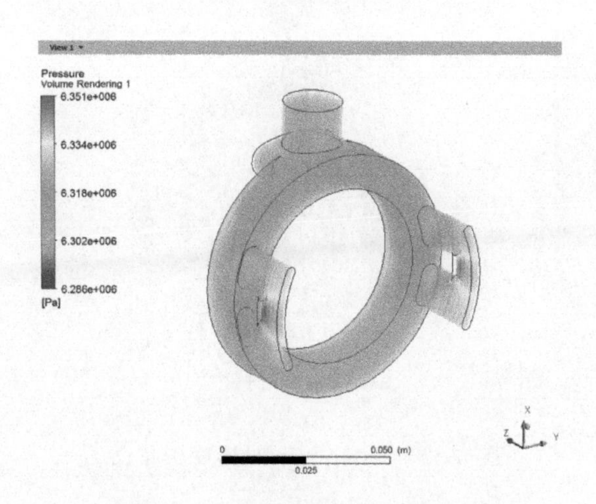

图 6-20　2200r/min 时压力云图

由图 6-19 与图 6-20 可以看出，当电机转速为 1000r/min 时，泵内高压腔的压力最高可达 6.31MPa；当电机转速为 2200r/min 时，泵内高压腔的压力最高可达6.35MPa。这是由于油液中存在摩擦力，造成沿程压力损失与局部压力损失，并产生热量。

(2) 速度矢量图

如图6-21与图6-22所示为1000r/min与2200r/min两种电机转速下的孔道内的流体质点速度矢量图。

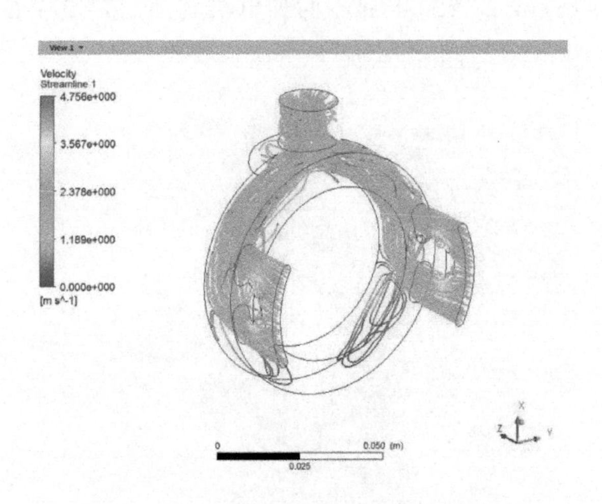

图6-21 1000r/min时速度矢量图

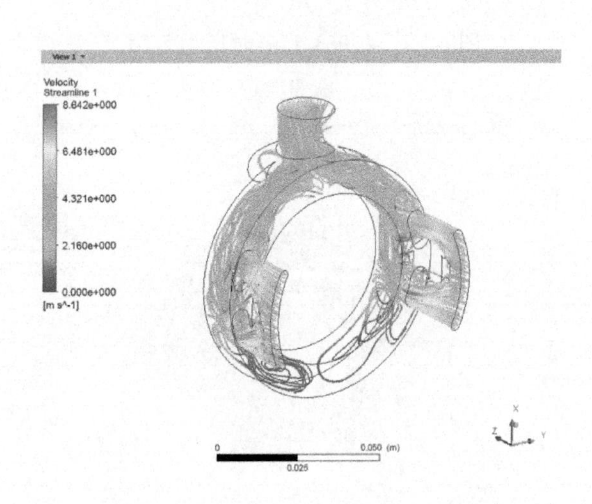

图6-22 2200r/min时速度矢量图

可见，在孔道转折及孔径变化处，速度矢量变化剧烈，泵出口处流速较缓。因此为优化流道，可在转折处及速度矢量波动剧烈处进行圆滑处理，以减少局部压力损失。在环形流道下部流速较低，电机转速1000r/min时与电机转速2200r/min时相比，环形流道底部油液受到明显干扰，迹线密度明显增加。

(3) 速度云图

如图 6-23 与图 6-24 所示为 1000r/min 与 2200r/min 两种电机转速下的孔道内的流体速度云图。

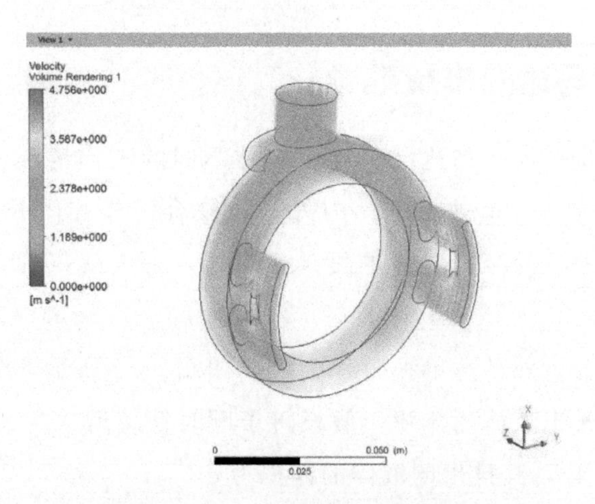

图 6-23 1000r/min 时流体速度云图

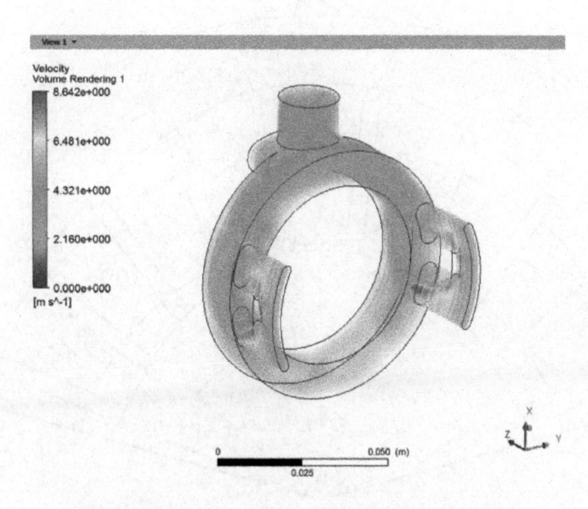

图 6-24 2200r/min 时流体速度云图

对比两图可以看出，由于孔道变化所造成的截面突变将引起油液速度梯度的急剧变化，且速度越高，速度梯度变化越剧烈，而在流道底部油液速度几乎为零。在电机转速为 1000r/min 的情况下，最大流速为 0.475m/s；在电机转速为 2200r/min 的情况下，最大流速为 0.864m/s。

6.3 双定子马达的输出特性

6.3.1 双定子马达的排量推导

双定子液压马达可以实现四种不同的工作情况，即内马达单独工作、外马达单独工作、内外马达联合工作和内外马达差动工作。每种工况下的液压马达的排量也不同，下面就每种工况下的排量进行推导。

以分析外马达单独工作为例，如图 6-25 所示，分析在一个作用内马达排出液体的体积。假设转子顺时针转动，在 dt 时间中转过的角度为 $d\varphi$，其排出的液体的体积为 dV'。

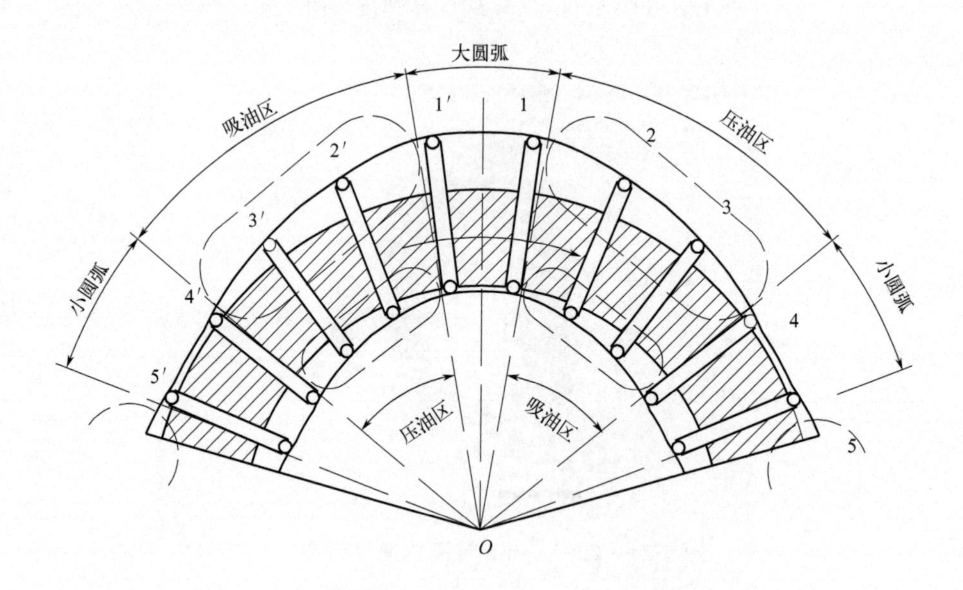

图 6-25 液压马达一个作用的简图

在 dt 时间内压油口排出液体，滚柱连杆组 1′、5 与外定子曲线、转子的外径所围成的密闭容积缩小的体积为

$$\Delta V_1=\frac{B}{2}(R_w^2-r_w^2)d\varphi \tag{6-32}$$

式中 B——定子环的有效宽度，mm；

R_{w}——外定子曲线的长轴半径，mm；

r_{w}——外定子曲线的短轴半径，mm。

同时，因为滚柱连杆组 2、3、4 随转子一同转动，都向转子槽内缩入一段距离。要让出一个空间的体积 ΔV_2，使得排出有效的油液的体积减小 ΔV_2，则减少的体积 ΔV_2 为

$$\Delta V_2=\sum_{i=1}^{m}v_i sB\mathrm{d}t \tag{6-33}$$

式中 m——在压油腔过渡曲线上滚柱连杆组的数量，个；

s——滚柱连杆组的厚度，mm。

因此，转子在 $\mathrm{d}t$ 时间内排出液体的体积 $\mathrm{d}V'$ 为

$$\mathrm{d}V'=\Delta V_1-\Delta V_2=\frac{B}{2}(R_{\mathrm{w}}^2-r_{\mathrm{w}}^2)\mathrm{d}\varphi-\sum_{i=1}^{m}v_i sB\mathrm{d}t \tag{6-34}$$

当双定子叶片液压马达为多作用的马达并且假设其作用数为 N，故在转子在 $\mathrm{d}t$ 时间外马达排出所有液体的体积 $\mathrm{d}V$ 为

$$\mathrm{d}V=N\mathrm{d}V'=\frac{B}{2}N(R_{\mathrm{w}}^2-r_{\mathrm{w}}^2)\mathrm{d}\varphi-N\sum_{i=1}^{m}v_i sB\mathrm{d}t \tag{6-35}$$

将式(6-35) 对 φ 在 $0\sim2\pi$ 内积分可得排量 V 为

$$V=\pi BN(R_{\mathrm{w}}^2-r_{\mathrm{w}}^2)\mathrm{d}\varphi-NsB\left(\int\sum_{i=1}^{m}\mathrm{d}\rho_i\right)_0^{2\pi} \tag{6-36}$$

式中，$\left(\int\sum_{i=1}^{m}\mathrm{d}\rho_i\right)_0^{2\pi}$ 为转子转一圈所有滚柱连杆组经过一个压油区过渡曲线段沿着径向的方向缩短的长度的和，因此，N 作用的力偶液压马达的排量 V_1 为

$$V_1=\pi BN(R_{\mathrm{w}}^2-r_{\mathrm{w}}^2)-NsBz(R_{\mathrm{w}}-r_{\mathrm{w}}) \tag{6-37}$$

同理，当内马达单独工作时，其内马达的排量 V_2 表示如下。

$$V_2=\pi BN(R_{\mathrm{n}}^2-r_{\mathrm{n}}^2)-NsBz(R_{\mathrm{n}}-r_{\mathrm{n}}) \tag{6-38}$$

式中 N——液压马达作用数量，个；

R_{n}——外定子曲线的长轴半径，mm；

r_{n}——外定子曲线的短轴半径，mm。

内外马达同时工作时，由于双定子叶片液压马达外马达进油的同时，内马达是排油的过程，此时，双定子叶片液压马达的排量 V_3 是外马达的排量 V_1 与内马达排量 V_2 之和，即

$$V_3 = V_1 + V_2 = \pi BN[(R_w^2 - r_w^2) + (R_n^2 - r_n^2)] - NsBz[(R_w - r_w) + (R_n - r_n)] \tag{6-39}$$

由于双定子叶片液压马达可以形成差动连接，即对内马达的出油口通入高压油液，使得内马达实现的是泵的功能，此时，内马达排出的油液直接通入外马达的进口，外马达排出的低压油液直接通入内马达的吸油口，即外马达排出的油液一部分通过管路进入内马达的吸油口，一部分排出液压马达。由式(6-34)可知，dt 时间外马达排出所有液体的体积为 dV'。在 dt 时间内马达吸油的体积 dV'' 为

$$dV'' = \frac{B}{2}(R_n^2 - r_n^2)d\varphi - \sum_{i=1}^{m} v_i sB\,dt \tag{6-40}$$

由于滚柱连杆组在转动时，对于外马达滚柱连杆组缩回的体积等于内马达滚柱连杆组伸长的体积，所以在 dt 时间双定子叶片液压马达排出所有液体的体积 dV''' 为

$$dV''' = \frac{B}{2}[(R_w^2 - r_w^2) - (R_n^2 - r_n^2)]d\varphi \tag{6-41}$$

将式(6-41)对 φ 在 $0 \sim 2\pi$ 内积分可得排量 V_4 为

$$V_4 = \pi BN[(R_w^2 - r_w^2) - (R_n^2 - r_n^2)] \tag{6-42}$$

通过上述分析可知，双定子叶片液压马达的排量主要取决于内、外定子曲线的大、小半径，定子环的宽度，滚柱连杆组的数量与厚度，以及马达的作用数量。大、小半径相差越大，定子环宽度越宽，则其排量越大。

6.3.2 双定子马达的瞬时流量、瞬时转矩、瞬时转速

液压马达的瞬时流量 $Q_{sh} = \frac{dV}{dt}$，且 $v_i = \frac{d\rho_i}{dt} = \left(\frac{d\rho}{d\varphi}\right)_i \frac{d\varphi}{dt} = \omega\left(\frac{d\rho}{d\varphi}\right)_i$，由公式可得出双定子液压马达在不同的工况下的瞬时流量。

外马达单独工作，其瞬时流量 Q_{sh1} 表示如下。

$$Q_{sh1} = \frac{B}{2}\omega N(R_w^2 - r_w^2) - NsB\omega\sum_{i=1}^{m}\left(\frac{d\rho}{d\varphi}\right)_i \tag{6-43}$$

式中 ω——转子的角速度，rad/s，$\omega = \frac{d\varphi}{dt}$。

内马达单独工作，其瞬时流量 Q_{sh2} 为

$$Q_{sh2}=\frac{B}{2}\omega N(R_n^2-r_n^2)-NsB\omega\sum_{i=1}^{m}\left(\frac{d\rho}{d\varphi}\right)_i \tag{6-44}$$

由于工作容积的瞬时变化不是完全均匀的，即使双定子叶片液压马达的进出口压力差保持一定，因此，其输出的转矩也是变化的，瞬时转矩 T_{sh} 可表示为

$$T_{sh}=\frac{\Delta p Q_{sh}}{\omega} \tag{6-45}$$

式中　Δp——进出口的压力差，MPa。

因此，其瞬时转矩 T_{sh} 在不同工作情况下的表达式，如表 6-4 所示。

表 6-4　不同工况下的瞬时转矩 T_{sh}

工况	瞬时转矩 T_{sh}
外马达单独工作	$T_{sh1}=\frac{B}{2}\Delta pN(R_w^2-r_w^2)-NsB\Delta p\sum_{i=1}^{m}\left(\frac{d\rho}{d\varphi}\right)_i$
马达单独工作	$T_{sh2}=\frac{B}{2}\Delta pN(R_n^2-r_n^2)-NsB\Delta p\sum_{i=1}^{m}\left(\frac{d\rho}{d\varphi}\right)_i$

在不考虑泄漏的情况下，认为双定子叶片液压马达的输入功率与输出功率相等时，根据功率守恒公式，双定子叶片液压马达在不同工况下的瞬时转速 ω_{sh} 如表 6-5 所示：

表 6-5　不同工况下的瞬时转速 ω_{sh}

工况	瞬时转速 ω_{sh}
外马达单独工作	$\omega_{sh1}=Q\Big/\frac{B}{2}N(R_w^2-r_w^2)-NsB\sum_{i=1}^{m}\left(\frac{d\rho}{d\varphi}\right)_i$
内马达单独工作	$\omega_{sh2}=Q\Big/\frac{B}{2}N(R_n^2-r_n^2)-NsB\sum_{i=1}^{m}\left(\frac{d\rho}{d\varphi}\right)_i$

注：Q 为双定子叶片液压马达的输入流量，L/min。

从双定子叶片液压马达在外马达和内马达单独工作的情况下的瞬时转矩公式可以得出以下结论。

瞬时转矩公式中除了$\left(\frac{d\rho}{d\varphi}\right)_i$之外都是定值。假设滚柱连杆组在转子槽内伸出的径向长度 $d\rho$ 与滚柱连杆组划过角度的比值 $\sum_{i=1}^{m}\left(\frac{d\rho}{d\varphi}\right)_i$ 为常数，即在过渡曲线上的所有滚柱连杆组的径向速度和是常数或者接近常数，则双定子叶片液压马达输出的瞬时转矩在理论上可以是

绝对均匀的。

实质上，双定子叶片液压马达输出的瞬时转矩与马达的内、外定子曲线的形状与滚柱连杆组的数量有关。只要力偶液压马达的内、外定子曲线与滚柱连杆组数量选取合适，就可以实现液压马达的输出无脉动。

但是，无论液压马达在哪种工作情况下，以外马达单独工作为例，是由多个外马达串联工作，其单个马达的初始的相位角度不同，对液压马达的输出转矩和输出转速都有影响。当外马达和内马达同时工作或者差动工作时，由于内马达和外马达不仅存在初始相位角度的不同，而且因为管道安装而存在滞后角度，这些影响液压马达输出特性的因素在以下内容会详细阐述。

6.3.3 双定子马达的输出转矩特性

液压马达存在转矩脉动，而这里所讨论的转矩脉动是假定输入的油液平稳，其脉动是由于液压马达的工作容积的瞬时变化不完全均匀引起的。通过瞬时转矩的理论变化情况来研究液压马达的转矩脉动性。分析表 6-4 和表 6-5 可知，马达的输出转矩的波动性与在过渡曲线上的滚柱连杆组的速度的和有关。并且其输出转矩的脉动性也与一个周期内滚柱连杆组数量的奇偶性有关。

(1) 单个内（外）液压马达的输出转矩脉动

对于双定子叶片液压马达，多个外马达（内马达）同时进油和出油，首先分析单个外马达（内马达）的输出脉动情况。假设在一个作用周期内滚柱连杆组的数量 z_1 为奇数，过渡曲线的范围角 $\alpha\leqslant\frac{\theta}{2}-\beta$，其中，$\beta$ 为相邻两个滚柱连杆组的夹角。

滚柱连杆组的数量为奇数时，随着转子转动，在过渡曲线上的滚柱连杆组数量是变化的。φ_0 为过渡曲线上第一个滚柱连杆组与极坐标起始线的夹角，且 $\varphi_0\leqslant\beta$，则在过渡曲线上的滚柱连杆组与起始线的角度，依次为：

$\varphi_1=\varphi_0$；

$\varphi_2=\varphi_0+\beta$；

$\varphi_3=\varphi_0+2\beta\cdots$

$\varphi_i=\varphi_0+(i-1)\beta$。

则

$$\sum v_i=\sum v(\varphi_i)=\sum v[\varphi_0+(i-1)\beta] \tag{6-46}$$

当 $\varphi_0\in\left[0,\dfrac{\beta}{2}\right]$ 时，在过渡曲线上的滚柱连杆组的数量 m 为：$m_1=\dfrac{z_1-1}{2}$。

当 $\varphi_0\in\left(\dfrac{\beta}{2},\beta\right]$ 时，在过渡曲线上的滚柱连杆组的数量 m 为：$m_2=\dfrac{z_1-3}{2}$。

由于滚柱连杆组的数量的变化周期为 β，可以得到其过渡曲线上所有滚柱连杆组的径向速度和的变化规律。

当 $\varphi_0\in\left[0,\dfrac{\beta}{2}\right]$ 时

$$\sum v_i=\sum_{i=1}^{m_1}v(\varphi_i)=\sum_{i=1}^{m_1}v[\varphi_0+(i-1)\beta] \tag{6-47}$$

当 $\varphi_0\in\left(\dfrac{\beta}{2},\beta\right]$ 时

$$\sum v_i=\sum_{i=1}^{m_2}v(\varphi_i)=\sum_{i=1}^{m_2}v[\varphi_0+(i-1)\beta] \tag{6-48}$$

通过上述分析，将设计参数代入公式，可得出内、外马达其中一个马达工作时的液压马达输出转矩的曲线，如图 6-26 所示。

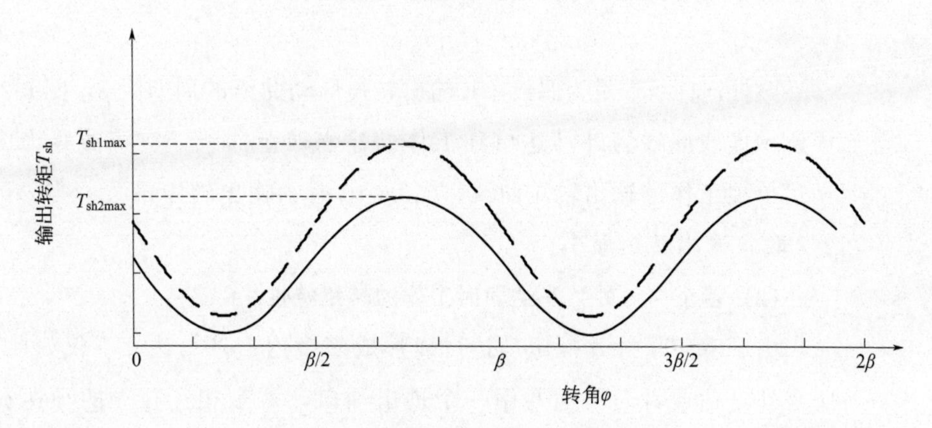

图 6-26　奇数时瞬时输出转矩曲线

如图 6-26 所示，其中一个马达工作时输出转矩的脉动的周期为

β。其中虚线为外马达单独工作的输出转矩曲线，下实线为内马达单独工作的输出转矩曲线。当 $\varphi=\beta/4$ 时，输出转矩最小；当 $\varphi=3\beta/4$ 时，输出转矩最大，奇数滚柱连杆组的脉动曲线在［0，$\beta/2$］时输出转矩曲线的振幅大于在［$\beta/2$，β］时输出转矩曲线的振幅。

同理，滚柱连杆组的数量 z_1 为偶数，在过渡曲线上的滚柱连杆组的数量总是保持不变。即 z_1 个滚柱连杆组在过渡曲线上的滚柱连杆组的数量 m，$m=\frac{z_1}{2}-1$。径向速度和的公式可表示如下。

$$\sum v_i=\sum_{i=1}^{m} v(\varphi_i)=\sum_{i=1}^{m} v[\varphi_0+(i-1)\beta] \tag{6-49}$$

单独一个外（内）马达工作时，液压马达输出转矩曲线如图 6-27 所示。

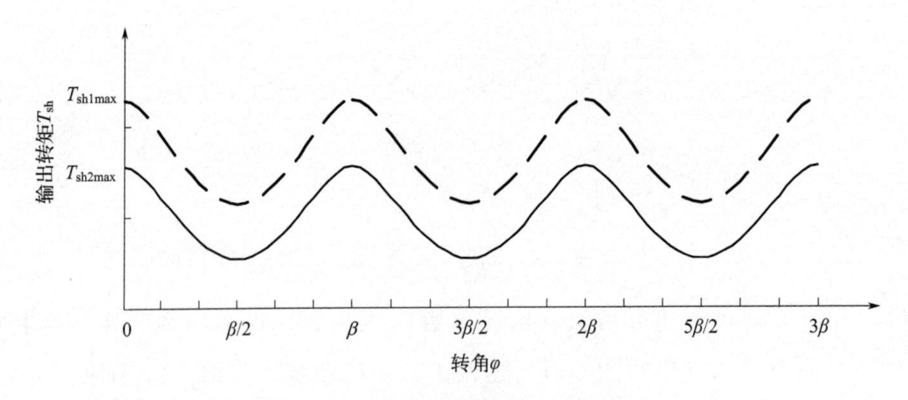

图 6-27 偶数时瞬时输出转矩曲线

滚柱连杆组数量为偶数，其输出转矩脉动曲线的周期为 β，图 6-27 中所示虚线曲线为外马达单独工作的输出转矩曲线，实线曲线为内马达单独工作的输出转矩曲线。当 $\varphi=0$ 时，输出转矩最大；当 $\varphi=\beta/2$ 时，输出转矩最小。

(2) 多个内（外）马达同时工作的转矩特性

由于双定子叶片液压马达可以形成多个内、外马达，不仅如此，所有外马达或者内马达共用一个进出油口，每个相互独立的马达在工作时其转矩的脉动曲线都如图 6-27 所示，脉动的最大值与最小值相差半个周期，且液压马达的输出转矩相互影响，当每个外马达或者内马达的起始的相位角都不同时，双定子叶片液压马达总的输出转矩的脉动也不相同。

由于每个液压马达的输出转矩的脉动都是线性的，因此通过波的叠加原理可知，介质中同时存在几列波时，每列波能保持各自的传播规律而不互相干扰。在波的重叠区域里各点的振动的物理量等于各列波在该点引起的物理量的矢量和。在两列波重叠的区域里，任何一个质点同时参与两个振动，其振动位移等于这两列波分别引起的位移的矢量和。

因此，为了使得双定子叶片液压马达在工作时，其输出转矩的脉动小，可以采取以下的措施：两个输出转矩曲线的初始相位角相差的角度 γ_1 取值适当，使得两个转矩叠加的振幅最小。即使初始相位角相差半个周期的奇数倍，$\gamma_1=A_1\beta/2$，$A_1=\pm1$，±3，$\pm5\cdots$。取初始相位角差值的最小值 $\gamma_1=\beta/2$，以双作用双定子叶片液压马达为例，其总的输出转矩曲线如图 6-28 和图 6-29 所示。

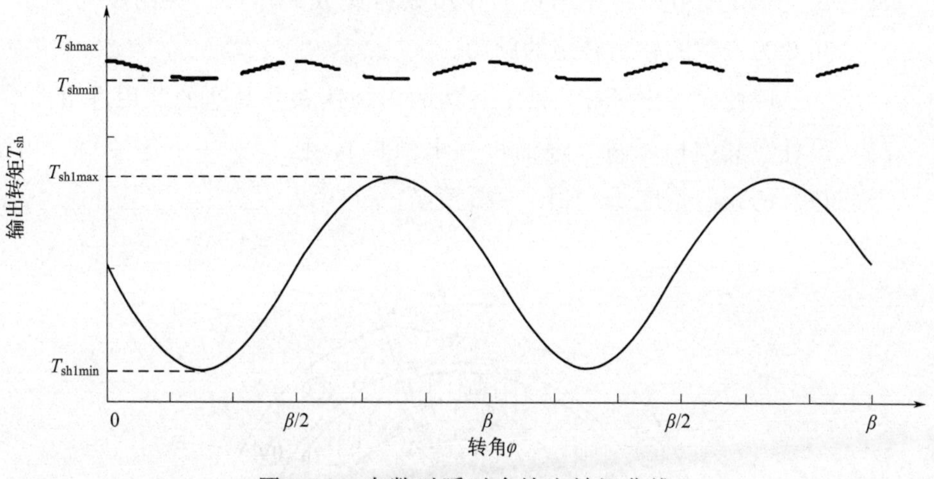

图 6-28　奇数时瞬时合输出转矩曲线

分析图 6-28 和图 6-29 可知，当两个相互独立的马达同时工作时，其初始相位角相差半个周期，其输出的合转矩的脉动小，周期为原来周期的一半。图中，实线为一个液压马达单独工作时的转矩曲线，虚线为其合成的转矩曲线。比较图 6-28 和图 6-29，在一个作用周期内滚柱连杆组数量为偶数时转矩的脉动小于滚柱连杆组数量为奇数时转矩脉动。

对于双定子叶片液压马达的两对进出油口，其位置的设计，就可以参考以上的分析。多作用力偶液压马达的作用数为 N，工作时，

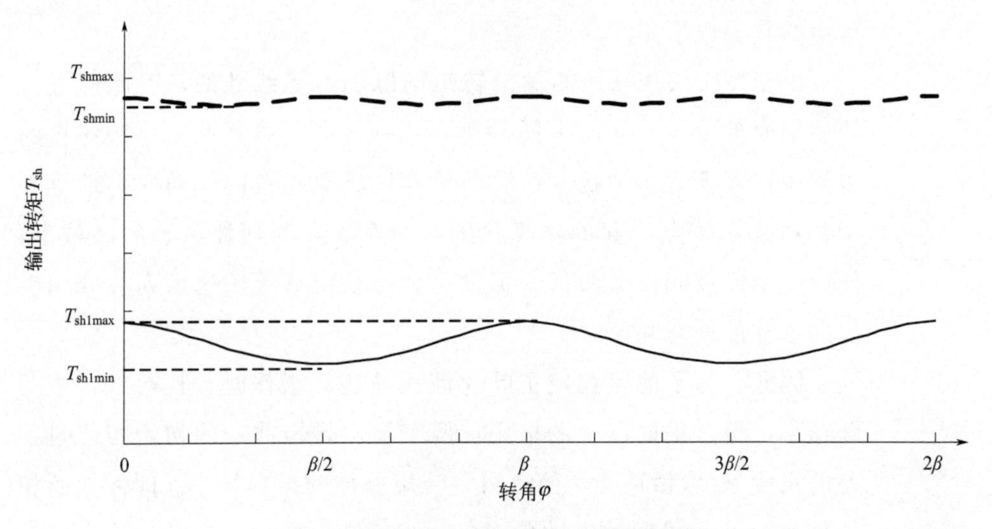

图 6-29　偶数时瞬时合输出转矩曲线

对于外马达或者内马达有 N 个转矩脉动的叠加。由波的叠加原理得出，双定子叶片液压马达的作用数为偶数的输出转矩的脉动小于作用数为奇数的输出转矩的脉动。

因此，双定子叶片液压马达的内马达和外马达的共用进出油口，设计在其中相邻两个进油口（出油口），据其中一个进油口（出油口）的相差角度 δ，如图 6-30 所示。

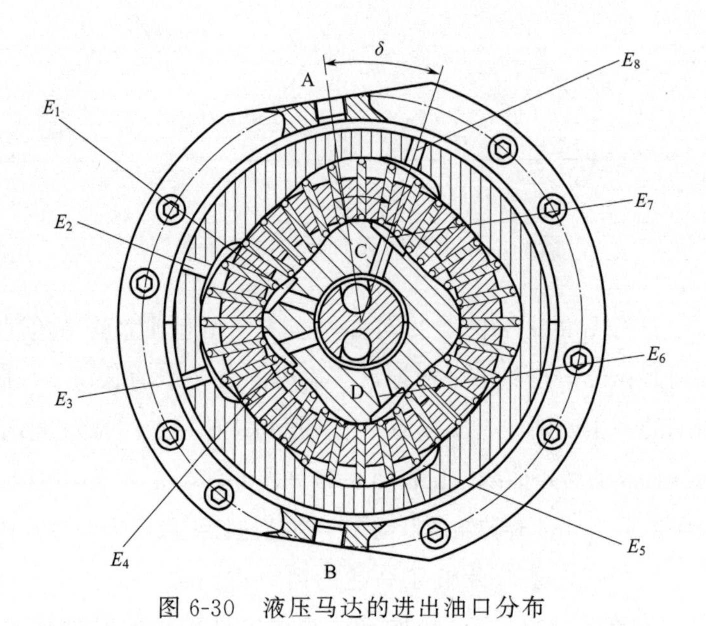

图 6-30　液压马达的进出油口分布

双定子叶片液压马达顺时针转动，E_2、E_4、E_6、E_8 为排油口，E_1、E_3、E_5、E_7 为进油口，油口A与油口 E_8，油口B与油口 E_5，油口C与油口 E_7，油口D与油口 E_6 夹角 δ 的取值为：$\delta=A_2\dfrac{\beta}{4}$，$A_2=1, 2, 3\cdots$。此时，每相邻的两个外马达或者内马达的输出转矩的相位角度相差至少半个周期，双定子叶片液压马达的输出合转矩的脉动最小。并且作用数为偶数时，每两个相邻的液压马达的输出瞬时转矩相互叠加，其周期变为原来的一半，而作用数为奇数时，相邻的液压马达的输出转矩相互叠加外，总是剩余其中一个液压马达，分析可知，作用数为偶数的液压马达的输出转矩的脉动要小于作用数为奇数的输出转矩的脉动。设计时，应采用作用数为偶数的定子曲线。

(3) 双定子叶片液压马达联合工作的转矩脉动

双定子叶片液压马达具有内、外马达，根据不同的工况的要求，可以通过不同的连接方式实现多种转矩和转速的输出，即内、外马达同时工作时，其可以输出最大的转矩和最低转速；内、外马达差动连接时，其可以输出另一种转矩和转速。

所谓差动连接，即向内、外马达同时反向输入高压油，因为内、外两个马达的排量不同（工作的有效面积不同），此时，内马达与外马达产生的合力矩不为零，实现差动工作。

因为液压马达在差动工作，所以内马达相当于液压泵的功能，即对内马达的出油口通入高压油液，使得内马达实现的是泵的功能。此时，内马达排出的油液直接通入外马达的进口，外马达排出的低压油液直接通入内马达的吸油口，即外马达排出的油液一部分通过管路进入内马达的吸油口，一部分排出液压马达。对于外马达，由于定子曲线向转子槽内让出的体积恰好等于内马达相应的滚柱连杆组伸出的体积，即 $\sum_{i=1}^{m}\left(\dfrac{\mathrm{d}\rho}{\mathrm{d}\varphi}\right)_i$ 这一项相互抵消，即整个马达在 $\mathrm{d}t$ 时间，排出的油液的体积 $\mathrm{d}V$ 可以表示如下。

$$\mathrm{d}V'''=\frac{B}{2}[(R_{\mathrm{w}}^2-r_{\mathrm{w}}^2)-(R_{\mathrm{n}}^2-r_{\mathrm{n}}^2)]\mathrm{d}\varphi \tag{6-50}$$

则差动工作的瞬时流量、瞬时转矩为

$$Q_{\mathrm{sh}}=\frac{B}{2}\omega[(R_{\mathrm{w}}^2-r_{\mathrm{w}}^2)-(R_{\mathrm{n}}^2-r_{\mathrm{n}}^2)] \tag{6-51}$$

$$T_{sh}=\Delta p\ \frac{B}{2}N[(R_w^2-r_w^2)-(R_n^2-r_n^2)] \tag{6-52}$$

从式(6-52) 中可以得出，式中都是常数，则多作用力偶液压马达在差动工作时的输出转矩是平稳的，没有波动性。

但是，由于管路安装等因素，内、外马达同时工作，内马达或者外马达输出的转矩不一定同时达到最大值或最小值。设内马达输出转矩与外马达输出转矩相比存在一个滞后角 $\Delta\varphi$，滞后角的取值不同时，双定子叶片液压马达的输出合转矩的脉动也不相同。为使液压马达的输出合转矩平稳，需要对滞后角 $\Delta\varphi$ 进行分析。由图 6-28 和图 6-29 可知：对于多作用力偶液压马达，当 $\varphi=\beta/4$ 时，输出转矩最小；当 $\varphi=0$ 时，输出转矩最大。

因此，内、外马达同时工作时：

① $\Delta\varphi=\pm\frac{A_3\pi}{2z}$，$A_3=1$，3，5…，液压马达在同一角度，外马达输出转矩为最大（小）而内马达输出转矩却最小（大），由叠加原理可知，此时，双定子叶片液压马达输出合转矩的脉动最小。

② $\Delta\varphi=\pm\frac{A_4\pi}{z}$，$A_3=0$，1，2，3…，液压马达在同一角度，内、外马达输出转矩同时达到最大或者最小值，此时，双定子叶片液压马达的输出合转矩脉动最大。

以双作用双定子叶片液压马达为例，把设计参数代入瞬时转矩公式，可得出其合瞬时转矩的曲线，如图 6-31 所示。

通过图 6-31 可知，双作用双定子叶片液压马达的输出合转矩，当 $\varphi=\beta/4$ 时，输出转矩最小，当 $\varphi=0$ 时，输出转矩最大。

6.3.4 双定子马达的输出转速特性

同理，类似于分析液压马达的输出转矩，由表 6-5 可知，双定子叶片液压马达的输出转速的波动也是周期性变化的。双定子叶片液压马达工作时，其输出转速脉动周期为 $\beta/2$，由于外马达的排量大于内马达的排量，所以外马达单独工作时，液压马达输出的平均转速小于内马达单独工作时液压马达的平均转速。内马达和外马达同时工作，这时候的多作用力偶液压马达的转速达到最小值。

以双作用双定子叶片液压马达为例，液压马达输出转速的最小

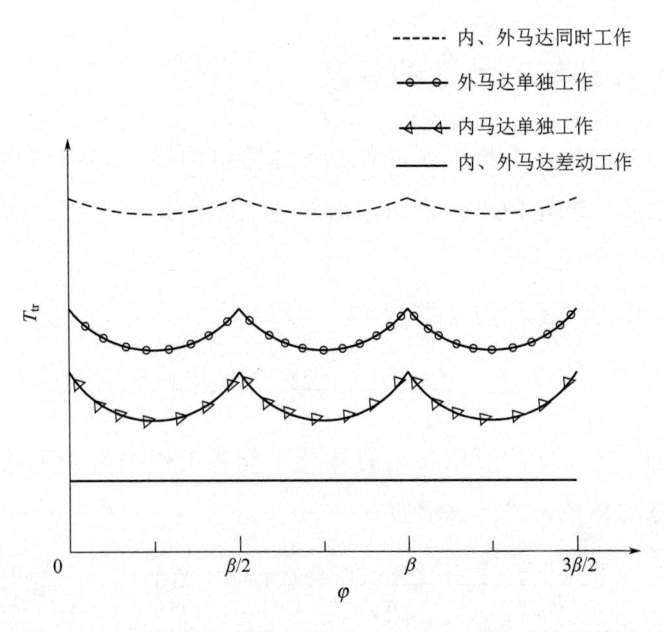

图 6-31　双作用力偶液压马达 4 种工况下转矩输出脉动

脉动条件和输出转矩最小脉动条件相同，在滞后角和初始相位角都相同的情况下，对于液压马达，在 $\varphi=\beta/4$ 时，输出转速最大，当 $\varphi=0$ 时，输出转速最小。液压马达的输出转速的特性曲线如图 6-32 所示。

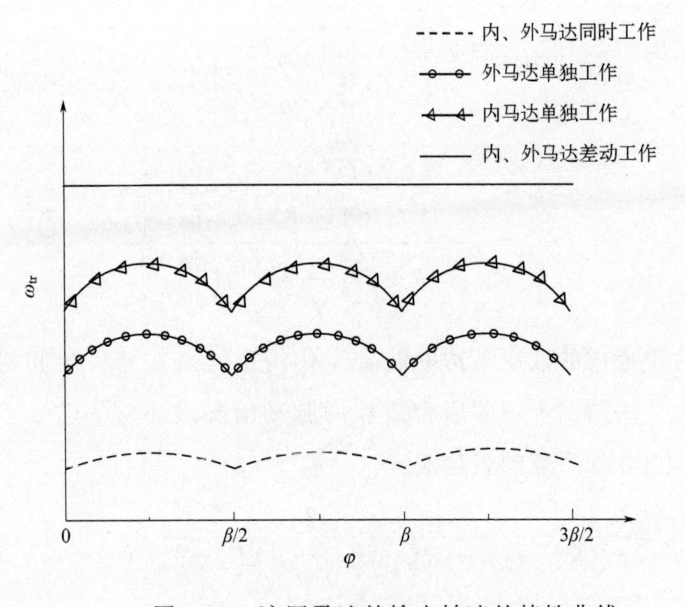

图 6-32　液压马达的输出转速的特性曲线

6.3.5 输出脉动与叶片数的关系

通过以上分析可知，液压马达输出的脉动还与滚柱连杆组的数量有关，利用输出转矩和输出转速的不均匀系数 δ 来描述液压马达的输出的脉动。

由脉动不均匀公式

$$\delta_{\mathrm{T}}=\frac{T_{\mathrm{sh\,max}}-T_{\mathrm{sh\,min}}}{T_{\mathrm{t}}} \quad \delta_{\omega}=\frac{\omega_{\mathrm{sh\,max}}-\omega_{\mathrm{sh\,min}}}{\omega_{\mathrm{sh\,max}}} \tag{6-53}$$

可知双定子叶片液压马达的外马达单独工作的转矩不均匀系数和转速脉动系数公式，表示如下。

$$\delta_{\mathrm{T1}}=\frac{2\pi s}{\pi(R_{\mathrm{w}}^{2}-r_{\mathrm{w}}^{2})-s(R_{\mathrm{w}}-r_{\mathrm{w}})z}\left\{\left[\Sigma\left(\frac{\mathrm{d}\rho}{\mathrm{d}\varphi}\right)_{i}\right]_{\max}-\left[\Sigma\left(\frac{\mathrm{d}\rho}{\mathrm{d}\varphi}\right)_{i}\right]_{\min}\right\} \tag{6-54}$$

$$\delta_{\omega1}=1-\frac{(R_{\mathrm{w}}^{2}-r_{\mathrm{w}}^{2})-2s\left[\Sigma\left(\frac{\mathrm{d}\rho}{\mathrm{d}\varphi}\right)_{i}\right]_{\max}}{(R_{\mathrm{w}}^{2}-r_{\mathrm{w}}^{2})-2s\left[\Sigma\left(\frac{\mathrm{d}\rho}{\mathrm{d}\varphi}\right)_{i}\right]_{\min}} \tag{6-55}$$

液压马达内马达单独工作时其转矩不均匀系数和转速脉动系数的表达公式表示如下。

$$\delta_{\mathrm{T2}}=\frac{2\pi s}{\pi(R_{\mathrm{n}}^{2}-r_{\mathrm{n}}^{2})-s(R_{\mathrm{n}}-r_{\mathrm{n}})z}\left\{\left[\Sigma\left(\frac{\mathrm{d}\rho}{\mathrm{d}\varphi}\right)_{i}\right]_{\max}-\left[\Sigma\left(\frac{\mathrm{d}\rho}{\mathrm{d}\varphi}\right)_{i}\right]_{\min}\right\} \tag{6-56}$$

$$\delta_{\omega2}=1-\frac{(R_{\mathrm{n}}^{2}-r_{\mathrm{n}}^{2})-2s\left[\Sigma\left(\frac{\mathrm{d}\rho}{\mathrm{d}\varphi}\right)_{i}\right]_{\max}}{(R_{\mathrm{n}}^{2}-r_{\mathrm{n}}^{2})-2s\left[\Sigma\left(\frac{\mathrm{d}\rho}{\mathrm{d}\varphi}\right)_{i}\right]_{\min}} \tag{6-57}$$

这里考虑的液压马达的联合工作情况，是在滞后角和初始相位角都合适的情况下，即联合工作的脉动情况最小时的转矩不均匀系数和转速脉动系数的表达式。

$$\delta_{\mathrm{T3}}=\frac{2\pi s}{\pi[(R_{\mathrm{n}}^{2}-r_{\mathrm{n}}^{2})+(R_{\mathrm{w}}^{2}-r_{\mathrm{w}}^{2})]-s[(R_{\mathrm{n}}-r_{\mathrm{n}})+(R_{\mathrm{w}}-r_{\mathrm{w}})]z}\left\{\left[\Sigma\left(\frac{\mathrm{d}\rho}{\mathrm{d}\varphi}\right)_{i}\right]_{\max}-\left[\Sigma\left(\frac{\mathrm{d}\rho}{\mathrm{d}\varphi}\right)_{i}\right]_{\min}\right\} \tag{6-58}$$

$$\delta_{w3}=1-\frac{[(R_w^2-r_w^2)+(R_n^2-r_n^2)]-2s\left[\sum\left(\frac{d\rho}{d\varphi}\right)_i\right]_{max}}{[(R_w^2-r_w^2)+(R_n^2-r_n^2)]-2s\left[\sum\left(\frac{d\rho}{d\varphi}\right)_i\right]_{min}} \quad (6\text{-}59)$$

由双定子叶片液压马达的转矩不均匀系数和转速脉动系数公式可知，式中的内、外定子曲线的大、小圆弧的半径都为定值，其滚柱连杆组的垂直厚度也是定值，则转矩不均匀系数和转速脉动系数在外形尺寸不变的情况下，与滚柱连杆组在过渡曲线上的数量有关，即与在过渡曲线上所有滚柱连杆组的径向速度和的最大值与最小值的差值相关。利用 Matlab 软件分析当滚柱连杆组数量不同时，其转速和转矩的脉动。

不同奇数滚柱连杆组不同时的转矩不均匀系数 δ_T 见表 6-6，不同奇数滚柱连杆组不同时的转速脉动系数 δ_ω 见表 6-7。

表 6-6　不同奇数滚柱连杆组不同时的转矩不均匀系数 δ_T

δ_T	z_1/个			
	5	7	9	11
δ_{T1}/%	15.834	2.3	0.64	0.24
δ_{T2}/%	26.81	4	1.134	0.45
δ_{T3}/%	9.99	1.46	0.41	0.16

表 6-7　不同奇数滚柱连杆组不同时的转速脉动系数 δ_ω

δ_ω	z_1/个			
	5	7	9	11
$\delta_{\omega1}$/%	17.79	2.7	1.05	0.335
$\delta_{\omega2}$/%	26.59	5.2	2.48	1.071
$\delta_{\omega3}$/%	9.44	1.48	0.535	0.155

同理，液压马达的滚柱连杆组数量为偶数时的转矩不均匀系数和脉动系数分别见表 6-8 和表 6-9。

表 6-8　不同偶数滚柱连杆组不同时的转矩不均匀系数 δ_T

δ_T	z_1/个			
	4	6	8	10
δ_{T1}/%	23.78	3.86	1.58	0.75
δ_{T2}/%	39.58	6.57	2.76	1.36
δ_{T3}/%	6.25	2.43	1	0.43

表 6-9 不同偶数滚柱连杆组不同时的转速脉动系数 δ_ω

δ_ω	z_1/个			
	4	6	8	10
$\delta_{\omega1}$/%	22.24	4.28	1.98	1.07
$\delta_{\omega2}$/%	35.48	7.06	4.23	2.86
$\delta_{\omega3}$/%	13.67	2.42	1.04	0.52

分析奇数和偶数的转矩不均匀系数和转速脉动系数的数据可得其曲线，如图 6-33 所示，因为滚柱连杆组的数量为正整数，所以其曲线不是连续的。

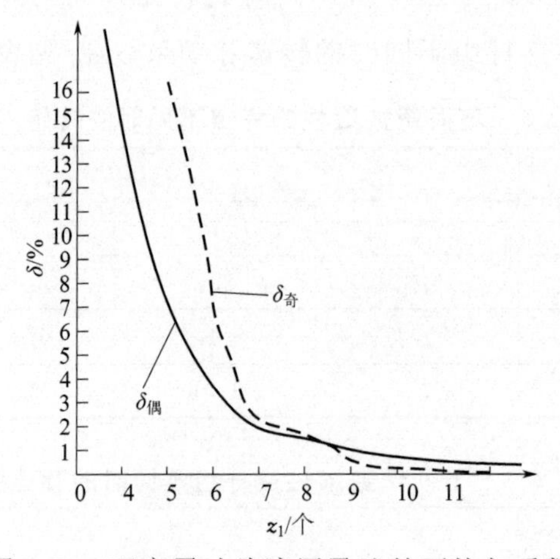

图 6-33 双定子叶片液压马达的不均匀系数

由表 6-6～表 6-9 和图 6-33 可知，双定子叶片液压马达的转矩和转速的脉动程度都是随着滚柱连杆组数量的增加而减少的，并且数量越多，其变化越平缓，当滚柱连杆组数量 $z_1 \leqslant 9$ 个时，偶数的滚柱连杆组的液压马达的脉动程度好于奇数滚柱连杆组的液压马达脉动程度，滚柱连杆组数量 $z_1 > 9$ 个，奇数滚柱连杆组的液压马达脉动程度好于其为偶数的液压马达。

第7章 双定子单作用变量泵

双定子泵是一种新型原理的液压元件。在双定子系列泵中，按作用数分有单作用、双作用和多作用双定子泵，其中在单作用双定子泵的结构中，定子和转子之间存在着偏心距，改变偏心距即可改变单作用双定子泵的排量，这样就能使单作用双定子泵能够连续变量，适应需要调节排量的工况要求。因此，研制一种单作用双定子泵的变量机构，可以形成单作用双定子变量泵，进一步完善双定子系列泵，扩大其应用范围，例如能够实现双定子变量泵-定量马达或变量泵-变量马达的容积调速，并且能够实现更好的节能效果。

7.1 双定子单作用变量泵的变量机构

如图 7-1 所示为单作用双定子泵限压式外反馈机构的原理简图，它能够根据泵的供油方式和出口负载的大小自动调节泵的排量。图 7-1 中滚柱 3 和连杆 4 组成滚柱连杆组，滚柱连杆组随转子 5 一起

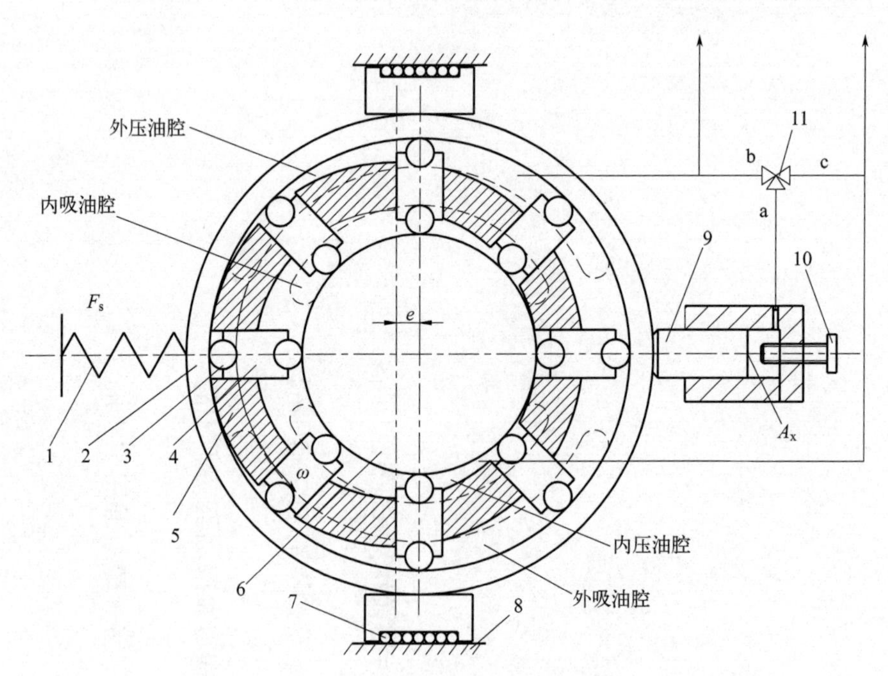

图 7-1 单作用双定子泵限压式外反馈机构的原理简图

1—弹簧；2—外定子；3—滚柱；4—连杆；5—转子；6—内定子；7—滚针；8—滚针支撑（壳体）；9—反馈柱塞；10—流量调节螺钉；11—三通截止阀

运动，转子 5 由电机驱动，其中心轴线固定不动。外定子 2 和内定子 6 为等宽结构，两者位置相对固定，在外定子沿滚针支撑 8 左右移动时，内定子与外定子做同样运动。反馈柱塞 9 支撑在定子的右侧，它的油腔通过三通截止阀 11 与泵的内压油腔或外压油腔相通。设单作用双定子泵输出油液的压力为 p，反馈柱塞 9 的油液作用面积为 A_x，反馈柱塞 9 作用在外定子 2 上的力为 pA_x，外定子 2 和内定子 6 固定连接，则定子组受到反馈力的大小为 pA_x。当反馈力 pA_x 小于作用在外定子的弹簧力 F_s 时，弹簧 1 把定子推到最右边，则定子与转子的偏心距 e 为初始偏心距，由流量调节螺钉 10 调定，这时泵排量最大。当系统工作压力增大到使 pA_x 大于 F_s 时，反馈力克服弹簧预紧力，推动内、外定子同时向左移动，偏心距减小，泵的排量随之也减小。当液压系统压力增大到一定值时，单作用双定子泵输出的油液与泵的泄漏保持平衡，泵就不向系统提供额外油液，系统压力保持最大。

当内泵单独工作时，三通截止阀 11 的 a 和 c 两个油口相通，实现内泵工作压力反馈；当外泵单独工作时，三通截止阀 11 的 a 和 b 两个油口相通，实现外泵压力反馈；当内泵和外泵联合工作时，内泵与外泵油液压力相同，三通截止阀 11 的 a 和 b 两个油口相通或 a 和 c 两个油口相通均使系统压力油接到反馈柱塞 9 的油腔中，实现压力反馈，自动调节泵的排量。

（1）变量泵的结构特点

如图 7-2 所示为单作用双定子变量泵的结构简图。

依据单作用双定子变量泵的结构，分析其变量机构具有如下几方面特点。

① 单作用双定子泵在一个壳体内有一个转子 3，两个定子（内定子 5 和外定子 6），变量机构通过改变定子和转子的偏心距来改变泵的输出流量，由于内、外定子之间的间距是等宽的，需要保持不变，因此，在结构设计上需要将内定子 5 和外定子 6 进行固定连接，在变量过程中进行同步移动，实现内、外泵的流量成比例变化。

② 单作用双定子泵存在内、外两个独立输出的泵，通过不同的输出组合，可以有 4 种不同的输出方式：内泵单独工作方式，外泵单独工作方式，内泵与外泵联合向同一个执行机构供油的工作方式，内泵与外泵分别向两个不同的执行机构供油的工作方式。

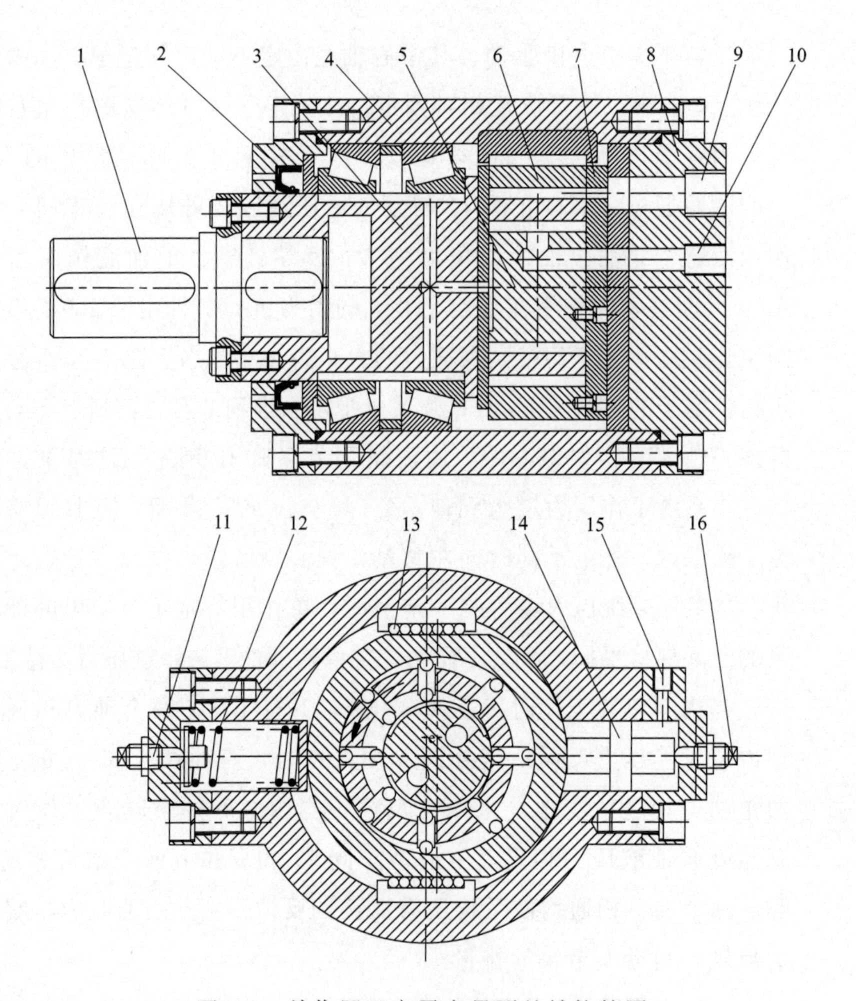

图 7-2 单作用双定子变量泵的结构简图

1—输出轴；2—左端盖；3—转子；4—壳体；5—内定子；6—外定子；7—连接板；8—右端盖；9—外泵油口；10—内泵油口；11—压力调节螺栓；12—弹簧；13—支撑滚针；14—活塞杆；15—反馈油口；16—流量调节螺栓

③ 反馈油口 15 处安装一个三通截止阀，三通截止阀另外两端接分别与内泵和外泵的输出口连通，当泵处于工作状态时，通过控制三通截止阀的通流情况来控制内泵油液反馈或者外泵油液反馈来进行流量的调整。

(2) 单作用双定子变量泵的三维建模

为了更加直观地表达出单作用双定子泵的结构特点，根据各个结构尺寸，利用三维软件对其进行三维建模，同时对泵的结构进行运动仿真，检查它的干涉性。

如图 7-3 所示为单作用双定子变量泵整体三维图，左端输入轴通过键与驱动装置连接，左端端盖有 4 个连接孔，分别为内泵的进出油口和外泵的进出油口；上面一个旋钮用于调节弹簧的预紧力，下面一个旋钮用于调节转子与定子的初始偏心距，旁边油口是反馈油口，接三通截止阀，控制反馈油液的变量调节。

图 7-3　单作用双定子变量泵整体三维图

如图 7-4 为图为内、外定子固定连接图，为了在变量过程中使内、外定子间距保持不变，同时为了在变量过程中移动的方便性，通过连接板利用螺钉将内、外定子固定在一起，实现变量过程中的同步运动。

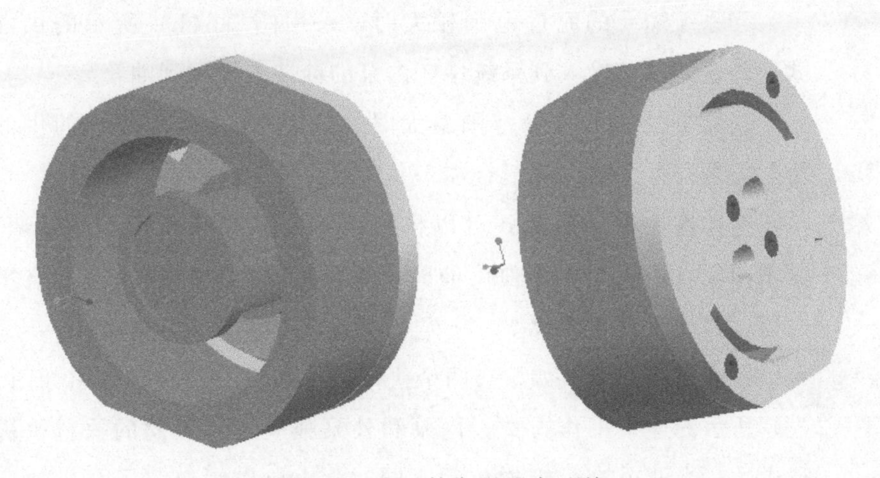

图 7-4　内、外定子固定连接

如图 7-5 为单作用双定子变量泵变量机构的剖视图，外定子上下两处支撑滚针使变量过程中定子移动方便，同时限制泵的上下移动位置；作用弹簧与活塞杆确定泵的偏心距离，并能够进行调节，调节过程中内泵与外泵的排量比例保持不变。

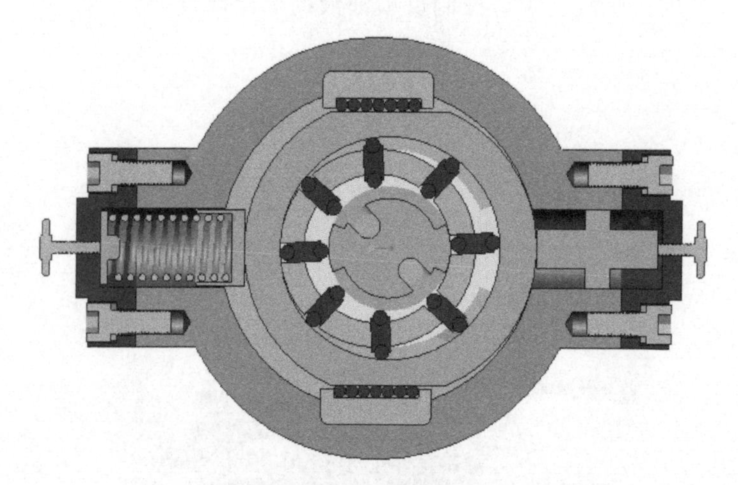

图 7-5 单作用双定子变量泵变量机构剖视图

(3) 双定子单作用变量泵的工作方式

根据单作用双定子泵的机构特点，内泵和外泵具有独立的输出功能，通过不同的组合方式，单作用双定子变量泵具有 4 种不同的工作方式，如图 7-6 所示。

当系统需要的流量范围较小时，采用图 7-6(a) 所示的供油方式，内泵的油液输入到系统中，外泵的油液直接回油箱。

当系统需要的流量范围较大时，采用图 7-6(b) 所示的供油方式，外泵的油液输入到系统中，内泵的油液直接回到油箱。

当系统需要的流量范围最大时，采用图 7-6(c) 所示的供油方法，内泵和外泵的油液汇合在一起向系统供油。

上述这 3 种供油方式可以根据系统需要流量的大小进行调整，其中内泵（或外泵）单独供油时，外泵（或内泵）的油液就会零压卸荷，提高了系统的效率。

在液压系统中，如果有两个执行机构独立工作时，采用如图 7-6(d) 所示的连接工作方式，内泵和外泵独立地对不同的执行机构进行供油。当两个执行机构负载不同时，由单作用双定子泵供油可以

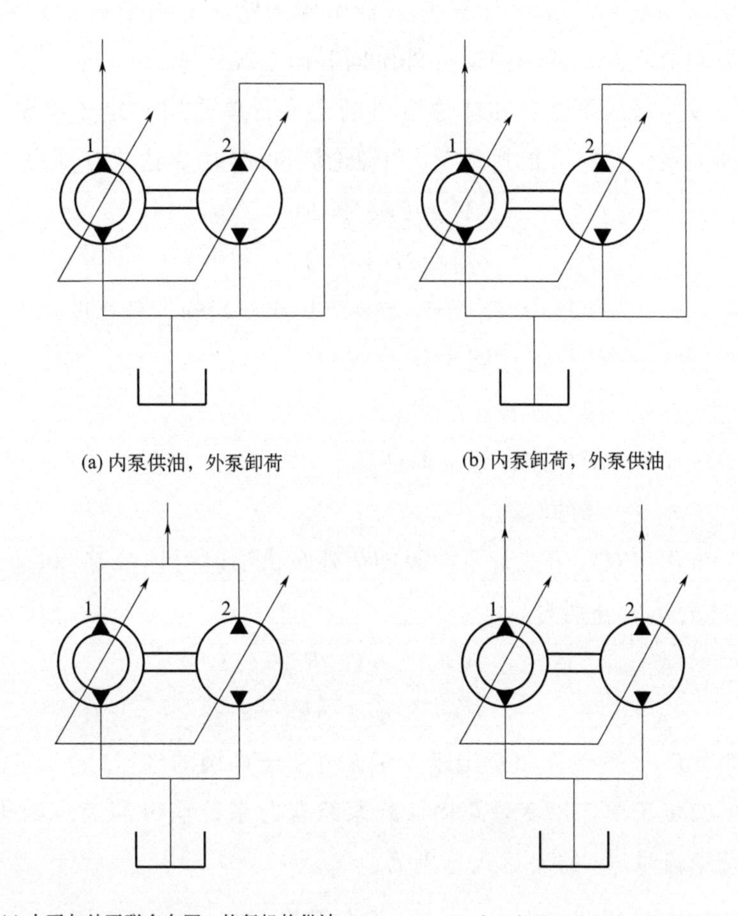

(a) 内泵供油，外泵卸荷　　(b) 内泵卸荷，外泵供油

(c) 内泵与外泵联合向同一执行机构供油　　(d) 内泵与外泵分别向不同的执行机构供油

图 7-6　单作用双定子变量泵 4 种不同的工作方式

省略减压阀，达到节能高效的目的。同时，在单作用双定子变量泵调节流量的过程中，内马达和外马达的流量比例系数保持不变，可以实现不同径缸的同步运动，且同步变速。

7.2
双定子单作用变量泵的流量分析

(1) 单作用双定子变量泵的三种流量计算方式

在单作用双定子变量泵工作过程中，内泵的低压区、高压区和外泵的低压区、高压区分布在相互独立的密闭容积中，所以单作用双定子变量泵的排量计算有三种不同的情况：内泵供油外泵卸荷、内泵卸荷外泵供油和内泵与外泵同时向系统供油。

按照液压泵排量和理论流量的定义，单作用双定子变量泵内泵供油外泵卸荷时泵的排量 V_1 和理论流量 q_{t1} 的表达式分别为

$$V_1 = 2Be(2\pi R_3 - zs) \tag{7-1}$$

$$q_{t1} = 2Ben(2\pi R_3 - zs) \tag{7-2}$$

式中 B——单作用双定子变量泵滚柱连杆组的计算宽度；

R_3——转子的内圆半径；

z——滚柱连杆组数量；

s——滚柱连杆组的厚度；

n——泵的转速。

单作用双定子变量泵内泵卸荷外泵供油时的排量 V_2 和理论流量 q_{t2} 的表达式分别为

$$V_2 = 2Be(2\pi R_4 - zs) \tag{7-3}$$

$$q_{t2} = 2Ben(2\pi R_4 - zs) \tag{7-4}$$

式中 R_4——单作用双定子变量泵外定子内圆的半径。

双定子单作用变量泵内、外泵组合向系统输出油液时的排量 V_3 和理论流量 q_{t3} 的表达式分别为

$$V_3 = V_1 + V_2 \tag{7-5}$$

$$q_{t3} = q_{t1} + q_{t2} \tag{7-6}$$

（2）单作用双定子变量泵三种瞬时流量分析

在单作用双定子变量泵中，由滚柱连杆组的运动特点能够分析计算出单作用双定子变量泵在三种不同连接方式下的瞬时流量。如图 7-7 所示为单作用双定子变量泵的流量分析，相邻两个连杆滚柱之间的夹角等于过渡区域的夹角，均为 β，所以泵的运转情况也是以转子转动 β 为周期性变化。转子转动过程中，图示连杆滚柱 a 对内泵是将油液排到吸油区，其值为 Q_{a1}，对外泵是将油液排入压油腔，其值为 Q_{a2}；连杆滚柱 b 对内泵是将油液排入压油腔，其值为 Q_{b1}，对外泵是将油液排入吸油腔，其值为 Q_{b2}。

内泵的瞬时流量

$$Q_1 = Q_{b1} - Q_{a1} \tag{7-7}$$

外泵的瞬时流量

$$Q_2=Q_{a2}-Q_{b2} \tag{7-8}$$

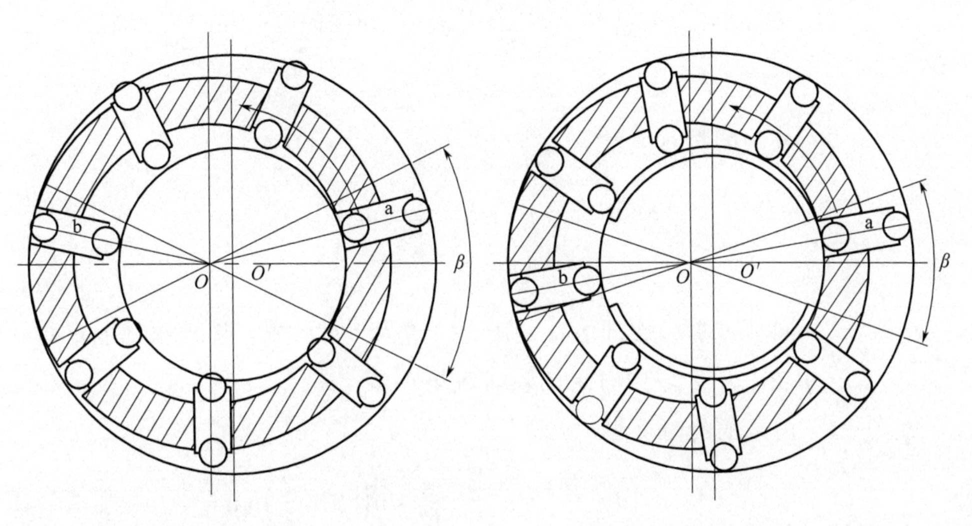

(a) 滚柱连杆组数为奇数时的结构示意

(b) 滚柱连杆组数为偶数时的结构示意

图 7-7　单作用双定子变量泵的流量分析

当连杆滚柱组 a、b 在图 7-7 表示的位置时

$$Q_{a1}=\frac{1}{2}B\omega(R_3^2-\rho_1^2) \tag{7-9}$$

$$Q_{a2}=\frac{1}{2}B\omega(\rho_2^2-R_4^2) \tag{7-10}$$

$$Q_{b1}=\frac{1}{2}B\omega(R_3^2-\rho_3^2) \tag{7-11}$$

$$Q_{b2}=\frac{1}{2}B\omega(\rho_4^2-R_4^2) \tag{7-12}$$

式中　ρ_1——a 中内滚柱与内定子接触点和转子轴心 O 之间的长度；

ρ_2——a 中外滚柱与外定子接触点和转子轴心 O 之间的长度；

ρ_3——b 中内滚柱与内定子接触点和转子轴心 O 之间的长度；

ρ_4——b 中外滚柱与外定子接触点和转子轴心 O 之间的长度。

① 连杆滚柱数为奇数时［图 7-7(a)］。

当连杆柱 a 在 $\theta=0\sim\beta/2$ 域时，连杆滚柱 b 在 $\theta'=\pi\sim\beta/2+\theta_1$ 区域内，将所求的值分别代入式(7-9)～式(7-12) 求出 Q_{a1}、Q_{a2}、Q_{a3} 及 Q_{a4}，通过式(7-7) 和式(7-8) 求出单作用双定子变量泵的瞬时流量。

内泵的瞬时流量

$$Q_1=B\omega R_3 e\left[2\cos\left(\theta-\frac{\beta}{4}\right)\cos\frac{\beta}{4}-\frac{e}{R_3}\sin\left(2\theta-\frac{\beta}{2}\right)\sin\frac{\beta}{2}\right]\quad 0\leqslant\theta\leqslant\frac{\beta}{2} \tag{7-13}$$

外泵的瞬时流量

$$Q_2=B\omega R_4 e\left[2\cos\left(\theta-\frac{\beta}{4}\right)\cos\frac{\beta}{4}-\frac{e}{R_4}\sin\left(2\theta-\frac{\beta}{2}\right)\sin\frac{\beta}{2}\right]\quad 0\leqslant\theta\leqslant\frac{\beta}{2} \tag{7-14}$$

同理可求当连杆滚柱 a 在 $\theta=-\beta/2\sim0$ 区域，连杆滚柱 b 在 $\theta'=\pi\sim\beta/2+\theta_1$ 区域内时泵的瞬时流量。

内泵的瞬时流量

$$Q_1=B\omega R_3 e\left[2\cos\left(\theta+\frac{\beta}{4}\right)\cos\frac{\beta}{4}-\frac{e}{R_3}\sin\left(2\theta+\frac{\beta}{2}\right)\sin\frac{\beta}{2}\right]\quad -\frac{\beta}{2}\leqslant\theta<0 \tag{7-15}$$

外泵的瞬时流量

$$Q_2=B\omega R_4 e\left[2\cos\left(\theta+\frac{\beta}{4}\right)\cos\frac{\beta}{4}-\frac{e}{R_4}\sin\left(2\theta+\frac{\beta}{2}\right)\sin\frac{\beta}{2}\right]\quad -\frac{\beta}{2}\leqslant\theta<0 \tag{7-16}$$

由式(7-13)～式(7-16) 可知，内泵和外泵的流量曲线如图 7-8 所示，泵的流量曲线是以 β 为周期变化的。

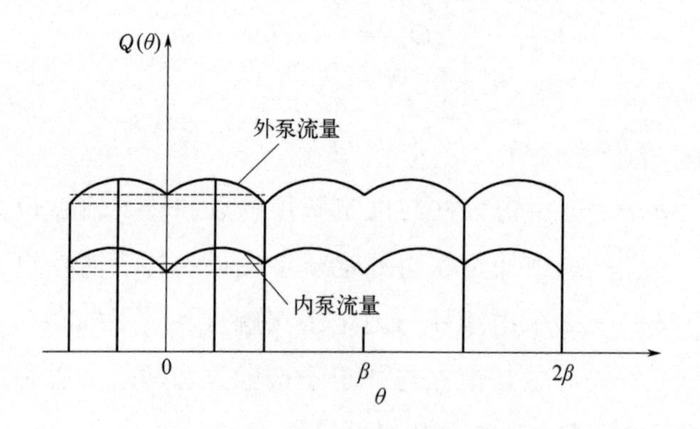

图 7-8 内泵和外泵的流量曲线

其中，当 $\theta=\pm\beta/4$ 时，单作用双定子变量泵中内泵和外泵的流量各自达到最大值，它们的表达式分别为

$$Q_{1\max}=2B\omega R_3 e\cos\frac{\beta}{4} \tag{7-17}$$

$$Q_{2\max}=2B\omega R_4 e\cos\frac{\beta}{4} \tag{7-18}$$

当 $\theta=\pm\beta/4$ 时，单作用双定子变量泵中的内泵和外泵的流量各自达到最小值，它们的表达式分别为

$$Q_{1\min}=B\omega R_3 e\left(2\cos^2\frac{\beta}{4}-\frac{e}{R_3}\sin^2\frac{\beta}{2}\right) \tag{7-19}$$

$$Q_{2\min}=B\omega R_4 e\left(2\cos^2\frac{\beta}{4}-\frac{e}{R_4}\sin^2\frac{\beta}{2}\right) \tag{7-20}$$

由以上表达式求出单作用双定子变量泵内泵和外泵的最大值、最小值，可以计算出各种连接方式下的瞬时流量脉动。

$$\delta=\frac{Q_{\max}-Q_{\min}}{Q_{\max}}\times 100\% \tag{7-21}$$

单作用双定子变量泵中内泵单独输出的瞬时流量脉动为

$$\delta_1=1-\cos\frac{\beta}{4}+\frac{\dfrac{e}{2R_3}\sin^2\dfrac{\beta}{2}}{\cos\dfrac{\beta}{4}}\approx 1-\cos\frac{\beta}{4} \tag{7-22}$$

单作用双定子变量泵中外泵单独输出的瞬时流量脉动为

$$\delta_2=1-\cos\frac{\beta}{4} \tag{7-23}$$

当内泵与外泵同时工作时，内泵的流量与外泵的流量汇合，由于两泵的流量变化周期相同，且最大值与最小值的转角相同，所以设计合理的流道，使内泵流量变化曲线的波峰与外泵流量变化曲线的波谷叠加，同时内泵流量变化曲线的波谷与外泵流量变化曲线的波峰叠加，这样两泵同时向一个执行机构供油时，泵的输出瞬时流量最大值为

$$Q_{3\max}=Q_{1\min}+Q_{2\max} \tag{7-24}$$

最小值为

$$Q_{3\min}=Q_{1\max}+Q_{2\min} \tag{7-25}$$

因此，单作用双定子变量泵中内泵和外泵组合一起向液压系统输出油液时的流量脉动为

$$\delta_3=1-\frac{R_3+R_4\cos\dfrac{\beta}{4}}{R_3\cos\dfrac{\beta}{4}+R_4} \tag{7-26}$$

由于 $R_3<R_4$，所以 $\delta_3<\delta_1=\delta_2$，表示两泵同时工作的瞬时流量比内、外泵单独工作时的瞬时流量要均匀。

② 连杆滚柱数为偶数时［图 7-7(b)］。

当连杆滚柱组 a 在 $\theta=-\beta/2\sim\beta/2$ 区域时，连杆滚柱组对称分布，连杆滚柱 b 在 $\theta'=\pi+\theta_1$ 区域内，将所求的值分别代入式(7-9)～式(7-12)，求出 Q_{a1}、Q_{a2}、Q_{a3} 及 Q_{a4}，通过式(7-7) 和式(7-8) 求出单作用双定子变量泵的瞬时流量。

内泵的瞬时流量

$$Q_1=2B\omega R_3 e\cos\theta \quad -\frac{\beta}{2}\leqslant\theta\leqslant\frac{\beta}{2} \tag{7-27}$$

外泵的瞬时流量

$$Q_1=2B\omega R_4 e\cos\theta \quad -\frac{\beta}{2}\leqslant\theta\leqslant\frac{\beta}{2} \tag{7-28}$$

根据式(7-25) 和式(7-26) 可以求出连杆滚柱数为偶数时内泵和外泵的流量曲线，如图 7-9 所示，泵的流量曲线是以 β 为周期变化的。

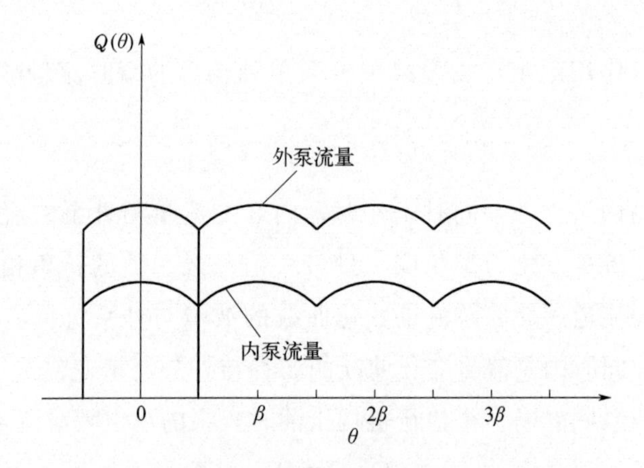

图 7-9 连杆滚柱组数为偶数时的流量变化图

其中，当 $\theta=0$，单作用双定子变量泵中内泵和外泵的流量各自达到最大值，它们的表达式分别为

$$Q_{1\max}=2B\omega R_3 e \tag{7-29}$$

$$Q_{2\max}=2B\omega R_4 e \tag{7-30}$$

当 $\theta=\pm\beta/2$ 时，单作用双定子变量泵中的内泵和外泵的流量各自达到最小值，它们的表达式分别为

$$Q_{1\min}=B\omega R_3 e\cos\frac{\beta}{4} \tag{7-31}$$

$$Q_{2\min}=B\omega R_4 e\cos\frac{\beta}{4} \tag{7-32}$$

单作用双定子变量泵工作过程中，连杆滚柱数为偶数时，内泵单独输出的瞬时流量脉动为

$$\delta_1=1-\cos\frac{\beta}{2} \tag{7-33}$$

外泵单独输出的瞬时流量脉动为

$$\delta_2=1-\cos\frac{\beta}{2} \tag{7-34}$$

当内泵和外泵同时工作时，设计流道使瞬时流量波动性最小，当内泵流量在最大时刻时，外泵流量就处于最小状态，泵的总流量瞬时最小，即 $Q_{3\min}=Q_{1\max}+Q_{2\min}$，当内泵流量在最小时刻时，外泵流量就处于最大状态，泵的总流量瞬时最大，即 $Q_{3\max}=Q_{1\min}+Q_{2\max}$，这样将总流量的最大值与最小值代入式(7-21) 可以求出内泵和外泵同时工作时的流量脉动。

$$\delta_3=1-\frac{R_3+R_4\cos\dfrac{\beta}{2}}{R_3\cos\dfrac{\beta}{2}+R_4} \tag{7-35}$$

由于 $R_3<R_4$，所以 $\delta_3<\delta_1=\delta_2$，表示两泵同时工作的瞬时流量比内、外泵单独工作时的瞬时流量要均匀。

从连杆滚柱数为奇数或偶数时的流量不均匀系数比较可知，单作用双定子变量泵的流量脉动与连杆滚柱数 z 有关，连杆滚柱数越多，流量不均匀系数越小，流量越平稳；单作用双定子泵的流量不均匀系数与滚柱连杆的奇偶性有关，当连杆滚柱数为奇数时，泵的流量不均匀性显著减少；同时，在连杆滚柱组数确定的情况下，合理设计内泵与外泵的合并流量，当内泵与外泵同时工作时可以在一定程度上降低流量的不均匀性。

(3) 偏转角和卸荷槽对泵输出流量脉动的影响

在实际泵的设计中，为了能够消除液压困油的现象和有效的降低噪声，在单作用双定子变量泵的配油盘上设计偏转角 φ_1 和 φ_2，同时还有预升幅角 γ_1 和卸荷幅角 γ_2，外泵配流盘中偏转角和卸荷槽示

意如图 7-10 所示。

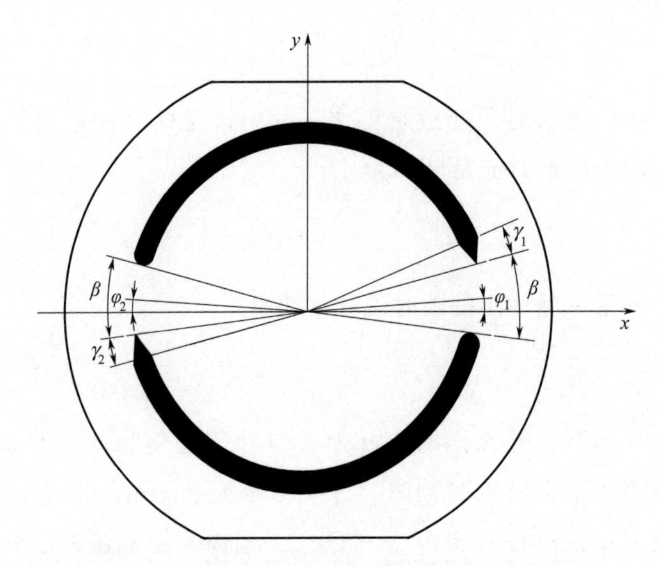

图 7-10 外泵配油盘中偏转角和卸荷槽示意

以外泵为例，当连杆滚柱组从水平位置按逆时针方向旋转$\frac{\beta}{2}$角度时，顺时针相邻连杆滚柱组之间的容积并没有立刻和配油盘的高压油腔相同，必须在继续转动 $\varphi_1+\gamma_1$ 角度之后，才能与高压油腔的腰槽连通。在连杆滚柱组转动的过程中，这个角度之间，相邻两个连杆滚柱组之间组成的容积是闭死封闭型的，会出现自行封闭的机械压缩，不能进行油液的输出。在 7.2 节中求出的是单作用双定子变量泵在理想条件下的流量表达式，它的变化状态几乎由机械构件运动学所决定，与实际通过配流盘后的流量输出有一定的差距。因此，在计算泵实际输出的瞬时流量时，应该加入因卸荷槽向密闭容腔回冲流量的计算，这种回冲流量为负值，使单作用双定子变量泵的流量减小。同时，在预卸荷区转角之内，连杆滚柱组之间剩下的排油行程被配流盘封闭，使剩余的排油量通过一定的阻尼排到配流盘的吸油槽中，这样连杆滚柱组中的高压油液体积膨胀量也会通过相应的阻尼排到配流盘的吸油腰槽中。因此，在配流盘中，预卸压幅角 γ_2 对单作用双定子变量泵瞬时流量没有影响。

如图 7-11 所示为配流盘中三角卸荷槽参数关系，外泵配流盘的预升卸荷槽是一个三角空间椎体结构，横截锥体的截断面积为过流面积。配流盘中三角槽一个侧面与配流盘表面重合，如图 7-11 中的 $\triangle efg$ 面。沟底棱线 eh 与面$\triangle efg$ 夹角 α_1，bc 为配流盘中吸排油窗孔的前缘圆弧，由于圆弧半径较大，圆弧 bc 近似为直线 bc 处理。在分析求解当中，$\triangle abc$ 的面积为计算当中过流截面的面积，其中，$\triangle abc$ 平面与$\triangle ebc$ 平面相互垂直，$\triangle abc$ 不是面积最小的过流面积，$ak \perp bc$，所以，$\triangle abc$ 的面积为 S_1。

$$S_1=\frac{1}{2}|ak|\cdot|bc| \tag{7-36}$$

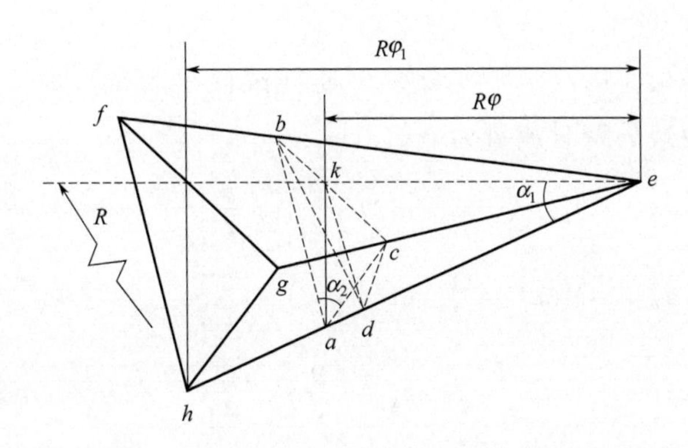

图 7-11　配流盘中三角卸荷槽参数的几何关系

由图 7-11 中几何关系可知，$|ak|=|ek|\tan\alpha_1=R\gamma_1\tan\alpha_1$，式中，$R$ 为单作用双定子配流盘外泵三角沟槽的分布圆半径；α_1 为三角沟槽的角度参数，一般取值 30°；ek 为三角槽在配流盘表面上分布的一段圆弧。$|bc|=2|ak|\tan\dfrac{\alpha_2}{2}=2R\gamma\tan\alpha_1\tan\dfrac{\alpha_2}{2}$，式中，$\alpha_2$ 为三角沟槽的角度参数，一般取值 60°。所以，三角形卸荷槽的过流截面面积为

$$S_1=R^2\gamma^2\tan^2\alpha_1\tan\frac{\alpha_2}{2} \tag{7-37}$$

在单作用双定子变量泵的外泵中，经过卸荷槽的流量为

$$Q_x=C_dS_1\sqrt{\frac{2(p_s-p)}{\rho}} \tag{7-38}$$

式中　C_d——单作用双定子变量泵外泵三角形卸荷槽的流量系数；

p_s——单作用双定子变量泵外泵高压油腔的压力；

p——单作用双定子变量泵外泵配油盘预升区油液的压力；

ρ——油液的密度大小。

由于在单作用双定子变量泵内连杆滚柱组在配流盘中的预升和卸压减振槽工作过程很短，因此，减振槽中的引油是一种脉冲式射流，按照对脉冲式射流的分析可知，在减振槽中流动的油液的状态应该是一种紊流，根据流体力学分析，流量系数 C_d 一般情况取 0.82。

根据流体力学可知，单作用双定子泵的配流盘偏转转角 φ_1 和预升幅角 γ_1 对单作用双定子变量泵瞬时流量波形有很大的影响。由于在设计过程中，都会使 $\varphi_1+\gamma_1\leqslant\beta$，所以，接下来可以分为 $0\leqslant\varphi_1+\gamma_1\leqslant\dfrac{\beta}{2}$ 和 $\dfrac{\beta}{2}\leqslant\varphi_1+\gamma_1\leqslant\beta$ 两种情况进行讨论。

① 当 $0\leqslant\varphi_1+\gamma_1\leqslant\beta/2$ 时。

当单作用双定子变量泵中连杆滚柱组为奇数时，它的内泵单独输出油液的瞬时流量为

$$Q_1=\begin{cases}B\omega R_3 e\left[2\cos\left(\theta-\dfrac{\beta}{4}\right)\cos\dfrac{\beta}{4}-\dfrac{e}{R_3}\sin\left(2\theta-\dfrac{\beta}{2}\right)\sin\dfrac{\beta}{2}\right] & 0\leqslant\theta\leqslant\dfrac{\beta}{2}+\varphi_1\\ B\omega R_3 e\left[2\cos\left(\theta-\dfrac{\beta}{4}\right)\cos\dfrac{\beta}{4}-\dfrac{e}{R_3}\sin\left(2\theta-\dfrac{\beta}{2}\right)\sin\dfrac{\beta}{2}\right]-Q_x & \dfrac{\beta}{2}+\varphi_1\leqslant\theta\leqslant\dfrac{\beta}{2}+\varphi_1+\gamma_1\\ B\omega R_3 e\left[2\cos\left(\theta-\dfrac{\beta}{4}\right)\cos\dfrac{3\beta}{4}-\dfrac{e}{R_3}\sin\left(2\theta-\dfrac{\beta}{2}\right)\sin\dfrac{3\beta}{2}\right] & \dfrac{\beta}{2}+\varphi_1+\gamma_1\leqslant\theta\leqslant\beta\end{cases}\tag{7-39}$$

$$Q_2=\begin{cases}B\omega R_4 e\left[2\cos\left(\theta-\dfrac{\beta}{4}\right)\cos\dfrac{\beta}{4}-\dfrac{e}{R_4}\sin\left(2\theta-\dfrac{\beta}{2}\right)\sin\dfrac{\beta}{2}\right] & 0\leqslant\theta\leqslant\dfrac{\beta}{2}+\varphi_1\\ B\omega R_4 e\left[2\cos\left(\theta-\dfrac{\beta}{4}\right)\cos\dfrac{\beta}{4}-\dfrac{e}{R_3}\sin\left(2\theta-\dfrac{\beta}{2}\right)\sin\dfrac{\beta}{2}\right]-Q_x & \dfrac{\beta}{2}+\varphi_1\leqslant\theta\leqslant\dfrac{\beta}{2}+\varphi_1+\gamma_1\\ B\omega R_4 e\left[2\cos\left(\theta-\dfrac{\beta}{4}\right)\cos\dfrac{3\beta}{4}-\dfrac{e}{R_4}\sin\left(2\theta-\dfrac{\beta}{2}\right)\sin\dfrac{3\beta}{2}\right] & \dfrac{\beta}{2}+\varphi_1+\gamma_1\leqslant\theta\leqslant\beta\end{cases}\tag{7-40}$$

当单作用双定子变量泵中连杆滚柱组为偶数时，它的内泵单独输出油液的瞬时流量为

$$Q_1=\begin{cases}2B\omega R_3 e\cos\theta & 0\leqslant\theta\leqslant\dfrac{\beta}{2}\\ B\omega R_3 e\left[2\cos\left(\theta-\dfrac{\beta}{2}\right)\cos\dfrac{\beta}{2}-\dfrac{e}{R_3}\sin(2\theta-\beta)\sin\beta\right] & \dfrac{\beta}{2}\leqslant\theta\leqslant\dfrac{\beta}{2}+\varphi_1\\ B\omega R_3 e\left[2\cos\left(\theta-\dfrac{\beta}{2}\right)\cos\dfrac{\beta}{2}-\dfrac{e}{R_3}\sin(2\theta-\beta)\sin\beta\right]-Q_x & \dfrac{\beta}{2}+\varphi_1\leqslant\theta\leqslant\dfrac{\beta}{2}+\varphi_1+\gamma_1\\ 2B\omega R_3 e\cos(\theta-\beta) & \dfrac{\beta}{2}+\varphi_1+\gamma_1\leqslant\theta\leqslant\beta\end{cases}\tag{7-41}$$

$$
Q_2=\begin{cases}
2B\omega R_4 e\cos\theta & 0\leqslant\theta\leqslant\dfrac{\beta}{2} \\
B\omega R_4 e\left[2\cos\left(\theta-\dfrac{\beta}{2}\right)\cos\dfrac{\beta}{2}-\dfrac{e}{R_4}\sin(2\theta-\beta)\sin\beta\right] & \dfrac{\beta}{2}\leqslant\theta\leqslant\dfrac{\beta}{2}+\varphi_1 \\
B\omega R_4 e\left[2\cos\left(\theta-\dfrac{\beta}{2}\right)\cos\dfrac{\beta}{2}-\dfrac{e}{R_4}\sin(2\theta-\beta)\sin\beta\right]-Q_x & \dfrac{\beta}{2}+\varphi_1\leqslant\theta\leqslant\dfrac{\beta}{2}+\varphi_1+\gamma_1 \\
2B\omega R_4 e\cos(\theta-\beta) & \dfrac{\beta}{2}+\varphi_1+\gamma_1\leqslant\theta\leqslant\beta
\end{cases}
\tag{7-42}
$$

利用式(7-39)～式(7-42) 的参数关系进行仿真，单作用双定子变量泵的流量曲线如图 7-12 所示。从图 7-12 中可以发现，由于配流盘中的三角形卸荷槽存在，会产生一定的油液回冲，同时油液具有可压缩性，这些对泵的流量都会产生影响。连杆滚柱组的数量不管是奇数还是偶数，泵流量不均匀变化的周期均为 $2\pi/z$。在连杆滚柱组数相邻的情况下，奇数的连杆滚柱组泵的流量不均匀幅值不一定比偶数连杆滚柱组的小。在偏转转角 φ_1 和预升幅角 γ_1 之和小于相邻连杆滚柱组之间夹角一半（$\beta/2$）时，偶数连杆滚柱组的流量脉动幅值要比奇数连杆滚柱组的小得多。

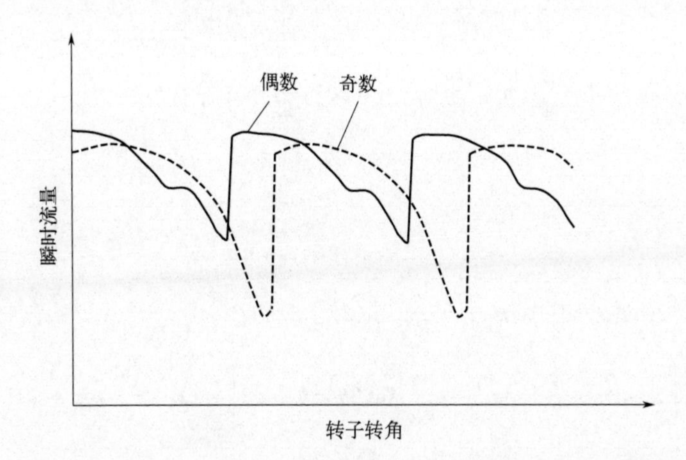

图 7-12　第一种情况时单作用双定子变量泵的瞬时流量曲线

② 当 $\beta/2<\varphi_1+\gamma_1\leqslant\beta$ 时。

当单作用双定子变量泵中连杆滚柱组为奇数时，它的内泵单独输出油液的瞬时流量为

$$Q_1=\begin{cases}B\omega R_3 e\left[2\cos\left(\theta+\dfrac{\beta}{4}\right)\cos\dfrac{3\beta}{4}-\dfrac{e}{R_3}\sin\left(2\theta+\dfrac{\beta}{2}\right)\sin\dfrac{3\beta}{2}\right]-Q_x & 0\leqslant\theta\leqslant\dfrac{\beta}{2}+\varphi_1\\ B\omega R_3 e\left[2\cos\left(\theta-\dfrac{\beta}{4}\right)\cos\dfrac{\beta}{4}-\dfrac{e}{R_3}\sin\left(2\theta-\dfrac{\beta}{2}\right)\sin\dfrac{\beta}{2}\right] & \dfrac{\beta}{2}+\varphi_1\leqslant\theta\leqslant\dfrac{\beta}{2}+\varphi_1+\gamma_1\\ B\omega R_3 e\left[2\cos\left(\theta-\dfrac{\beta}{4}\right)\cos\dfrac{\beta}{4}-\dfrac{e}{R_3}\sin\left(2\theta-\dfrac{\beta}{2}\right)\sin\dfrac{\beta}{2}\right]-Q_x & \dfrac{\beta}{2}+\varphi_1+\gamma_1\leqslant\theta\leqslant\beta\end{cases}\tag{7-43}$$

$$Q_2=\begin{cases}B\omega R_4 e\left[2\cos\left(\theta+\dfrac{\beta}{4}\right)\cos\dfrac{3\beta}{4}-\dfrac{e}{R_4}\sin\left(2\theta+\dfrac{\beta}{2}\right)\sin\dfrac{3\beta}{2}\right]-Q_x & 0\leqslant\theta\leqslant\dfrac{\beta}{2}+\varphi_1\\ B\omega R_4 e\left[2\cos\left(\theta-\dfrac{\beta}{4}\right)\cos\dfrac{\beta}{4}-\dfrac{e}{R_4}\sin\left(2\theta-\dfrac{\beta}{2}\right)\sin\dfrac{\beta}{2}\right] & \dfrac{\beta}{2}+\varphi_1\leqslant\theta\leqslant\dfrac{\beta}{2}+\varphi_1+\gamma_1\\ B\omega R_4 e\left[2\cos\left(\theta-\dfrac{\beta}{4}\right)\cos\dfrac{\beta}{4}-\dfrac{e}{R_4}\sin\left(2\theta-\dfrac{\beta}{2}\right)\sin\dfrac{\beta}{2}\right]-Q_x & \dfrac{\beta}{2}+\varphi_1+\gamma_1\leqslant\theta\leqslant\beta\end{cases}\tag{7-44}$$

当单作用双定子变量泵中连杆滚柱组为偶数时，它的内泵单独输出油液的瞬时流量为

$$Q_1=\begin{cases}B\omega R_3 e\left[2\cos\left(\theta+\dfrac{\beta}{2}\right)\cos\dfrac{\beta}{4}-\dfrac{e}{R_3}\sin(2\theta+\beta)\sin\beta\right]-Q_x & 0\leqslant\theta\leqslant\varphi_1+\gamma_1-\dfrac{\beta}{2}\\ 2B\omega R_3 e\cos\theta & \varphi_1+\gamma_1-\dfrac{\beta}{2}\leqslant\theta\leqslant\dfrac{\beta}{2}\\ B\omega R_3 e\left[2\cos\left(\theta-\dfrac{\beta}{4}\right)\cos\dfrac{\beta}{4}-\dfrac{e}{R_3}\sin\left(2\theta-\dfrac{\beta}{2}\right)\sin\dfrac{\beta}{2}\right] & \dfrac{\beta}{2}\leqslant\theta\leqslant\dfrac{\beta}{2}+\varphi_1\\ B\omega R_3 e\left[2\cos\left(\theta-\dfrac{\beta}{4}\right)\cos\dfrac{\beta}{4}-\dfrac{e}{R_3}\sin\left(2\theta-\dfrac{\beta}{2}\right)\sin\dfrac{\beta}{2}\right]-Q_x & \dfrac{\beta}{2}+\varphi_1\leqslant\theta\leqslant\beta\end{cases}\tag{7-45}$$

$$Q_2=\begin{cases}2B\omega R_4 e\cos\theta & 0\leqslant\theta\leqslant\dfrac{\beta}{2}\\ B\omega R_4 e\left[2\cos\left(\theta-\dfrac{\beta}{2}\right)\cos\dfrac{\beta}{2}-\dfrac{e}{R_4}\sin(2\theta-\beta)\sin\beta\right] & \dfrac{\beta}{2}\leqslant\theta\leqslant\dfrac{\beta}{2}+\varphi_1\\ B\omega R_4 e\left[2\cos\left(\theta-\dfrac{\beta}{2}\right)\cos\dfrac{\beta}{2}-\dfrac{e}{R_4}\sin(2\theta-\beta)\sin\beta\right]-Q_x & \dfrac{\beta}{2}+\varphi_1\leqslant\theta\leqslant\dfrac{\beta}{2}+\varphi_1+\gamma_1\\ 2B\omega R_4 e\cos(\theta-\beta) & \dfrac{\beta}{2}+\varphi_1+\gamma_1\leqslant\theta\leqslant\beta\end{cases}\tag{7-46}$$

根据式(7-43)和式(7-46)，将各参数代入求解，可以得到连杆滚柱数为奇数或偶数时泵的瞬时流量曲线，如图7-13所示。

从图7-13中可以发现，在受到配流盘中卸荷槽流量回冲和油液

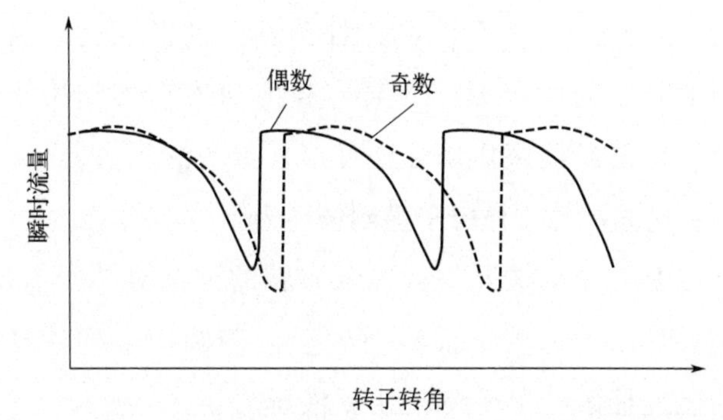

图 7-13　第二种情况时单作用双定子变量泵的瞬时流量曲线

受到压缩的影响，单作用双定子变量泵中连杆滚柱组数不管是奇数还是偶数，泵的流量变化周期均为 $2\pi/z$。在单作用双定子变量泵工作过程中，对相邻的连杆滚柱组数进行比较，奇数时的瞬时流量脉动不总是比偶数时的小。当在偏转转角 φ_1 和预升幅角 γ_1 之和大于相邻连杆滚柱组之间夹角一半（$\beta/2$）时，连杆滚柱组数的奇偶性对泵的瞬时流量不均匀性影响并不大。

（4）偏转角和预升压幅角对流量脉动的影响

在配流盘上设计了偏转转角和预升幅角，泵输出的瞬时流量受到了很大的变化。连杆滚柱组数不管是奇数或者是偶数，单作用双定子变量泵的流量变化周期均为 $2\pi/z$；当偏转转角 φ_1 和预升幅角 γ_1 小于叶片的夹角一半（$\beta/2$）时，连杆滚柱数为偶数时泵的流量不均匀性幅值要比连杆滚柱组为奇数时小得多；在减少偏转转角 φ_1 和预升幅角 γ_1 的情况下，都对单作用双定子变量泵的流量不均匀性有减少的效果。

7.3
双定子单作用变量泵转子径向受力

单作用双定子变量泵的径向不平衡力是影响泵性能的主要因素，也是设计单作用双定子变量泵变量机构的主要考虑问题。单作用双定子变量泵转子受到的径向力主要由两大部分组成。一部分是内泵工作时对转子的作用力：内泵容腔内油液直接作用在转子圆周上的液压力，内泵封油区作用在连杆滚柱上的液压力。另一部分是外泵工作时对转子的作用力：外泵容腔内油液直接作用在转子圆周上的液压力，外泵封油区作用在连杆滚柱上的液压力。

(1) 内泵单独工作转子受到径向力

在内泵工作的情况下，内泵容腔的油液对转子有液压力的作用，其中主要作用力为内泵油液对转子内侧圆周上的液压力，其次是内泵封油区连杆滚柱上受到一定的液压力。

① 内泵单独工作油液对转子在圆周上的作用力。

如图 7-14 所示，以连杆滚柱组数 8 为例对转子受力情况进行分析。在单作用双定子变量泵的工作原理基础上可知，当连杆滚柱组 1 转动角度为 θ_1 时 $\left(-\dfrac{\beta}{2}\leqslant\theta_1\leqslant\dfrac{\beta}{2}\right)$，连杆滚柱组 1 脱离排油腔，连杆滚柱组 2 已经处在吸油腔内，同时连杆滚柱组 5 处于脱离吸油腔状态，连杆滚柱组 6 处于排油腔。按照转子转动的方向，连杆滚柱组 1 到连杆滚柱组 5 之间为内泵的吸油区，使转子受到低压油 p_0 的作用；连杆滚柱组 5 到连杆滚柱组 1 之间为内泵的排油区，使转子受到高压油 p_s 的作用。按照单作用双定子变量泵压力分布规律，可以得到转子内圆侧面受到内泵中油液作用力分布，如图 7-14 所示。

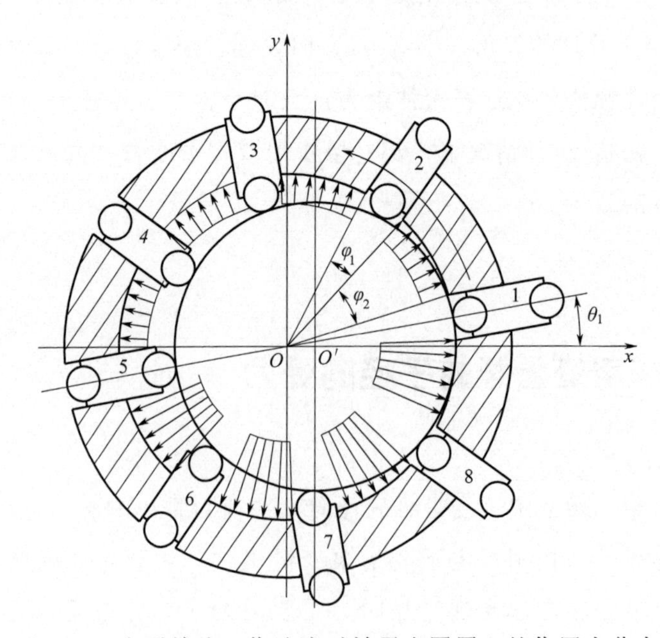

图 7-14　内泵单独工作油液对转子在圆周上的作用力分布

为了更方便地分析转子在转动过程中受力情况，设连杆滚柱对应的中心角为 φ_1，则 φ_1 的大小为连杆滚柱组的宽度 s 与转子内圆半径的比值，即

$$\varphi_1=\frac{s}{R_3} \tag{7-47}$$

相邻连杆滚柱组之间的转子部分对应的中心角为 φ_2，则 φ_2 的大小为相邻两连杆滚柱中心线对应的中心角 β 与连杆滚柱组对应的中心角 φ_1 之差，即

$$\varphi_2=\beta-\varphi_1 \tag{7-48}$$

当系统的负载一定时，假设吸油腔的油液压力 p_0 和压油腔的油液压力 p_s 维持一定值。

$$p(\theta)=\begin{cases} p_0, & \left(\theta_1+\frac{1}{2}\varphi_1,\theta_1+\frac{1}{2}\varphi_1+\varphi_2\right)\cup\left(\theta_1+\frac{3}{2}\varphi_1+\varphi_2,\theta_1+\frac{3}{2}\varphi_1+2\varphi_2\right) \\ & \cup\left(\theta_1+\frac{5}{2}\varphi_1+2\varphi_2,\theta_1+\frac{5}{2}\varphi_1+3\varphi_2\right)\cup\left(\theta_1+\frac{7}{2}\varphi_1+3\varphi_2,\theta_1+\frac{7}{2}\varphi_1+4\varphi_2\right) \\ p_s, & \left(\theta_1+\frac{9}{2}\varphi_1+4\varphi_2,\theta_1+\frac{9}{2}\varphi_1+5\varphi_2\right)\cup\left(\theta_1+\frac{11}{2}\varphi_1+5\varphi_2,\theta_1+\frac{11}{2}\varphi_1+6\varphi_2\right) \\ & \cup\left(\theta_1+\frac{13}{2}\varphi_1+6\varphi_2,\theta_1+\frac{13}{2}\varphi_1+7\varphi_2\right)\cup\left(\theta_1+\frac{15}{2}\varphi_1+7\varphi_2,\theta_1+\frac{15}{2}\varphi_1+8\varphi_2\right) \end{cases} \tag{7-49}$$

在转子受到液压力的角度范围内，在一个很小的中心角 $\mathrm{d}\theta$ 对应的转子内壁圆弧面积上所受到的液压力为 $\mathrm{d}F_1$，则

$$\mathrm{d}F_1=P(\theta)BR_3\mathrm{d}\theta \tag{7-50}$$

根据每一处的受力大小和方向，将力 $\mathrm{d}F$ 分解为 $\mathrm{d}F_{1x}$ 和 $\mathrm{d}F_{1y}$，则

$$\begin{cases}\mathrm{d}F_{1x}=P(\theta)BR_3\cos\theta\mathrm{d}\theta \\ \mathrm{d}F_{1y}=P(\theta)BR_3\sin\theta\mathrm{d}\theta\end{cases} \tag{7-51}$$

单作用双定子变量泵在工作时，内泵中的油液对转子内壁圆周上的作用力可由式(7-51) 计算出。

$$\begin{cases} F_{1x}=P_0BR_3\left(\int_{\theta_1+\frac{1}{2}\varphi_1}^{\theta_1+\frac{1}{2}\varphi_1+\varphi_2}\cos\theta\mathrm{d}\theta+\int_{\theta_1+\frac{3}{2}\varphi_1+\varphi_2}^{\theta_1+\frac{3}{2}\varphi_1+2\varphi_2}\cos\theta\mathrm{d}\theta+\int_{\theta_1+\frac{5}{2}\varphi_1+2\varphi_2}^{\theta_1+\frac{5}{2}\varphi_1+3\varphi_2}\cos\theta\mathrm{d}\theta+\int_{\theta_1+\frac{7}{2}\varphi_1+3\varphi_2}^{\theta_1+\frac{7}{2}\varphi_1+4\varphi_2}\cos\theta\mathrm{d}\theta\right) \\ \quad +P_SBR_3\left(\int_{\theta_1+\frac{9}{2}\varphi_1+4\varphi_2}^{\theta_1+\frac{9}{2}\varphi_1+5\varphi_2}\cos\theta\mathrm{d}\theta+\int_{\theta_1+\frac{11}{2}\varphi_1+5\varphi_2}^{\theta_1+\frac{11}{2}\varphi_1+6\varphi_2}\cos\theta\mathrm{d}\theta+\int_{\theta_1+\frac{13}{2}\varphi_1+6\varphi_2}^{\theta_1+\frac{13}{2}\varphi_1+7\varphi_2}\cos\theta\mathrm{d}\theta+\int_{\theta_1+\frac{15}{2}\varphi_1+7\varphi_2}^{\theta_1+\frac{15}{2}\varphi_1+8\varphi_2}\cos\theta\mathrm{d}\theta\right) \\ F_{1y}=P_0BR_3\left(\int_{\theta_1+\frac{1}{2}\varphi_1}^{\theta_1+\frac{1}{2}\varphi_1+\varphi_2}\sin\theta\mathrm{d}\theta+\int_{\theta_1+\frac{3}{2}\varphi_1+\varphi_2}^{\theta_1+\frac{3}{2}\varphi_1+2\varphi_2}\sin\theta\mathrm{d}\theta+\int_{\theta_1+\frac{5}{2}\varphi_1+2\varphi_2}^{\theta_1+\frac{5}{2}\varphi_1+3\varphi_2}\sin\theta\mathrm{d}\theta+\int_{\theta_1+\frac{7}{2}\varphi_1+3\varphi_2}^{\theta_1+\frac{7}{2}\varphi_1+4\varphi_2}\sin\theta\mathrm{d}\theta\right) \\ \quad +P_SBR_3\left(\int_{\theta_1+\frac{9}{2}\varphi_1+4\varphi_2}^{\theta_1+\frac{9}{2}\varphi_1+5\varphi_2}\sin\theta\mathrm{d}\theta+\int_{\theta_1+\frac{11}{2}\varphi_1+5\varphi_2}^{\theta_1+\frac{11}{2}\varphi_1+6\varphi_2}\sin\theta\mathrm{d}\theta+\int_{\theta_1+\frac{13}{2}\varphi_1+6\varphi_2}^{\theta_1+\frac{13}{2}\varphi_1+7\varphi_2}\sin\theta\mathrm{d}\theta+\int_{\theta_1+\frac{15}{2}\varphi_1+7\varphi_2}^{\theta_1+\frac{15}{2}\varphi_1+8\varphi_2}\sin\theta\mathrm{d}\theta\right) \end{cases} \tag{7-52}$$

如图 7-14 所示，当连杆滚柱数为偶数时，内泵的吸油腔与排油腔在结构上具有对称结构，低压油对转子内壁的液压力与高压油对转子内壁的液压力相应地形成对称关系，所以式(7-52) 可以简化为

$$\begin{cases} F_{1x}=(P_0-P_S)BR_3\left(\int_{\theta_1+\frac{1}{2}\varphi_1}^{\theta_1+\frac{1}{2}\varphi_1+\varphi_2}\cos\theta\mathrm{d}\theta+\int_{\theta_1+\frac{3}{2}\varphi_1+\varphi_2}^{\theta_1+\frac{3}{2}\varphi_1+2\varphi_2}\cos\theta\mathrm{d}\theta\right. \\ \qquad\left.+\int_{\theta_1+\frac{5}{2}\varphi_1+2\varphi_2}^{\theta_1+\frac{5}{2}\varphi_1+3\varphi_2}\cos\theta\mathrm{d}\theta+\int_{\theta_1+\frac{7}{2}\varphi_1+3\varphi_2}^{\theta_1+\frac{7}{2}\varphi_1+4\varphi_2}\cos\theta\mathrm{d}\theta\right) \\ F_{1y}=(P_0-P_S)BR_3\left(\int_{\theta_1+\frac{1}{2}\varphi_1}^{\theta_1+\frac{1}{2}\varphi_1+\varphi_2}\sin\theta\mathrm{d}\theta+\int_{\theta_1+\frac{3}{2}\varphi_1+\varphi_2}^{\theta_1+\frac{3}{2}\varphi_1+2\varphi_2}\sin\theta\mathrm{d}\theta\right. \\ \qquad\left.+\int_{\theta_1+\frac{5}{2}\varphi_1+2\varphi_2}^{\theta_1+\frac{5}{2}\varphi_1+3\varphi_2}\sin\theta\mathrm{d}\theta+\int_{\theta_1+\frac{7}{2}\varphi_1+3\varphi_2}^{\theta_1+\frac{7}{2}\varphi_1+4\varphi_2}\sin\theta\mathrm{d}\theta\right) \end{cases} \tag{7-53}$$

② 内泵单独工作时封油区油液对连杆滚柱组侧面的液压力。

如图 7-14 所示，对于处于封油区的连杆滚柱组 1 和 5，连杆滚柱组在油腔中的两个侧面分别受到吸油区的低压油 p_0 和排油区的高压油 p_s 作用力，力 F_2 的作用点等效在伸出部分的中点处，力 F_2 的表达式为

$$F_2=Bl_1(p_s-p_0) \tag{7-54}$$

式中　l_1——连杆滚柱组在内泵容腔中的等效长度，$l_1=R_3-e\cos\theta-\sqrt{R_1^2-e^2\sin^2\theta}$。

对于连杆滚柱组 1 和 5 上受到的液压力，分别用 F_{21} 和 F_{25} 表示，连杆滚柱组 1 和连杆滚柱组 5 伸出的长度分别为 l_{11} 和 l_{15}，连杆滚柱组 1 的转角为 θ_1，连杆滚柱组 5 的转角为 $\pi+\theta$，则 F_{21} 和 F_{25} 在 x 和 y 方向上的分力分别为

$$\begin{cases} F_{21x}=-B(p_s-p_0)(R_3-e\cos\theta_1-\sqrt{R_1^2-e^2\sin^2\theta})\sin\theta_1 \\ F_{21y}=B(p_s-p_0)(R_3-e\cos\theta_1-\sqrt{R_1^2-e^2\sin^2\theta})\cos\theta_1 \end{cases} \tag{7-55}$$

$$\begin{cases} F_{25x}=-B(p_s-p_0)(R_3+e\cos\theta_1-\sqrt{R_1^2-e^2\sin^2\theta})\sin\theta_1 \\ F_{25y}=B(p_s-p_0)(R_3+e\cos\theta_1-\sqrt{R_1^2-e^2\sin^2\theta})\cos\theta_1 \end{cases} \tag{7-56}$$

将 F_{21} 和 F_{25} 进行矢量求和，求解封油区中连杆滚柱组受到的油

液合力 F_2，并用 x 和 y 方向上的两个分力 F_{2x}、F_{2y} 进行表示。

$$\begin{cases} F_{2x}=-2B(p_s-p_0)(R_3-\sqrt{R_1^2-e^2\sin^2\theta})\sin\theta_1 \\ F_{2y}=2B(p_s-p_0)(R_3-\sqrt{R_1^2-e^2\sin^2\theta})\cos\theta_1 \end{cases} \tag{7-57}$$

③ 内泵单独工作时转子径向力数值模拟实例。

内泵中的油液对转子的作用力已经由式(7-52) 和式(7-57) 表示，为了进一步表示内泵中油液对转子的总作用力，将两部分作用力进行适量叠加，则总的作用力 F 在 x 和 y 方向上分别为

$$\begin{cases} F_{x1}=F_{1x}+F_{2x} \\ F_{y2}=F_{1y}+F_{2y} \end{cases} \tag{7-58}$$

总作用力 F_1 的数值求解公式为

$$F_1=\sqrt{F_{x1}^2+F_{y1}^2} \tag{7-59}$$

方向角 α_1 为

$$\alpha_1=\arctan\frac{F_{y1}}{F_{x1}} \tag{7-60}$$

根据对单作用双定子变量泵的设计，高压油腔压力取 $p_s=$ 6MPa，低压油腔压力为 $p_s=0$，连杆滚柱宽度 $B=45$mm，偏心距取最大值为 $e=5$mm，内定子半径 $R_1=55$mm，转子内圆半径 $R_3=$ 60mm，连杆滚柱的厚度 $s=8$mm，转子在转动的过程中，受到的总作用力 F 角度变化周期为 β，当连杆滚柱组 1 转过 β 时，连杆滚柱组 2 成为等效的连杆滚柱组 1。所以，为了获得转子在转动的过程中受到内泵的液压力情况，以一个周期 $\beta=45°$，将转角 θ 从 $-22.5°$～$22.5°$ 范围内作为研究对象，将 θ 均分 10 等分，利用式(7-53) 和式(7-57)～式(7-60) 分别求出 θ 取值为 $-22.5°$、$-18°$、$-13.5°$、$-9°$、$-4.5°$、$0°$、$4.5°$、$9°$、$13.5°$、$18°$、$22.5°$ 对应的转子径向受力情况。利用 Matlab 求解，改变 t 的大小代表 θ 的取值，可以得到各种角度下的转子受力情况，如表 7-1 所示。

表 7-1 内外泵单独工作时转子径向力受力情况

$\theta/(°)$	F_{1x}/N	F_{1y}/N	F_{2x}/N	F_{2y}/N	F_x/N	F_y/N	F/N	$\alpha/(°)$
−22.5	−10388	−25079	1040.1	2511.1	−9347.7	−22567	24427	−112.5
−18	−8388.2	−25816	837.97	2579.0	−7550.2	−23237	24433	−108
−13.5	−6336.8	−26395	631.86	2631.9	−5705.0	−23763	24438	−103.5

续表

$\theta/(^\circ)$	F_{1x}/N	F_{1y}/N	F_{2x}/N	F_{2y}/N	F_x/N	F_y/N	F/N	$\alpha/(^\circ)$
−9	−4246.4	−26811	422.84	2669.7	−3823.5	−24141	24442	−99
−4.5	−2129.8	−27061	211.89	2692.4	−1917.9	−24369	24444	−94.5
0	0	−27145	0	2700.0	0	−24445	24445	−90
4.5	2129.8	−27061	−211.89	2692.4	1917.9	−24369	24444	−85.5
9	4246.4	−26811	−422.84	2669.7	3823.5	−24141	24442	−81
13.5	6336.8	−26395	−631.86	2631.9	5705.0	−23763	24438	−76.5
18	8388.2	−25816	−837.97	2579.0	7550.2	−23237	24433	−72
22.5	10388	−25079	−1040.1	2511.1	9347.7	−22567	24427	−67.5

由表 7-1 可知，当连杆滚柱组从−22.5°～22.5°的过程中，转子受到内泵的作用力在 x 方向上的分力 F_x 先是在负方向上由大变小，减到为零时再在正方向上逐渐增大。转子受到内泵的作用力在 y 方向上始终指向负向，在数值上先逐渐增大到最大值，后逐渐减少。转子受到内泵的径向合力的大小先由大变小，再由小逐渐增大进行，方向在−112.5°～−67.5°的范围内周期性变化。

(2) 外泵单独工作转子受到径向力

在外泵单独工作的情况下，外泵容腔内的油液分两种作用力作用在转子上，其中一种是有杆腔油液对转子外圆侧面上的作用力，每一处的作用力方向都指向转子中心；另一种是通过作用在封油区连杆滚柱上的作用力，该力的方向垂直于连杆滚柱，由高压区指向低压区。

① 外泵单独工作油液对转子在圆周上的作用力。

外泵对转子液压力分布如图 7-15 所示。在连杆滚柱组 1 转动角度为 θ_2 时 $\left(-\frac{\beta}{2}\leqslant\theta_2\leqslant\frac{\beta}{2}\right)$，连杆滚柱组 1 和连杆滚柱组 5 处于封油区，连杆滚柱组 2、3、4 处在排油腔内，连杆滚柱组 6、7、8 处在吸油腔内。按照转子转动的方向，连杆滚柱组 1 到连杆滚柱组 5 之间的转子外圆侧面受到高压油液 p_s 的液压力作用，连杆滚柱组 5 到连杆滚柱组 1 之间的转子外圆侧面受到低压油液 p_0 的液压力作用。

由于连杆滚柱组的宽度 s 远远小于转子内圆半径 R_3 和转子外圆

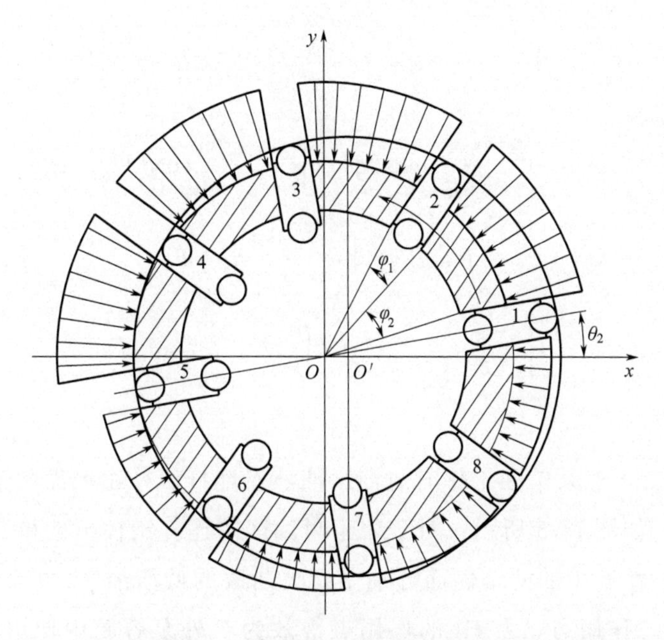

图 7-15　外泵单独工作油液对转子在圆周上的作用力分布

半径 R_2，所以可以将连杆滚柱在转子外圆上对应的中心角视为内圆上的中心角进行计算，即

$$\varphi_1=\frac{s}{R_3}\approx\frac{s}{R_2} \tag{7-61}$$

这样，相邻连杆滚柱组之间的转子部分对应的中心角为 φ_2 保持不变，可以直接用内泵工作时的数据进行等效计算。

当系统的负载一定时，假设吸油腔的油液压力 p_0 和压油腔的油液压力 p_s 维持一定值，则

$$p(\theta)=\begin{cases} p_0, & \left(\theta_2+\frac{9}{2}\varphi_1+4\varphi_2,\theta_2+\frac{9}{2}\varphi_1+5\varphi_2\right)\cup\left(\theta_2+\frac{11}{2}\varphi_1+5\varphi_2,\theta_2+\frac{11}{2}\varphi_1+6\varphi_2\right) \\ & \cup\left(\theta_2+\frac{13}{2}\varphi_1+6\varphi_2,\theta_2+\frac{13}{2}\varphi_1+7\varphi_2\right)\cup\left(\theta_2+\frac{15}{2}\varphi_1+7\varphi_2,\theta_2+\frac{15}{2}\varphi_1+8\varphi_2\right) \\ p_s, & \left(\theta_2+\frac{1}{2}\varphi_1,\theta_2+\frac{1}{2}\varphi_1+\varphi_2\right)\cup\left(\theta_2+\frac{3}{2}\varphi_1+\varphi_2,\theta_2+\frac{3}{2}\varphi_1+2\varphi_2\right) \\ & \cup\left(\theta_2+\frac{5}{2}\varphi_1+2\varphi_2,\theta_2+\frac{5}{2}\varphi_1+3\varphi_2\right)\cup\left(\theta_2+\frac{7}{2}\varphi_1+3\varphi_2,\theta_2+\frac{7}{2}\varphi_1+4\varphi_2\right) \end{cases} \tag{7-62}$$

根据内泵工作分析原理相同，将式(7-62) 代入式(7-51) 可以求得转子在转动的过程中，外泵对转子外圆侧面作用的液压力在 x 和 y

方向上的分力积分表达式。

$$
\begin{cases}
F_{1x}=(P_0-P_S)BR_2\left(\int_{\theta+\frac{1}{2}\varphi_1}^{\theta_2+\frac{1}{2}\varphi_1+\varphi_2}\cos\theta\mathrm{d}\theta+\int_{\theta+\frac{3}{2}\varphi_1+\varphi_2}^{\theta_2+\frac{3}{2}\varphi_1+2\varphi_2}\cos\theta\mathrm{d}\theta\right.\\
\qquad\left.+\int_{\theta_2+\frac{5}{2}\varphi_1+2\varphi_2}^{\theta_2+\frac{5}{2}\varphi_1+3\varphi_2}\cos\theta\mathrm{d}\theta+\int_{\theta_2+\frac{7}{2}\varphi_1+3\varphi_2}^{\theta_2+\frac{7}{2}\varphi_1+4\varphi_2}\cos\theta\mathrm{d}\theta\right)\\
F_{1y}=(P_0-P_S)BR_2\left(\int_{\theta_2+\frac{1}{2}\varphi_1}^{\theta_2+\frac{1}{2}\varphi_1+\varphi_2}\sin\theta\mathrm{d}\theta+\int_{\theta_2+\frac{3}{2}\varphi_1+\varphi_2}^{\theta_2+\frac{3}{2}\varphi_1+2\varphi_2}\sin\theta\mathrm{d}\theta\right.\\
\qquad\left.+\int_{\theta_2+\frac{5}{2}\varphi_1+2\varphi_2}^{\theta_2+\frac{5}{2}\varphi_1+3\varphi_2}\sin\theta\mathrm{d}\theta+\int_{\theta_2+\frac{7}{2}\varphi_1+3\varphi_2}^{\theta_2+\frac{7}{2}\varphi_1+4\varphi_2}\sin\theta\mathrm{d}\theta\right)
\end{cases}
\tag{7-63}
$$

② 外泵单独工作时封油区油液对连杆滚柱组侧面的液压力。

如图 7-15 所示，对于处于封油区的连杆滚柱组 1 和 5，连杆滚柱组在油腔中的两个侧面分别受到吸油区的低压油 p_0 和排油区的高压油 p_s 作用力，力 F_2 的作用点等效为在外泵容腔中伸出部分的中点处，力 F_2 的表达式为

$$F_2=Bl_2(p_s-p_0) \tag{7-64}$$

式中 l_2——连杆滚柱组在外泵容腔中的等效长度，$l_2=e\cos\theta+\sqrt{R_4^2-e^2\sin^2\theta}-R_2$。

连杆滚柱组 1 的转角为 θ_2，在外泵中伸出的长度为 l_{21}，受到的作用力为 F_{21}，连杆滚柱组 5 的转角为 $\pi+\theta_2$，外泵中伸出的长度为 l_{25}，其受到的作用力为 F_{25}，将 F_{21} 和 F_{25} 分解到 x 和 y 方向上分别为

$$
\begin{cases}
F_{21x}=B(p_s-p_0)(e\cos\theta+\sqrt{R_4^2-e^2\sin^2\theta}-R_2)\sin\theta_2\\
F_{21y}=-B(p_s-p_0)(e\cos\theta+\sqrt{R_4^2-e^2\sin^2\theta}-R_2)\cos\theta_2
\end{cases}
\tag{7-65}
$$

$$
\begin{cases}
F_{25x}=B(p_s-p_0)(-e\cos\theta+\sqrt{R_4^2-e^2\sin^2\theta}-R_2)\sin\theta_2\\
F_{25y}=-B(p_s-p_0)(-e\cos\theta+\sqrt{R_4^2-e^2\sin^2\theta}-R_2)\cos\theta_2
\end{cases}
\tag{7-66}
$$

将连杆滚柱组 1 和连杆滚柱组 5 在 x 和 y 方向的分力进行叠加，得到封油区的连杆滚柱组上受到的合力在 x 和 y 上的大小为

$$
\begin{cases}
F_{2x}=2B(p_s-p_0)(\sqrt{R_4^2-e^2\sin^2\theta}-R_2)\sin\theta\\
F_{2y}=-2B(p_s-p_0)(\sqrt{R_4^2-e^2\sin^2\theta}-R_2)\cos\theta
\end{cases}
\tag{7-67}
$$

③ 外泵单独工作时转子径向力数值模拟实例。

外泵对转子的两种作用力进行矢量相加求解油液对转子的合力效果，即

$$\begin{cases} F_{x2}=F_{1x}+F_{2x} \\ F_{y2}=F_{1y}+F_{2y} \end{cases} \tag{7-68}$$

总作用力 F_2 的数值求解公式为

$$F_2=\sqrt{F_{x2}^2+F_{y2}^2} \tag{7-69}$$

方向角 α_2 为

$$\alpha_2=\arctan\frac{F_{y2}}{F_{x2}} \tag{7-70}$$

将式(7-63) 和式(7-67) 代入式(7-68)～式(7-70) 可以求出该合力 F_2 在 x 和 y 方向上计算式和合力的方向。

根据设计数值，单作用双定子变量泵转子外圆半径 $R_2=80\text{mm}$，外定子内圆半径 $R_4=90\text{mm}$，其余数值与内泵计算中保持一致。同理，将外泵工作时的参数代入 Matlab 程序中求解可得出在 θ 取值为 $-22.5°$、$-18°$、$-13.5°$、$-9°$、$-4.5°$、0°、4.5°、9°、13.5°、18°、22.5°等时刻外泵容腔中油液对转子作用力仿真数据，如表 7-2 所示。

表 7-2　外泵单独工作时转子径向力受力情况表

θ/(°)	F_{1x}/N	F_{1y}/N	F_{2x}/N	F_{2y}/N	F_x/N	F_y/N	F/N	α/(°)
−22.5	−13850	−33438	−2062.3	−4978.8	−15913	−38417	41582	−112.5
−18	−11184	−34422	−1666.5	−5128.9	−12851	−39551	41586	−108
−13.5	−8449.1	−35193	−1259.7	−5246.8	−9708.8	−40440	41589	−103.5
−9	−5661.8	−35747	−844.45	−5331.7	−6506.3	−41079	41591	−99
−4.5	−2839.7	−36081	−423.64	−5382.9	−3263.3	−41464	41593	−94.5
0	0	−36193	0	−5400.0	0	−41593	41593	−90
4.5	2839.7	−36081	423.64	−5382.9	3263.3	−41464	41593	−85.5
9	5661.8	−35747	844.45	−5331.7	6506.3	−41079	41591	−81
13.5	8449.1	−35193	1259.7	−5246.8	9708.8	−40440	41589	−76.5
18	11184	−34422	1666.5	−5128.9	12851	−39551	41586	−72
22.5	13850	−33438	2062.3	−4978.8	15913	−38417	41582	−67.5

由表 7-2 可知，当连杆滚柱组从$-22.5°$～22.5°的过程中，转子受到外泵的作用力在 x 方向上的分力 F_x 先是在负方向上由大变小，

减到零时再在正方向上逐渐增大。转子受到内泵的作用力在 y 方向上始终指向负向，在数值上先逐渐增大到最大值，然后逐渐减少。转子受到内泵的径向合力的大小先由大变小，再由小逐渐增大，方向在－112.5°～－67.5°的范围内周期性变化。

(3) 内泵和外泵同时工作转子受到的径向力

当内、外泵同时工作时，内泵容腔内的油液作用在转子内侧圆周上，外泵的容腔溶液作用在转子的外侧圆周上。根据单作用双定子变量泵内、外容腔的吸油和排油规律，当某两个连杆滚柱连杆组之间的容腔在内泵吸油阶段时，则它们之间的容腔在外泵就是排油阶段，反之亦然。所以内泵容腔内油液对转子内侧圆周的作用力方向与外泵容腔内油液对转子外侧圆周上的作用力方向相同，对应作用力的分布如图 7-16 所示。

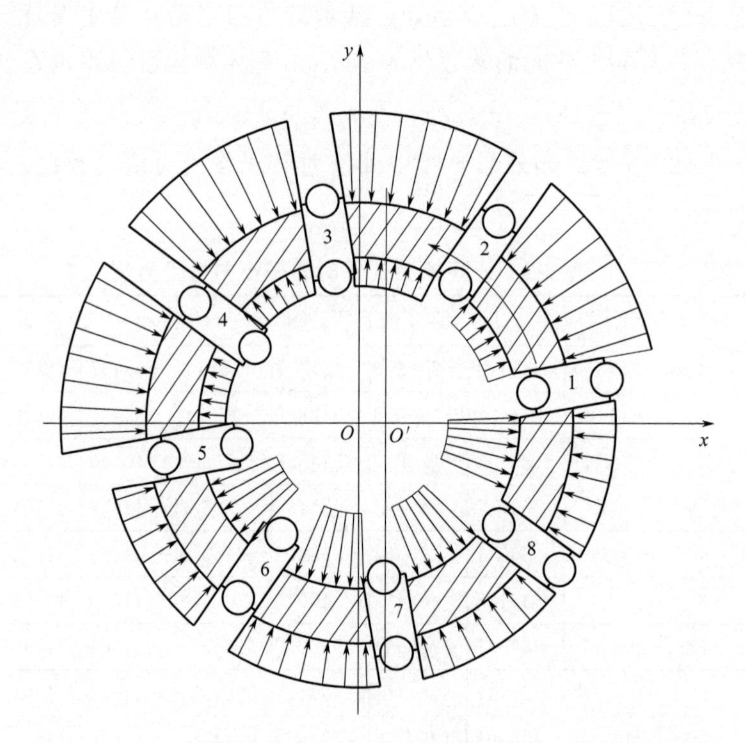

图 7-16 内、外泵同时工作油液对转子在圆周上的作用力分布

参照图 7-16，单作用双定子变量泵内泵和外泵同时工作时，转子受到的径向力可以由它们各自单独工作时转子受到的作用力矢量和进行计算，即

$$\vec{F}_3=\vec{F}_1+\vec{F}_2 \tag{7-71}$$

将内、外泵工作时的数据代入 Matlab 程序进行仿真，计算结果如表 7-3 所示。

表 7-3　内泵与外泵同时工作时转子径向力情况

$\theta/(°)$	F_x/N	F_y/N	F/N	$\alpha/(°)$
−22.5	−25260.7	−60984	66009	−112.5
−18	−20401.2	−62788	66019	−108
−13.5	−15413.8	−64203	66027	−103.5
−9	−10329.8	−65220	66033	−99
−4.5	−5181.2	−65833	66037	−94.5
0	0	−66038	66038	−90
4.5	5181.2	−65833	66037	−85.5
9	10329.8	−65220	66033	−81
13.5	15413.8	−64203	66027	−76.5
18	20401.2	−62788	66019	−72
22.5	25260.7	−60984	66009	−67.5

7.4 双定子单作用变量泵的性能分析

(1) 双定子单作用变量泵的稳态特性

在单作用双定子泵变量机构中，转子组和定子两者的偏心距 e 发生变化时，就会使单作用双定子变量泵中内泵和外泵的流量同时发生恒定比例的变化。限压式单作用双定子变量泵根据输出的压力自动改变偏心距 e 的大小来控制泵输出的流量。为了分析单作用双定子变量泵稳定输出时的泵输出的压力和输出流量的关系，对变量泵的稳态特性进行相关计算。

泵输出流量公式为

$$q=K_q e_x-K_y p \tag{7-72}$$

式中　q——泵输出流量；

K_q——排量系数；

e_x——偏心距；

K_y——漏油系数，$K_y = q_0(1-\eta_v)/40$；

q_0——理论排量；

η_v——容积效率；

p——系统工作压力。

定子力的平衡方程为

$$pA_X + DBp\sin\xi = F_s + K(e_{max} - e_x) \pm (F_f + DBpf) \tag{7-73}$$

式中 A_X——反馈面积；

D——受力圆直径；

B——定子宽度；

ξ——不对称角；

F_s——弹簧预紧力；

K——弹簧刚度系数；

e_{max}——最大偏心距；

F_f——摩擦阻力；

f——滚针摩擦系数，取 0.001～0.004。

式中“±”与系统处于负载增加或负载减少状态有关，当系统的负载增加时，符号为“+”，当系统的负载变小时，符号为“−”。

利用式(7-77) 和式(7-73) 消去 e_x 得出从拐点起的排量公式为

$$q = \frac{K_q}{K}(F_s + Ke_{max} \pm F_f) - \frac{K_q}{K}\left(A_X + DB\sin\xi + \frac{KK_y}{K_q} \mp DBf\right)p \tag{7-74}$$

当系统处于加载状态时，从拐点起的排量公式为

$$q = \frac{K_q}{K}(F_s + Ke_{max} + F_f) - \frac{K_q}{K}\left(A_X + DB\sin\xi + \frac{KK_y}{K_q} - DBf\right)p \tag{7-75}$$

$$\frac{dq}{dp} = \tan\theta = -\frac{K_q}{K}\left(A_X + DB\sin\xi + \frac{KK_y}{K_q} - DBf\right) \tag{7-76}$$

$q=0$，p 取最大值为 p_c。

$$p_c = \frac{F_s + Ke_{max} + F_f}{A_X + DB\sin\xi + \dfrac{KK_y}{K_q} - DBf} \tag{7-77}$$

$e_x = e_{max}$，拐点时的压力为 p_b。

$$p_b=\frac{F_s+F_f}{A_X+DB\sin\xi-DBf} \tag{7-78}$$

当系统负载逐渐变小时，从拐点起的排量公式为

$$q=\frac{K_q}{K}(F_s+Ke_{max}-F_f)-\frac{K_q}{K}\left(A_X+DB\sin\xi+\frac{KK_y}{K_q}+DBf\right)p \tag{7-79}$$

$$\frac{dq}{dp}=\tan\theta'=-\frac{K_q}{K}\left(A_X+DB\sin\xi+\frac{KK_y}{K_q}+DBf\right) \tag{7-80}$$

$q=0$，p 取最大值为 p'_c。

$$p'_c=\frac{F_s+Ke_{max}-F_f}{A_X+DB\sin\xi+\frac{KK_y}{K_q}+DBf} \tag{7-81}$$

$e_x=e_{max}$，拐点时的压力为 p'_b。

$$p'_b=\frac{F_s-F_f}{A_X+DB\sin\xi+DBf} \tag{7-82}$$

根据式(7-72) 求拐点之前的 p-q 特性曲线，根据式(7-75)～式(7-82) 求出拐点之后的 p-q 特性曲线，单输出变量泵的 p-q 特性曲线如图 7-17 所示。

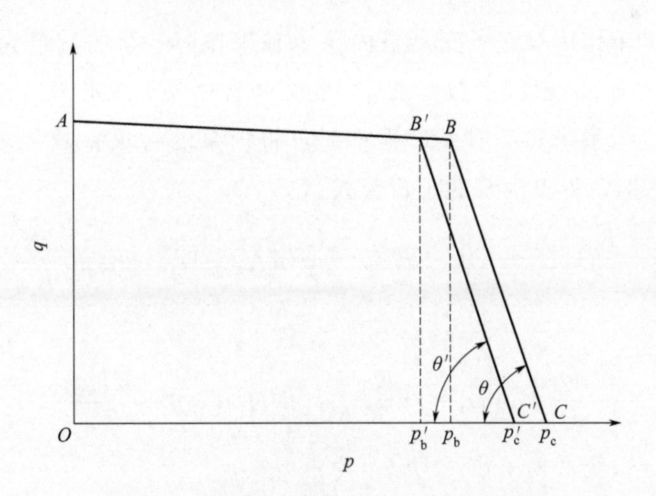

图 7-17　单输出变量泵的 p-q 特性曲线

在图 7-17 中，曲线 ABC 为系统负载增加过程中的 p-q 特性曲线，曲线 $AB'C'$ 为系统负载减小过程中的 p-q 特性曲线，由于定子还会受到摩擦力作用，因此负载增加或减小的过程中定子受到的摩

擦力方向相反，使 p-q 特性曲线存在滞回，即负载增加或减小的 p-q 特性曲线具有不重叠性。

单作用双定子变量泵在不同的连接方式下，有多种不同的工作状态，泵输出的 p-q 特性曲线如图 7-18 所示。

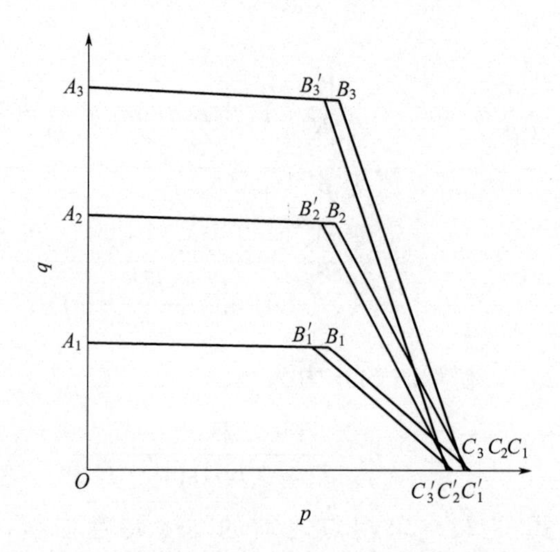

图 7-18 三种连接工作方式下的 p-q 特性曲线

① 内泵单独工作。

单作用双定子变量泵内泵单独工作时，泵的流量为 q_1，排量系数为 K_{q1}，泄漏系数为 K_{y1}，受力圆直径等于内定子直径 D_1。

当系统处于加载过程中时，将内泵的各项参数代入式(7-75)～(7-78)，得出内泵的排量公式。

$$q_1=\frac{K_{q1}}{K}(F_s+Ke_{max}+F_f)-\frac{K_{q1}}{K}\left(A_X+D_1B\sin\xi+\frac{KK_{y1}}{K_{q1}}-D_1Bf\right)p \tag{7-83}$$

$$\frac{dq_1}{dp}=\tan\theta_1=-\frac{K_{q1}}{K}\left(A_X+D_1B\sin\xi+\frac{KK_{y1}}{K_{q1}}-D_1Bf\right) \tag{7-84}$$

系统最大工作压力 p_{c1} 为

$$p_{c1}=\frac{F_s+Ke_{max}+F_f}{A_X+D_1B\sin\xi+\frac{KK_{y1}}{K_{q1}}-D_1Bf} \tag{7-85}$$

拐点时的压力 p_{b1} 为

$$p_{b1}=\frac{F_s+F_f}{A_X+D_1B\sin\xi-D_1Bf} \tag{7-86}$$

当系统从高压开始卸载过程时，将内泵的各项参数代入式(7-79)～式(7-82)，得出内泵的排量公式。

$$q_1'=\frac{K_{q1}}{K}(F_s+Ke_{max}-F_f)-\frac{K_{q1}}{K}\left(A_X+D_1B\sin\xi+\frac{KK_{y1}}{K_{q1}}+D_1Bf\right)p \tag{7-87}$$

$$\frac{dq_1'}{dp}=\tan\theta_1'=-\frac{K_{q1}}{K}\left(A_X+D_1B\sin\xi+\frac{KK_{y1}}{K_{q1}}+D_1Bf\right) \tag{7-88}$$

系统最大工作压力 p_{c1}' 为

$$p_{c1}'=\frac{F_s+Ke_{max}-F_f}{A_X+D_1B\sin\xi+\frac{KK_{y1}}{K_{q1}}+D_1Bf} \tag{7-89}$$

拐点时的压力 p_{b1}' 为

$$p_{b1}'=\frac{F_s-F_f}{A_X+D_1B\sin\xi+D_1Bf} \tag{7-90}$$

如图 7-18 所示，$A_1B_1C_1$ 为内泵单独工作加载时的 p-q 特性曲线；$A_1B_1'C_1'$为内泵单独工作负载逐渐减少时的 p-q 特性曲线。

② 外泵单独工作。

当外泵单独工作时，外泵的输出流量为 q_2，外泵的排量系数为 K_{q2}，外泵的泄漏系数为 K_{y2}，受力圆为外定子内径 D_2。

当系统处于加载过程中时，将外泵的各项参数代入式(7-79)～式(7-82)，得出外泵的排量公式。

$$q_2=\frac{K_{q2}}{K}(F_s+Ke_{max}+F_f)-\frac{K_{q2}}{K}\left(A_X+D_2B\sin\xi+\frac{KK_{y2}}{K_{q2}}-D_2Bf\right)p \tag{7-91}$$

$$\frac{dq_2}{dp}=\tan\theta_2=-\frac{K_{q2}}{K}\left(A_X+D_2B\sin\xi+\frac{KK_{y2}}{K_{q2}}-D_2Bf\right) \tag{7-92}$$

系统最大工作压力 p_{c2} 为

$$p_{c2}=\frac{F_s+Ke_{max}+F_f}{A_X+D_2B\sin\xi+\frac{KK_{y2}}{K_{q2}}-D_2Bf} \tag{7-93}$$

拐点时的压力 p_{b2} 为

$$p_{b2}=\frac{F_s+F_f}{A_X+D_2B\sin\xi-D_2Bf} \tag{7-94}$$

当系统从高压开始卸载过程时，将内泵的各项参数代入式(7-83)～

式(7-86)，得出内泵的排量公式。

$$q_2'=\frac{K_{q2}}{K}(F_s+Ke_{max}-F_f)-\frac{K_{q2}}{K}\left(A_X+D_2B\sin\xi+\frac{KK_{y2}}{K_{q2}}+D_2Bf\right)p \tag{7-95}$$

$$\frac{dq_2'}{dp}=\tan\theta_2'=-\frac{K_{q2}}{K}\left(A_X+D_2B\sin\xi+\frac{KK_{y2}}{K_{q2}}+D_2Bf\right) \tag{7-96}$$

系统最大工作压力 p_{c2}' 为

$$p_{c2}'=\frac{F_s+Ke_{max}-F_f}{A_X+D_2B\sin\xi+\frac{KK_{y2}}{K_{q2}}+D_2Bf} \tag{7-97}$$

拐点时的压力 p_{b2}' 为

$$p_{b2}'=\frac{F_s-F_f}{A_X+D_2B\sin\xi+D_2Bf} \tag{7-98}$$

如图 7-18 所示，$A_2B_2C_2$ 为外泵单独工作加载时的 p-q 特性曲线；$A_2B_2'C_2'$ 为外泵单独工作负载逐渐减小时的 p-q 特性曲线。

③ 内泵和外泵组合供油。

单作用双定子变量泵内泵和外泵组合输出油液时，泵的流量为它们单独工作时流量之和，即

$$q_3=q_1+q_2 \tag{7-99}$$

泵的排量系数也是内泵和外泵各自系数之和，即

$$K_{q3}=K_{q1}+K_{q2} \tag{7-100}$$

泵的泄漏量包括内泵的泄漏和外泵的泄漏，由于泵的结构是一体多泵型，容积效率相同，所以此时泵的泄漏系数为内泵泄漏系数和外泵泄漏系数之和，即

$$K_{y3}=K_{y1}+K_{y2} \tag{7-101}$$

在泵的运行过程中，外泵密闭容积压力作用在外定子上内圆上，内泵密闭容积压力作用在内定子上，两个力的方向一样，所以内泵和外泵联合工作时，泵的受力圆直径为内泵的受力圆直径和外泵的受力圆直径之和，即

$$D_3=D_1+D_2 \tag{7-102}$$

当系统处于加载过程中时，将内泵和外泵联合工作时的各项参数代入式(7-75)～式(7-78)，得出外泵的排量公式。

$$q_3=\frac{K_{q3}}{K}(F_s+Ke_{max}+F_f)-\frac{K_{q3}}{K}\left(A_X+D_3B\sin\xi+\frac{KK_{y3}}{K_{q3}}-D_3Bf\right)p \tag{7-103}$$

$$\frac{dq_3}{dp}=\tan\theta_3=-\frac{K_{q3}}{K}\left(A_X+D_3B\sin\xi+\frac{KK_{y3}}{K_{q3}}-D_3Bf\right) \tag{7-104}$$

系统最大工作压力 p_{c3} 为

$$p_{c3}=\frac{F_s+Ke_{max}+F_f}{A_X+D_3B\sin\xi+\dfrac{KK_{y3}}{K_{q3}}-D_3Bf} \tag{7-105}$$

拐点时的压力 p_{b3} 为

$$p_{b3}=\frac{F_s+F_f}{A_X+D_3B\sin\xi-D_3Bf} \tag{7-106}$$

当系统从高压开始卸载过程时，将内泵的各项参数代入式(7-79)～式(7-82)，得出内泵的排量公式。

$$q'_3=\frac{K_{q3}}{K}(F_s+Ke_{max}-F_f)-\frac{K_{q3}}{K}\left(A_X+D_3B\sin\xi+\frac{KK_{y3}}{K_{q3}}+D_3Bf\right)p \tag{7-107}$$

$$\frac{dq'_3}{dp}=\tan\theta'_3=-\frac{K_{q3}}{K}\left(A_X+D_3B\sin\xi+\frac{KK_{y3}}{K_{q3}}+D_3Bf\right) \tag{7-108}$$

系统最大工作压力 p'_{c3} 为

$$p'_{c3}=\frac{F_s+Ke_{max}-F_f}{A_X+D_3B\sin\xi+\dfrac{KK_{y3}}{K_{q3}}+D_3Bf} \tag{7-109}$$

拐点时的压力 p'_{b3} 为

$$p'_{b3}=\frac{F_s-F_f}{A_X+D_3B\sin\xi+D_3Bf} \tag{7-110}$$

如图 7-18 所示，$A_3B_3C_3$ 为内泵和外泵同时工作加载时的 p-q 特性曲线；$A_3B'_3C'_3$ 为内泵和外泵组合工作负载逐渐减小时的 p-q 特性曲线。

(2) 双定子单作用变量泵中弹簧的设计与分析

① 弹簧的设计计算。根据式(7-80) 可知，当给定反馈柱塞受压面积 A_X 时，就可以对弹簧刚度系数 K 进行求解。

$$K=\frac{K_q}{K_y+\tan\theta}(A_X+DB\sin\xi-DBf) \tag{7-111}$$

根据弹簧刚度系数 K 值可以对弹簧做以下设计。

首先对弹簧受到最大压力时的压缩量 ΔL_K 进行预算。

$$\Delta L_K \approx \frac{p_c}{K}(A_X + DB\sin\xi) \tag{7-112}$$

然后根据机械设计手册中弹簧表格选择适当的钢丝直径 d_K、弹簧的中径 D_K，其中 D_K/d_K 的值一般在 4～12 之间，如图 7-19 所示。

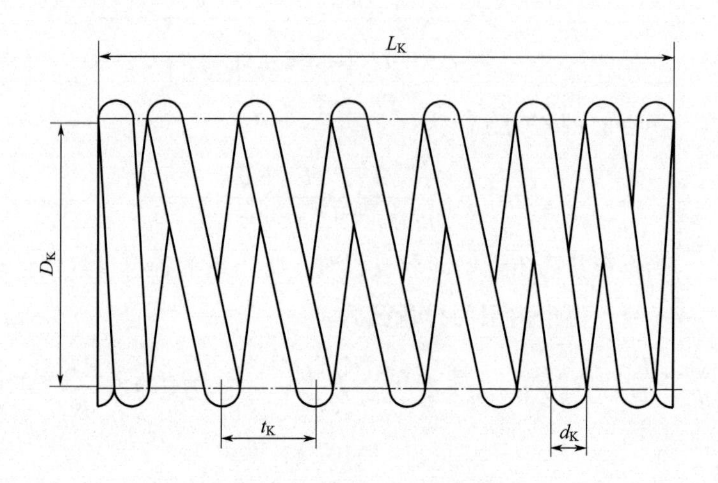

图 7-19　弹簧各参数参考

弹簧工作圈数 n_K 为

$$n_K = \frac{Gd_K^4}{8D_K^3 K} \tag{7-113}$$

式中　G——弹簧剪切弹性模数。

弹簧的自由长度 L_K 为

$$L_K = L_d + n_K(t_K - d_K) \tag{7-114}$$

式中　L_d——弹簧完全并圈时的计算长度，$L_d = (n_0 - 0.5)d_K$；

n_0——弹簧的总圈数，$n_0 = n_K + (2 \sim 2.5)$。

节距 t_K 为

$$t_K = d_K + \frac{\Delta L_K + S_K}{n_K} = d_K + \frac{\Delta L_K}{n_K} + \delta_k \tag{7-115}$$

式中　S_K——弹簧的调整行程；

δ_k——弹簧每一圈的余量，$\delta_k = (0.1 \sim 0.2)\Delta L_K / n_K$。

弹簧钢丝直径上有一定的公差范围，δ_k 的计算值必须满足 $\delta_k >$

$0.1d_K$，一般而言，节距 t_K 的选值范围在 $D_K/3 \sim D_K/2$ 之间。

② 弹簧的强度校核。根据以上步骤选定弹簧，在计算了各参数值后对弹簧进行选择，同时，需要对弹簧的强度进行校核，保证弹簧能够满足工作要求。

对弹簧的校核，主要是指弹簧在最大载荷作用下，弹簧的剪切应力 τ 必须小于许用剪切应力 $[\tau]$，否则可能使弹簧在工作过程中出现塑性变形，导致泵不能正常工作。

根据剪切应力公式

$$\tau = \frac{8p_c A_X D_K}{\pi d_K^3}\left(1 + \frac{d_K}{2D_K}\right) \leqslant [\tau] \tag{7-116}$$

在确定弹簧材料时，查找该材料的许用应力，如果根据式(7-116) 计算弹簧的剪切不能满足强度要求，则需要对弹簧进行重新选择，确定新的 d_K、D_K 等参数值。

首先，按照强度公式计算弹簧的 d_K 值，然后按照国家标准进行确定。

$$d_K \geqslant \sqrt{\frac{K_1 PC}{[\tau]}} \tag{7-117}$$

其中，$K_1 \approx \frac{4C+2}{4C-3}$。

式中　C——弹簧旋绕比，$C = \frac{D_K}{d_K}$，一般取值范围为 4～12。

同时，为了使弹簧更加安全的工作，对弹簧在完全并圈时的剪切应力 τ 需要进行计算，计算公式为

$$\tau = K_2 \frac{G d_K f_1}{\pi D^2 n} \tag{7-118}$$

式中　K_2——弹簧应力的修正系数，$K_2 = \frac{4C-1}{4C-4} + \frac{0.651}{C}$；

f_1——完全并圈量，$f_1 = L_K - (n_0 - 0.2)d_K$。

第8章 双定子叶片马达样机及原理性实验

8.1 双定子叶片马达样机

8.2 液压马达样机的实验测试

8.3 双定子叶片液压马达测试结果分析

参照国家液压马达性能测试的标准，对双作用双定子叶片液压马达进行原理性实验。加工完成以后的双定子叶片液压马达样机在搭建的实验平台上可以获得马达实际的启动压力、转速和转矩、输入流量、泄漏流量以及马达的效率等相关数据参数。从而确定所设计的样机是否达到预期的目标，并根据测试结果，为双定子叶片液压马达的最终定型提供有力的支撑。

8.1

双定子叶片马达样机

8.1.1　总体结构

双定子叶片液压马达的总体结构如图 8-1 所示。

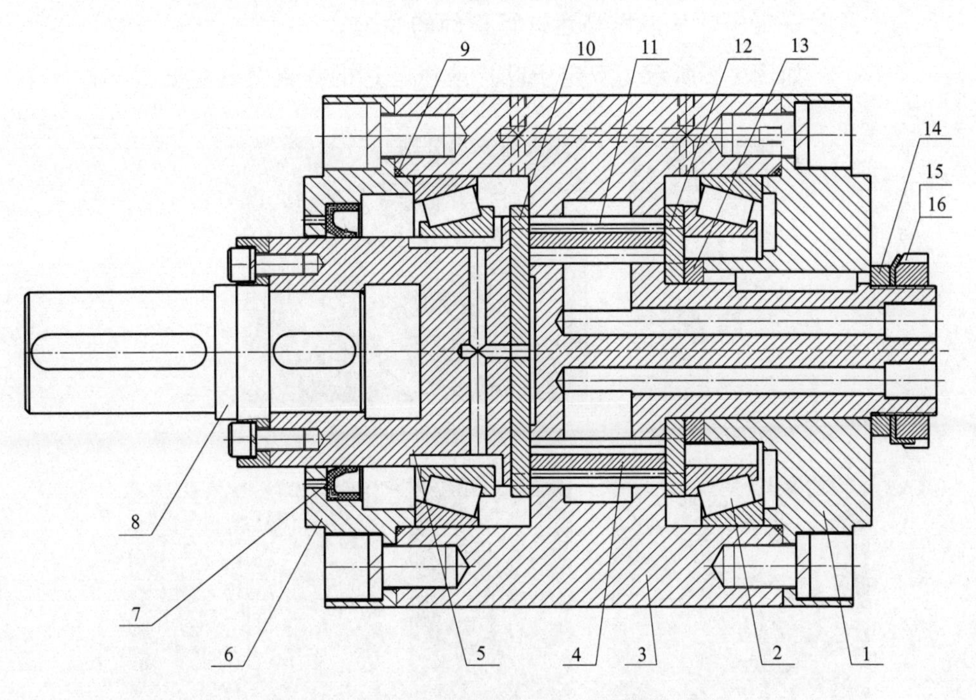

图 8-1　双定子叶片液压马达的总体结构

1—右端盖；2—轴承；3—外定子；4—滑块；5—转子；6—左端盖；7—J 形密封圈；8—传动轴；9—O 形密封圈；10—左调整套；11—滚柱；12—右调整套；13—马达调整套；14—圆螺母调整套；15—圆螺母；16—止动垫圈

其主要的结构特点如下。

① 滚柱与外定子的内表面和内定子的外表面为滚动摩擦，液压马达的摩擦副之间均有润滑，提高了马达的机械效率，延长了其使用寿命。

② 马达的外定子环的内表面和内定子环的外表面为相似的等距曲面，叶片为连杆滚柱结构，因此不需要压紧机构或回程弹簧，从而相比于现有的单定子叶片马达可以相应地减少马达的泄漏和噪声源。

③ 连杆的半圆槽半径略大于滚柱的半径，可使得滚柱磨损后能够自动补偿，从而减小液压马达的径向泄漏。

8.1.2 物理样机

按照设计要求对样机的各零部件进行加工完成以后，依据配合间隙的合理范围、各连接处的密封要求、清洁程度等正确的装配工艺对双定子叶片液压马达进行正确的装配。

如图 8-2 所示为双定子叶片液压马达的样机及其主要零部件。

(a) 总装配图

(b) 局部结构

(c) 内部结构

(d) 转子

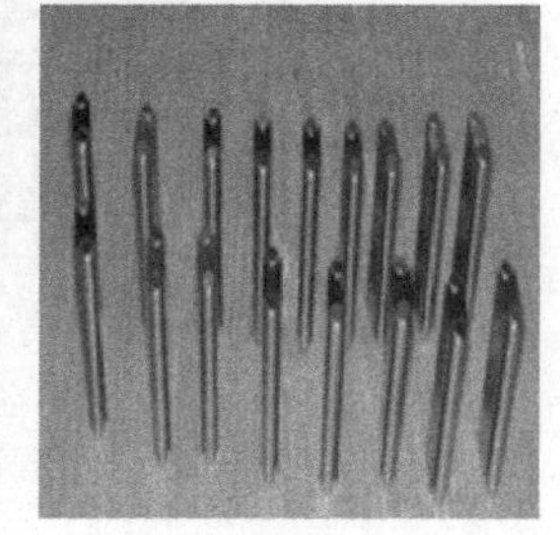

(e) 叶片

图 8-2　双定子叶片液压马达的样机及主要零部件

8.2
液压马达样机的实验测试

8.2.1　样机基本参数

根据需要测试的性能参数搭建双定子叶片液压马达测试实验台，所包括的元器件主要为：双定子叶片液压马达、液压泵、负载泵、转速转矩测量仪、电动机、换向阀、安全阀以及油箱、压力表、流量计、水管等各种辅助元器件。

如图 8-2 所示的双定子叶片液压马达的物理样机，额定压力为 6.3MPa，转速为 20～1500r/min，样机马达在不同工作方式下的理论排量与额定转矩如表 8-1 所示。

表 8-1　样机马达在不同工作方式下的理论排量与额定转矩

马达的工作方式	理论排量/(mL/r)	额定转矩/(N·m)
外马达单独工作	152.16	152.57
内马达单独工作	27.93	28
内、外马达联合工作	180.09	180.57
内、外马达差动工作	124.23	124.56

8.2.2　测试系统及实验测试装置

双定子叶片液压马达物理样机的性能实验是在燕山大学液压实验室多泵多马达传动实验台上进行的，如图 8-3 所示为双定子叶片液压马达物理样机的实验系统原理。表 8-2 所示为样机马达的四种不同工作情况。

表 8-2　样机马达的四种不同工作情况

1YA	2YA	3YA	4YA	马达工作情况
+	−	−	+	内、外马达同时工作
+	−	−	−	内马达单独工作
−	−	−	+	外马达单独工作
+	−	+	−	内、外马达差动工作

注：“+”表示得电，“−”表示不得电。

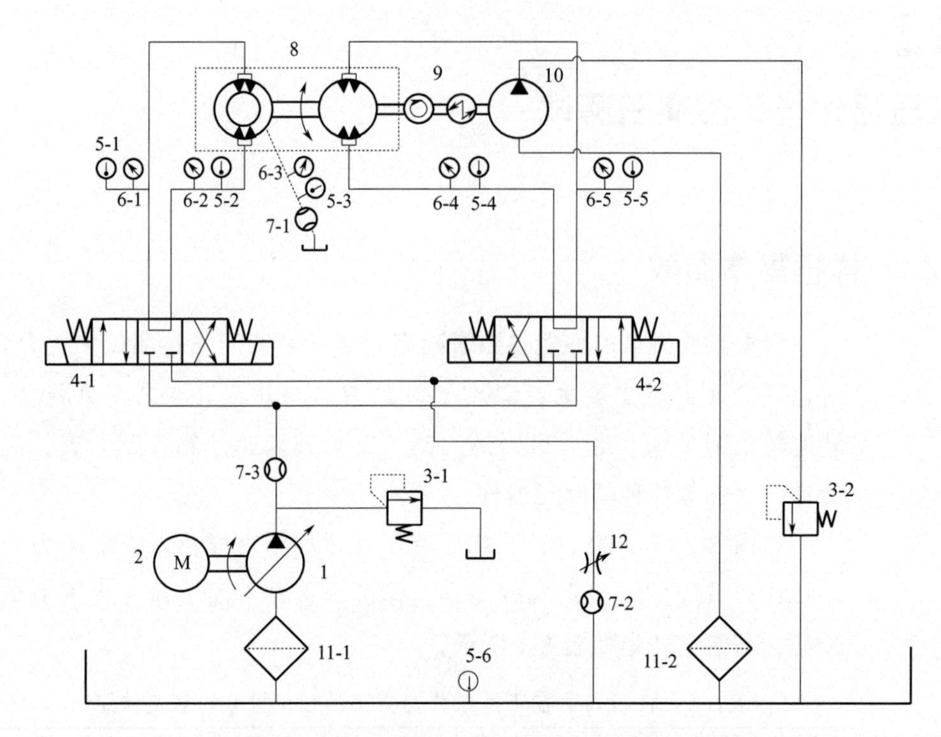

图 8-3 双定子叶片液压马达物理样机的实验系统原理

1—液压泵；2—电动机；3-1，3-2—溢流阀；4-1，4-2—换向阀；5-1～5-6—温度计；6-1～6-5—压力表；7-1～7-3—流量计；8—被试马达；9—转速转矩测试仪；10—负载泵；11-1，11-2—滤油器；12—节流阀

由图 8-3 可知，实验系统主要由双定子叶片液压马达、液压泵、负载泵、转速转矩测量仪、油箱、液压阀、仪表、管路以及相应的传感器组成。图 8-3 中被测试马达 8 由液压泵 1 供给压力油，通过调节换向阀 4-1 与 4-2，可以实现双定子叶片液压马达不同的工作方式，见表 8-2 所示。加载系统中，通过调节溢流阀 3-2 便可以得到不同的负载压力。被测试马达的输入流量由流量计 7-3 测定，出口流量由流量计 7-2 监测，内马达单独工作时进出口压差由压力表 6-1、6-2 读取，外马达单独工作时进出口压差由压力表 6-4 和 6-5 读取，马达的转速与转矩通过转速转矩测量仪进行测量。最后对测量数据进行整理与分析来验证双定子叶片液压马达的性能。如图 8-4 所示为样机马达的实验测试系统。

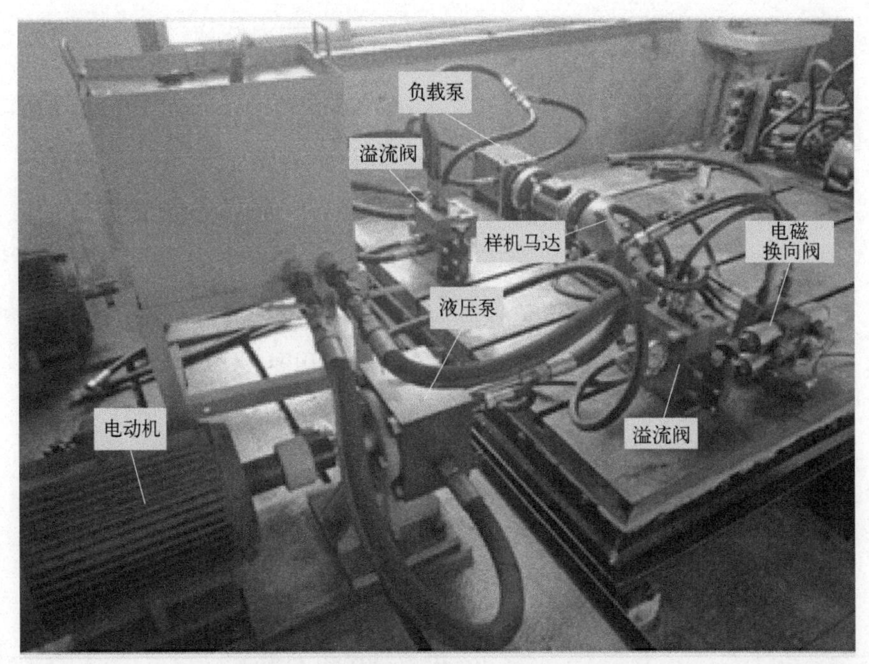

图 8-4　样机马达的实验测试系统

8.3 双定子叶片液压马达测试结果分析

8.3.1 空载实验

为了使双定子叶片液压马达在加载实验过程中能够正常的运转，需要对被测试马达进行跑合实验，对马达进行跑合实验可以在一定程度上防止样机马达出现运转不灵活、卡死等现象以及出现过早的磨损失效。此外，没有使用过的液压马达在经过一段时间的跑合以后，其运转的工作状态也会达到最佳。

在进行实验的过程中，首先关闭溢流阀 3-1 与 3-2（图 8-3），使得被测试马达的工作载荷为零，然后调节节流阀的开度大小，从而控制进入被测试马达的流量的大小，进而实现双定子马达的转速的变化。测试过程中记录被试马达的输出流量、转速转矩等数据。

依据国标 GB 7936—87 以及行业标准 JB/T 10829—2008 中的规定，利用液压马达测定的实验数据以及下列公式，计算出被试马达的相关性能指标。

液压马达的空载排量为

$$V_i = 1000\frac{N\left(\sum_{j=1}^{N} n_j q_{vj}\right) - \left(\sum_{j=1}^{N} n_j\right)\left(\sum_{j=1}^{N} q_{vj}\right)}{N\left(\sum_{j=1}^{N} n_j^2\right) - \left(\sum_{j=1}^{N} n_j\right)^2} \tag{8-1}$$

式中 n_j——液压马达的实际转速，r/min；

N——测量参数的次数；

q_v——有效的输入流量，L/min，其中 $q_v = q_{v1} + q_{vd}$；

q_{v1}——有效的输出流量，L/min；

q_{vd}——泄漏流量，L/min。

液压马达的容积效率为

$$\eta_{vm} = \frac{V_{1i}}{V_{1e}} = \frac{q_{1i}\, n_i}{q_{1e}\, n_e} = \frac{(q_{2i} + q_{di})n_i}{(q_{2e} + q_{de})n_e} \times 100\% \tag{8-2}$$

式中 V_{1e}——实验压力时的输入排量，mL/r；

V_{1i}——空载压力时的输入排量，mL/r；

q_{1i}——空载压力时的输入流量，L/min；

q_{1e}——实验压力时的输入流量，L/min；

q_{2i}——空载压力时的输出流量，L/min；

q_{2e}——实验压力时的输出流量，L/min；

q_{di}——空载压力时的外泄漏流量，L/min；

q_{de}——实验压力时的外泄漏流量，L/min；

n_i——空载压力时的转速，r/min；

n_e——实验压力时的转速，r/min。

液压马达的机械效率为

$$\eta_{mm} = \frac{T_e \omega_e}{\Delta p q_t} = \frac{2\pi T_e}{\Delta p V_i} \times 100\% \tag{8-3}$$

式中 T_e——实验压力时的输出转矩，N·m；

ω_e——实验压力时的输出角速度，rad/s；

V_i——液压马达的空载排量，mL/r。

在空载条件下对双定子叶片液压马达物理样机进行测定，实验数据如表 8-3～表 8-6 所示。

表 8-3　外马达单独工作时的测量数据

转速 /(r/min)	进口压力 /MPa	出口压力 /MPa	压差 /MPa	出口流量 /(L/min)	泄漏流量 /(L/min)	输入流量 /(L/min)
51	1.1	0.3	0.8	7.7	0.6	8.3
79	1.2	0.4	0.8	12.1	0.8	12.9
104	1.3	0.2	1.1	15.9	0.9	16.8
148	1.1	0.2	0.9	22.4	0.7	23.1
173	1.2	0.3	0.9	25.8	0.9	26.7

表 8-4　内马达单独工作时的实验测量数据

转速 /(r/min)	进口压力 /MPa	出口压力 /MPa	压差 /MPa	出口流量 /(L/min)	泄漏流量 /(L/min)	输入流量 /(L/min)
43	1.2	0.3	0.9	1.3	0.2	1.5
77	1.2	0.4	0.8	2.1	0.3	2.4
101	1.1	0.2	0.9	2.7	0.4	3.1
145	1.3	0.3	1.0	4.0	0.3	4.3
166	1.1	0.2	0.9	4.4	0.5	4.9

表 8-5　内、外马达联合工作时的实验测量数据

转速 /(r/min)	进口压力 /MPa	出口压力 /MPa	压差 /MPa	出口流量 /(L/min)	泄漏流量 /(L/min)	输入流量 /(L/min)
50	1.1	0.3	0.8	9.2	0.6	9.8
81	1.2	0.2	1.0	14.4	0.8	15.2
106	1.2	0.2	1.0	18.9	0.9	19.8
149	1.3	0.3	1.0	26.6	0.7	27.3
174	1.2	0.4	0.8	30.6	0.9	31.5

表 8-6　内、外马达差动工作时的实验测量数据

转速 /(r/min)	进口压力 /MPa	出口压力 /MPa	压差 /MPa	出口流量 /(L/min)	泄漏流量 /(L/min)	输入流量 /(L/min)
53	1.2	0.2	1.0	6.1	0.5	6.6
80	1.2	0.3	0.9	9.8	0.6	10.4
105	1.3	0.2	1.1	12.6	0.9	13.5
147	1.1	0.4	0.7	17.6	0.8	18.4
171	1.0	0.3	0.7	20.7	0.6	21.3

根据表 8-3～表 8-6 中的测量数据及式(8-1)～式(8-3) 可以计算出双定子叶片液压马达物理样机的空载排量，如图 8-5 所示。并且可以得出马达在空载时其输出流量随转速的变化关系，如图 8-6 所示。

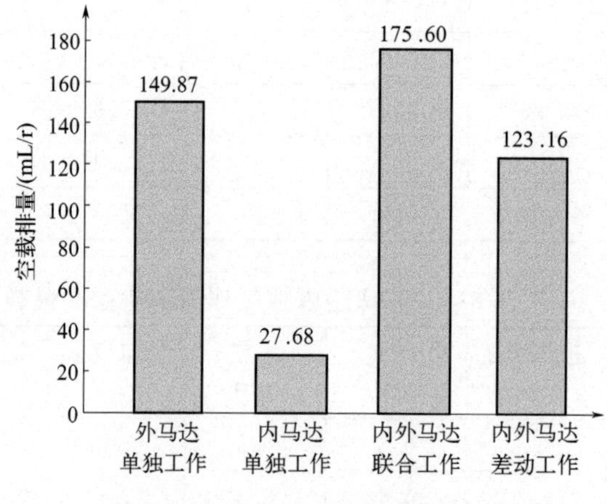

图 8-5 液压马达的空载排量

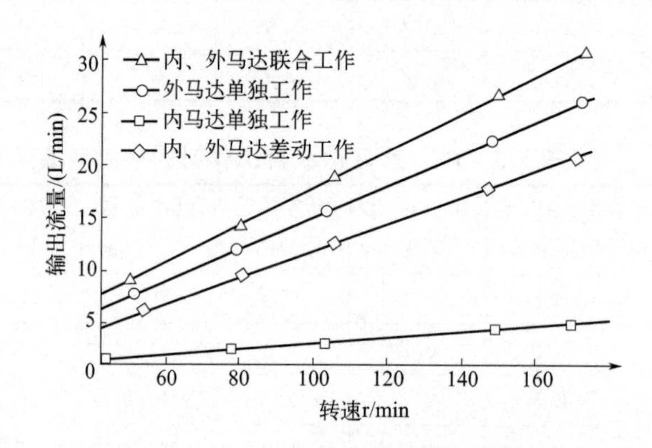

图 8-6 空载时马达输出流量随转速的变化

从图 8-6 中可以看出，随着转速的升高，双定子叶片液压马达的输出流量也在不断地增加，并且呈线性增加的趋势，内、外马达联合工作时马达的输出流量最大，内马达单独工作时马达的输出流量最小。

8.3.2 加载实验

空载实验完成以后，对双定子叶片液压马达进行不同转速下的加载实验。首先关闭溢流阀 3-1（图 8-3），使得被测试马达的外负载为零，其次通过调节节流阀，从而控制样机马达的工作转速。当被测试马达运转稳定后，测试相同转速，不同转矩以及相同转矩，不同转速下双定子叶片液压马达的输出特性，并记录相应的数据。如图 8-7 所示为双定子叶片液压马达在不同转矩下启动压力的变化。

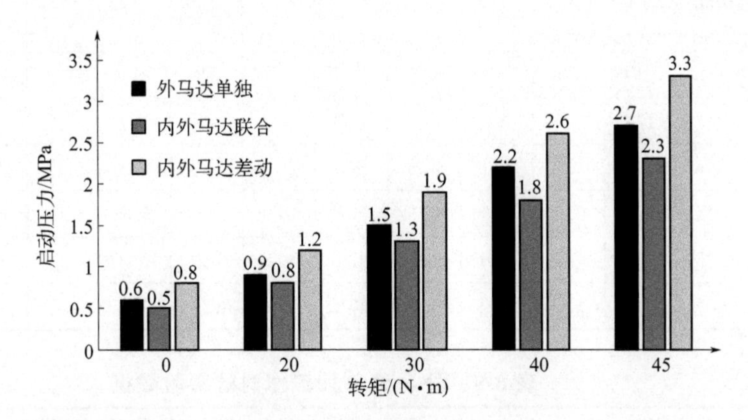

图 8-7　双定子叶片液压马达在不同转矩下启动压力的变化

根据图 8-7 可知，随着双定子叶片液压马达转矩的增大，启动压力在不同工作方式下的值也在不断地增加。由于外马达单独工作、内外马达同时工作与内外马达差动工作时的排量不同，因此其各自的启动压力也有所不同。样机马达在空载时的启动压力最低，外马达单独工作时为 0.6MPa，内、外马达同时工作时为 0.5MPa，内、外马达差动工作时为 0.8MPa。

在加载条件下对双定子叶片液压马达物理样机进行测定，马达在不同工作方式以及不同外负载下的输出流量与泄漏流量的数据如表 8-7～表 8-10 所示。

内马达与外马达分别单独工作时的实验记录数据如表 8-7 与表 8-8 所示。

表 8-7　内马达单独工作时的实验数据

转矩 20N·m				转矩 30N·m				转矩 40N·m			
输入流量/(L/min)	出口流量/(L/min)	泄漏流量/(L/min)	转速/(r/min)	输入流量/(L/min)	出口流量/(L/min)	泄漏流量/(L/min)	转速/(r/min)	输入流量/(L/min)	出口流量/(L/min)	泄漏流量/(L/min)	转速/(r/min)
1.2	0.5	0.7	24	1.2	0.4	0.8	27	1.2	0.3	0.9	26
1.6	0.8	0.8	39	1.4	0.6	0.8	38	1.6	0.5	1.1	35

续表

转矩 20N·m				转矩 30N·m				转矩 40N·m			
输入流量/(L/min)	出口流量/(L/min)	泄漏流量/(L/min)	转速/(r/min)	输入流量/(L/min)	出口流量/(L/min)	泄漏流量/(L/min)	转速/(r/min)	输入流量/(L/min)	出口流量/(L/min)	泄漏流量/(L/min)	转速/(r/min)
1.9	1	0.9	43	1.9	0.8	1.1	42	3.0	0.9	2.1	43
2.7	1.9	0.8	87	3.0	1.8	1.2	81	4.1	1.5	2.6	79
3.6	2.6	1.0	111	3.3	2.3	1.0	113	4.9	1.9	3.0	108
4.5	3.8	0.7	155	4.5	3.6	0.9	157	6.3	3.1	3.2	151
5.1	4.4	0.7	176	4.9	4.1	0.8	169	7.3	3.9	3.4	162
6.9	5.9	1.0	189	6.8	5.5	1.3	186	9.2	4.5	4.7	188

表 8-8　外马达单独工作时的实验数据

转矩 20N·m				转矩 30N·m				转矩 40N·m			
输入流量/(L/min)	出口流量/(L/min)	泄漏流量/(L/min)	转速/(r/min)	输入流量/(L/min)	出口流量/(L/min)	泄漏流量/(L/min)	转速/(r/min)	输入流量/(L/min)	出口流量/(L/min)	泄漏流量/(L/min)	转速/(r/min)
3.5	2.4	1.1	29	3.4	2.1	1.3	28	3.1	1.9	1.2	28
5.1	3.9	1.2	46	5.0	3.5	1.5	41	4.3	2.8	1.5	42
6.8	5.7	1.1	61	6.8	5.5	1.3	59	7.4	5.0	2.4	57
11.5	10.2	1.3	89	11.5	9.9	1.6	83	11.2	8.1	3.1	81
15.7	14.3	1.4	114	15.6	14.1	1.5	109	13.7	10.3	3.4	105
22.3	21.1	1.2	158	21.8	20.4	1.4	156	20.4	16.7	3.7	154
25.6	24.2	1.4	183	25.2	23.6	1.6	178	25.3	21.2	4.1	177
28.9	27.6	1.3	195	28.0	26.3	1.7	192	29.6	24.4	5.2	193

内、外马达联合工作与内、外马达差动工作时的实验记录数据如表 8-9 与表 8-10 所示。

表 8-9　内、外马达联合工作时的实验数据

转矩 20N·m				转矩 30N·m				转矩 40N·m			
输入流量/(L/min)	出口流量/(L/min)	泄漏流量/(L/min)	转速/(r/min)	输入流量/(L/min)	出口流量/(L/min)	泄漏流量/(L/min)	转速/(r/min)	输入流量/(L/min)	出口流量/(L/min)	泄漏流量/(L/min)	转速/(r/min)
3.9	2.8	1.1	28	3.7	2.3	1.4	27	3.6	2.2	1.4	27
5.9	4.6	1.3	43	5.8	4.3	1.5	41	5.1	3.3	1.8	42

续表

转矩 20N·m				转矩 30N·m				转矩 40N·m			
输入流量/(L/min)	出口流量/(L/min)	泄漏流量/(L/min)	转速/(r/min)	输入流量/(L/min)	出口流量/(L/min)	泄漏流量/(L/min)	转速/(r/min)	输入流量/(L/min)	出口流量/(L/min)	泄漏流量/(L/min)	转速/(r/min)
7.9	6.7	1.2	60	7.5	6.1	1.4	57	8.7	5.9	2.8	55
13.5	12.1	1.4	91	13.0	11.4	1.6	86	13.3	9.6	3.7	81
18.3	16.9	1.4	116	17.7	16.2	1.5	112	16.3	12.2	4.1	109
26.1	24.9	1.2	159	26.0	24.3	1.7	151	24.1	19.7	4.4	147
30.0	28.6	1.4	184	29.5	27.9	1.6	179	29.7	24.9	4.8	173
33.8	32.6	1.2	199	33.7	32.1	1.6	193	34.9	28.8	6.1	192

表 8-10 内、外马达差动工作时的实验数据

转矩 20N·m				转矩 30N·m				转矩 40N·m			
输入流量/(L/min)	出口流量/(L/min)	泄漏流量/(L/min)	转速/(r/min)	输入流量/(L/min)	出口流量/(L/min)	泄漏流量/(L/min)	转速/(r/min)	输入流量/(L/min)	出口流量/(L/min)	泄漏流量/(L/min)	转速/(r/min)
2.9	1.9	1.0	27	3.2	1.7	1.5	28	3.2	1.6	1.6	27
4.3	3.2	1.1	45	4.5	2.9	1.6	44	4.2	2.3	1.9	42
6.1	4.7	1.4	63	6.3	4.5	1.8	61	7.2	4.1	3.1	58
9.7	8.4	1.3	90	9.9	8.1	1.8	86	10.2	6.6	3.6	82
12.8	11.7	1.1	115	13.1	11.6	1.5	112	12.2	8.4	3.8	113
18.7	17.3	1.4	157	18.4	16.7	1.7	151	17.9	13.7	4.2	148
21.0	19.8	1.2	181	21.0	19.3	1.7	173	21.8	17.4	4.4	171
23.9	22.6	1.3	197	23.2	21.6	1.6	194	25.6	20.1	5.5	192

同样在加载条件下对双定子叶片液压马达物理样机进行测定，可得出马达四种不同工作方式下同一转矩、不同转速下的输出流量与泄漏流量的数据，如表 8-11～表 8-14 所示。

表 8-11 内马达单独工作时的实验数据

转速 150r/min		转速 125r/min		转速 75r/min		转速 40r/min		转矩/(N·m)
出口流量/(L/min)	泄漏流量/(L/min)	出口流量/(L/min)	泄漏流量/(L/min)	出口流量/(L/min)	泄漏流量/(L/min)	出口流量/(L/min)	泄漏流量/(L/min)	
3.9	0.9	3.2	0.8	1.9	0.8	1.1	0.7	20

续表

转速150r/min		转速125r/min		转速75r/min		转速40r/min		转矩/(N·m)
出口流量/(L/min)	泄漏流量/(L/min)	出口流量/(L/min)	泄漏流量/(L/min)	出口流量/(L/min)	泄漏流量/(L/min)	出口流量/(L/min)	泄漏流量/(L/min)	
3.7	1.5	2.9	1.2	1.6	1.1	0.8	1.0	27
3.2	2.9	2.6	1.9	1.5	1.8	0.8	1.7	33
2.8	3.3	2.2	2.9	1.3	2.8	0.7	2.4	40

表8-12 外马达单独工作时的实验数据

转速150r/min		转速125r/min		转速75r/min		转速40r/min		转矩/(N·m)
出口流量/(L/min)	泄漏流量/(L/min)	出口流量/(L/min)	泄漏流量/(L/min)	出口流量/(L/min)	泄漏流量/(L/min)	出口流量/(L/min)	泄漏流量/(L/min)	
21.1	1.2	17.2	1.1	10.2	0.9	5.9	0.8	20
19.9	1.8	16.1	1.5	8.8	1.2	4.3	1.1	27
17.4	3.3	13.9	2.1	8.2	2.0	4.1	1.8	33
15.5	3.7	12.4	2.6	7.3	3.1	3.6	2.4	40

表8-13 内、外马达联合工作时的实验数据

转速150r/min		转速125r/min		转速75r/min		转速40r/min		转矩/(N·m)
出口流量/(L/min)	泄漏流量/(L/min)	出口流量/(L/min)	泄漏流量/(L/min)	出口流量/(L/min)	泄漏流量/(L/min)	出口流量/(L/min)	泄漏流量/(L/min)	
24.9	1.3	20.3	1.2	12.1	1.0	6.9	0.9	20
23.5	1.9	18.9	1.6	10.4	1.3	5.1	1.2	27
20.4	3.4	16.4	2.2	9.7	2.1	4.8	1.8	33
18.3	3.8	14.6	2.8	8.6	3.1	4.2	2.5	40

表8-14 内、外马达差动工作时的实验数据

转速150r/min		转速125r/min		转速75r/min		转速40r/min		转矩/(N·m)
出口流量/(L/min)	泄漏流量/(L/min)	出口流量/(L/min)	泄漏流量/(L/min)	出口流量/(L/min)	泄漏流量/(L/min)	出口流量/(L/min)	泄漏流量/(L/min)	
17.3	1.1	14.1	1.0	8.4	0.9	4.8	0.9	20
16.3	1.7	13.2	1.4	7.2	1.2	3.5	1.1	27

续表

转速 150r/min		转速 125r/min		转速 75r/min		转速 40r/min		转矩/(N·m)
出口流量/(L/min)	泄漏流量/(L/min)	出口流量/(L/min)	泄漏流量/(L/min)	出口流量/(L/min)	泄漏流量/(L/min)	出口流量/(L/min)	泄漏流量/(L/min)	
14.2	3.1	11.4	1.9	6.7	1.9	3.4	1.6	33
12.7	3.7	10.2	2.5	5.9	2.8	2.9	2.2	40

表 8-15 所示为双定子叶片液压马达样机与部分单定子叶片液压马达主要性能参数的对比。

表 8-15　双定子叶片液压马达与部分单定子叶片液压马达主要性能参数的对比

马达类型	转速/(L/min)	额定转矩/(N·m)	最大进口压力/MPa	排量/(mL/r)	质量/kg
日本东京计器 MHT24 型低速大转矩叶片液压马达	10～400	33	14	298	55
日本东京计器 25M65 型高速小转矩叶片液压马达	100～2600	162	15.7	68.7	24
双定子叶片液压马达	27～1500	28 124.56 152.57 180.57	3.2	27.93 124.23 152.16 180.09	40

从表 8-15 可以看出，双定子叶片液压马达可以实现四级定转速、定转矩的输出，与日本东京计器 MHT24 型低速大转矩叶片液压马达相比，其转速范围更广，额定转矩更大，质量相对较轻，但其最大进口压力要小很多；与日本东京计器 25M65 型高速小转矩叶片液压马达相比，双定子叶片液压马达的最大额定转矩要更大，但其转速相对较低，最大进口压力也较小。由此可见，双定子叶片液压马达样机虽然在转速、转矩等方面能够满足基本的要求，但是在压力、泄漏等方面与国际上领先的水平还具有一定的差距。因此，在结构的改进、关键零部件的加工工艺以及材料的选择方面还需要更进一步的研究，使其能够尽快产品化并达到国际水平。

参考文献

［1］ 雷天觉．液压工程手册［M］北京：机械工业出版社，1989．

［2］ 何存兴．液压元件［M］北京：机械工业出版社，1981．

［3］ 闻德生．液压元件的创新与发展［M］．北京：航空工业出版社，2009．

［4］ 闻德生，吕世君，闻佳．新型液压传动（多泵多马达液压元件及系统）［M］．北京：化学工业出版社，2016．

［5］ 闻德生．轴转动等宽曲线双定子多速马达［P］，美国专利，PCT/CN2011/072216．2016-2-24．

［6］ 闻德生．轴转动等宽曲线双定子多速马达［P］，日本专利，特许第5805747号．2015-9-11．

［7］ 刘巧燕．力偶型双定子叶片液压马达的理论分析与试验研究［D］．秦皇岛：燕山大学，2019．

［8］ 周瑞彬．单作用双定子泵变量机构的研究［D］．秦皇岛：燕山大学，2014．

［9］ 刘忠迅．平衡式双定子泵的理论分析与实验研究［D］．秦皇岛：燕山大学，2015．

［10］ 吴立男．单作用双定子叶片马达的排量及排量比研究［D］．秦皇岛：燕山大学，2016．

［11］ 杜利斌．连杆滚柱双定子液压马达的理论研究［D］．秦皇岛：燕山大学，2010．

［12］ 常雪．多作用力偶液压马达的理论与实验研究［D］．秦皇岛：燕山大学，2013．

［13］ 闻德生，等．等宽双定子泵和马达的原理研究［J］．哈尔滨工业大学学报，2008：1840-1844．

［14］ 闻德生，高俊峰，周瑞彬，等．多作用双定子力偶液压马达转矩脉动分析［J］．农业机械学报，2014：319-325．

［15］ 闻德生，刘忠迅，刘巧燕，等．连杆外滚柱式双定子液压马达及其密封机理的研究［J］．华中科技大学学报，2014：57-60．

［16］ 闻德生，刘忠迅，刘巧燕，等．平衡式双定子泵流量脉动理论分析［J］．上海交通大学学报，2014：1155-1158．

［17］ 刘巧燕，闻德生，吕世君，等．双定子力偶型液压马达与其转子径向受力特性［J］．农业机械学报，2019，50（02）：393-401．

［18］ 闻德生，王京，高俊峰，等．双定子单作用叶片泵闭死容腔的压力特性［J］．吉林大学学报（工学版），2017，47（04）：1094-1101．

[19] 闻德生，刘巧燕，刘忠迅，等．双定子单作用液压马达转子径向受力特性[J]．吉林大学学报（工学版），2015，45（06）：1825-1830.

[20] 闻德生，刘巧燕，刘忠迅，等．滚柱叶片式双定子多速马达的原理与实验验证[J]．吉林大学学报（工学版），2015，45（04）：1130-1138.

[21] 闻德生，周瑞彬，高俊峰，等．双定子多作用力偶液压马达的原理分析[J]．西安交通大学学报，2014，48（05）：67-71+106.

[22] 闻德生，常雪，张少波，等．双定子单作用液压马达转矩脉动研究[J]．农业机械学报，2013，44（02）：238-242+247.

[23] De Sheng Wen，Qiu xiong Cai，Hong Sheng Ma，et al. Output Speed and Torque of Differential Double-Stator Swing Hydraulic Multi-motors [J]. Journal of Donghua University（English Edition），2013，30（06）：487-493.

[24] De Sheng Wen，Zhi Li Wang，Jun Gao，et al. Output speed and flow of double-acting double-stator multi-pumps and multi-motors [J]. Journal of Zhejiang University（Science A），2011：841-849.

[25] De Sheng Wen，Zhi Li Wang，Shi Jun Lv，et al. Single-acting double-stator multi-pumps and multi-motors [J]. Journal of Chongqing University（English Edition），2010：208-215.

[26] De Sheng Wen. Theoretical analysis of output speed of multi-pump and multi-motor driving system [J]. Sci China Tech Sci，2011：992-997.

[27] 闻德生，吕世君，刘晓晨，等．等宽双定子泵和马达的原理研究[J]．哈尔滨工业大学学报，2008，40（11）：1840-1844.

[28] 王远，刘娟，吕世君，等．双定子多输出叶片泵单执行机构压力冲击的研究[J]．液压与气动，2020，（01）：59-65.

[29] 刘巧燕，闻德生，吕世君．基于动网格技术的双定子马达配流结构优化[J]．农业机械学报，2019，50（10）：419-426.

[30] 高俊峰，隋广东，吕世君，等．双定子叶片泵滚柱连杆组摩擦副润滑特性分析[J]．华中科技大学学报（自然科学版），2019，47（05）：51-55.

[31] 闻德生，商旭东，吕世君，等．双定子液压马达差动连接转矩脉动分析[J]．工程科学与技术，2017，49（05）：178-184.

[32] 闻德生，潘为圆，商旭东，等．双作用双转子叶片马达的转矩特性[J]．华中科技大学学报（自然科学版），2017，45（09）：90-95.

[33] 闻德生，石滋洲，顾攀，等．双定子多输出泵在同步回路的设计[J]．工程科学与技术，2017，49（02）：196-201.

[34] 闻德生，陈帆，甄新帅，等．双定子泵和马达在压力控制回路中的应用[J]．吉林大学学报（工学版），2017，47（02）：504-509.

[35] 闻德生，吕世君，杜孝杰，等. 双定子液压马达差动连接理论分析 [J]. 农业机械学报，2011，42 (09)：219-224.

[36] 闻德生，张勇，王志力，等. 三作用多泵多马达输出转速和转矩的理论分析 [J]. 西安交通大学学报，2011，45 (03)：81-84+90.

[37] 闻德生，高俊，王志力，等. 双作用多泵多马达传动中马达输出转矩分析 [J]. 中国机械工程，2010，21 (23)：2836-2838.